新工科建设之路·电子信息类规划教材

# 单片机基础与创新项目实战

陈桂友　主编

王超　楚晓华　副主编

李春光　刘博　李亚军　赵亮　参编

U0225989

电子工业出版社

**Publishing House of Electronics Industry**

北京·BEIJING

## 内 容 简 介

本书从单片机技术相关的基础知识、单片机及单片机应用系统的概念入手，介绍单片机的构成和各个模块的结构、工作原理及应用，选择目前实际工程中常用的新技术、新器件进行介绍，力图达到学以致用的根本目的。

在应用开发编程语言方面，选用工程项目开发中常用的 C 语言对各个部分进行介绍，同时加入了目前单片机应用系统开发的流行模式——基于固件库函数的开发模式，大大降低了初学者的学习难度。另外，引入了可视化的快速开发工具 EasyCodeCube，可进一步帮助读者迅速掌握相关知识。

本书深入浅出，层次分明，实例丰富，通俗易懂，突出实用，可操作性强，适合作为普通高校自动化、计算机、电子信息等专业的教学用书，也可以作为机械、材料等非电类专业的教学用书，也非常适合作为高职高专、中等职业学校及培训班的教学用书。

**图书在版编目（CIP）数据**

单片机基础与创新项目实战 / 陈桂友主编. —北京：电子工业出版社，2021.3

ISBN 978-7-121-40582-2

Ⅰ. ①单… Ⅱ. ①陈… Ⅲ. ①单片微型计算机－高等学校－教材 Ⅳ. ①TP368.1

中国版本图书馆 CIP 数据核字（2021）第 029972 号

责任编辑：孟　宇

印　　刷：北京虎彩文化传播有限公司

装　　订：北京虎彩文化传播有限公司

出版发行：电子工业出版社

　　　　　北京市海淀区万寿路 173 信箱　　邮编：100036

开　　本：787×1092　1/16　印张：20　　字数：512 千字

版　　次：2021 年 3 月第 1 版

印　　次：2023 年 8 月第 4 次印刷

定　　价：59.80 元

凡所购买电子工业出版社图书有缺损问题，请向购买书店调换。若书店售缺，请与本社发行部联系，联系及邮购电话：(010)88254888，88258888。

质量投诉请发邮件至 zlts@phei.com.cn，盗版侵权举报请发邮件至 dbqq@phei.com.cn。

本书咨询联系方式：mengyu@phei.com.cn。

# 前　言

单片机（也称为微控制器或 MCU）的应用范围十分广泛，已渗透到国防、工业、农业、企事业和人们生活的方方面面，特别是在物联网飞速发展的今天，单片机更是发挥着越来越重要的作用，掌握单片机技术就显得十分重要。

在众多的单片机中，8051 内核单片机仍然是应用最广泛的，本书选用在智能家电、农业物联网、电子玩具等领域应用特别广泛的 8051 内核单片机 SC95F8617 为背景，以课赛结合为指导思想，从单片机的基础知识，一直到单片机的创新项目综合设计实战都进行了详细讲解。

全书分为 10 章，第 1 章介绍相关基础知识、单片机及单片机应用系统的概念、单片机的应用及应用系统的设计、单片机的学习环境搭建；第 2 章介绍 SC95F8617 单片机的内部组成、引脚、存储空间、输入/输出接口；第 3 章介绍 C51 的基本语法、C51 程序的一般结构、C51 程序设计及调试等内容；第 4 章介绍中断的概念、SC95F8617 单片机的中断系统结构及应用；第 5 章介绍 SC95F8617 单片机的定时/计数器结构及应用；第 6 章介绍 SC95F8617 单片机的串行通信接口的结构及应用；第 7 章介绍 SC95F8617 单片机集成的模数转换器的结构及应用、模拟比较器的结构及应用，以及数模转换器 TLC5615 与单片机的接口方法及编程应用；第 8 章介绍人机接口中的输入/输出设备，特别介绍 SC95F8617 单片机内部集成的硬件 LCD/LED 显示驱动模块及双模触控模块的结构及应用；第 9 章介绍 SC95F8617 单片机集成的 PWM 模块的结构及其应用；第 10 章介绍单片机应用项目设计实战，分别以倒计时时钟、温度检测和控制系统及无人驾驶控制系统为例，介绍在项目设计过程中涉及的需求分析、硬件电路设计和软件设计等内容。本书所举例程序均经调试通过，很多程序来自科研和实际应用。

本书每章最后都给出相应的习题，便于教学。以典型应用案例为教学实例，便于读者掌握和应用单片机技术。为了便于学习，作者还开发设计了与教材配套的综合教学实验平台，该平台提供了 20 余种实验供读者选用学习，为善于思考、乐于动手实践的读者提供了自学实验平台，需要学习平台网址的读者可以与作者取得联系。

本书中的所有实例代码、配套 PPT 资源、习题答案均可从华信教育资源网（http://www.hxedu.com.cn/）下载。

本书在编写过程中，得到了深圳市赛元微电子有限公司的大力支持和帮助，同时得到了电子工业出版社的大力支持和指导。在此，对所有为本书提供帮助的人深表感谢！

由于时间仓促，并且作者水平有限，书中不妥或错误之处在所难免，敬请读者批评指正。作者的电子邮件地址：chenguiyou@sdu.edu.cn 或者 chenguiyou@126.com。

作　者

2020 年 12 月

# 目　录

# 第1章
# 单片机概述及入门实例

本章首先介绍与单片机相关的基础知识及单片机应用系统的概念，然后介绍单片机的应用及应用系统的设计等内容，最后介绍学习单片机的环境搭建。这些内容对于单片机初学者很重要，需要重点掌握。

## 1.1 相关基础知识

学习单片机需要掌握与其相关的基础知识。如果读者已经熟悉这些知识，可以跳过这一节。

### 1.1.1 计算机中的数制

#### 1. 数制的概念

进位计数制简称数制，是利用符号来计数的方法。人们习惯上采用的计数制是十进制。

在计算机中，通过晶体管的可靠截止与可靠饱和导通两个状态下的输出电平——高电平（一般用 1 表示）和低电平（一般用 0 表示）来表示数字，所以，计算机中采用的计数制是二进制。二进制数的基数为 2，只有 0、1 两个数码，并遵循相加时逢二进一、相减时借一当二的规则。计算机和人打交道的时候用十进制数，输入数据和输出显示数据均采用十进制数，而在计算机内部进行数据计算和处理时，使用二进制。因此，在进行人机交互时，需要利用接口技术对数制进行转换。例如，当用键盘输入数据时，均使用十进制数表示，即输入电路使用的是十进制数，输入接口电路将十进制数转换为二进制数后送到计算机内部；而在计算机内部，计算机从接口得到二进制数，进行运算和处理后的结果当然也是二进制数，再利用接口技术将结果转换成十进制数后，再输出显示。计算机中的有符号数也是用二进制数表示的，其正负号有相应的编码方法。

当二进制数的位数较多时，读/写都不方便。这时，使用十六进制数表示数据的方法就简明一些。1 位十六进制数共有 16 个字符，分别使用数字 0~9 和大写英文字母 A、B、C、D、

E、F 表示。为表明数据是十六进制数，需要在数字的后面加上字母 H（Hexadecimal）以示区别。在 C 语言编程中，在数字的前面加上"0x"表示十六进制数。

### 2. 不同数制之间的转换

（1）十进制数转换为二进制数

十进制数转换为二进制数的方法如下。

① 整数部分转换方法。反复除以 2 取余数，直到商为 0 为止。最后将所有余数倒序排列，得到的数就是转换结果。

② 小数部分转换方法。乘以 2 取整，直到满足精度要求为止。

例如：将十进制数 100 转换为二进制数的过程如图 1-1 所示。

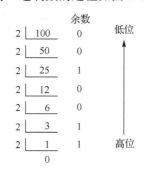

图 1-1　将十进制数 100 转换为二进制数的过程

$$(100)_{10} = (01100100)_2 \quad 或者 \quad 100D = 01100100B$$

又如，将十进制数 45.613 转换成二进制数的过程（小数部分保留 6 位二进制位）如图 1-2 所示。

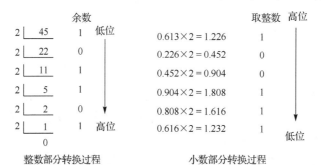

整数部分转换过程　　　　小数部分转换过程

图 1-2　将十进制数 45.613 转换为二进制数的过程

$$45.613 \approx (101101.100111)_2 \quad 或者 \quad 45.613D \approx 101101.100111B$$

其中，数字后面的字母 D、B 分别表示其前面的数据分别是十进制数（Decimal）和二进制数（Binary）。表示十进制数的字母 D 一般省略不写。

（2）二进制数转换为十进制数

二进制数转换为十进制数的方法是将二进制数的每位上的数字与其权值相乘，然后加在一起就是对应的十进制数。例如，一个 8 位二进制数的各位的权值依次是 $2^7, 2^6, 2^5, \cdots, 2^0$。若一个 8 位二进制数是 10110110B，则将其转换为十进制数的方法是

$$1 \times 2^7 + 0 \times 2^6 + 1 \times 2^5 + 1 \times 2^4 + 0 \times 2^3 + 1 \times 2^2 + 1 \times 2^1 + 0 \times 2^0 = 182$$

即 $(10110110)_2 = (182)_{10}$ ，或者表示为 $10110110B=182D$ 。

（3）二进制数和十六进制数之间的转换

因为 4 位二进制数的模是 16，所以当二进制整数转换为十六进制数时，从最低位开始，每 4 位一组（不足 4 位时高位补 0）转换成 1 位十六进制数即可。例如：

$$1011\ 0110B=B6H$$

反过来，当十六进制数转换为二进制数时，把每 1 位十六进制数直接写成 4 位二进制数的形式就可以了。例如

$$64H=0110\ 0100B$$

4 位二进制数和 1 位十六进制数具有一一对应的关系，如表 1-1 所示。

表 1-1 4 位二进制数和 1 位十六进制数的对应关系

| 十 六 进 制 | 二 进 制 | 十 六 进 制 | 二 进 制 |
| --- | --- | --- | --- |
| 0 | 0000 | 8 | 1000 |
| 1 | 0001 | 9 | 1001 |
| 2 | 0010 | A | 1010 |
| 3 | 0011 | B | 1011 |
| 4 | 0100 | C | 1100 |
| 5 | 0101 | D | 1101 |
| 6 | 0110 | E | 1110 |
| 7 | 0111 | F | 1111 |

十六进制数和十进制数之间的转换可以通过二进制数进行转换，也可以使用类似于十进制数转换为二进制数的方法，将十进制数反复除以 16 取余数来完成十进制数转换为十六进制数；将十六进制数的每位上的数字与其权值相乘，然后加在一起就是对应的十进制数，此时的 $n$ 位十六进制数的权值分别为 $16^{n-1}, \cdots, 16^2, 16^1, 16^0$ 。当然，知道了这些关系以后，当将十进制数转换为二进制数时，常常先把十进制数转换为十六进制数，然后直接使用表 1-1 的关系写出对应的二进制数即可，这样可以大大提高转换效率。

## 1.1.2 计算机中的常用单位和术语

### 1．几个常见单位

（1）位（bit）

计算机所能表示的最小的数字单位，即二进制数的位。通常每位只有 2 种状态 0 和 1。

（2）字节（Byte）

8 位（bit）为 1 字节，是计算机存储信息的最基本单位，常用 B 表示。

（3）字长

字长即字的长度，是一次可以并行处理的数据的位数，即数据线的条数，常与 CPU 内部的寄存器、运算器、总线宽度一致。常用微型计算机字长有 8 位、16 位和 32 位。

（4）数量单位

K（千，Kilo 的符号），1K=1024，如 1KB 表示 1024 字节。

M（兆，Million 的符号），1M=1K×1K。

G（吉，Giga 的符号），1G=1K×1M。

T（太，Tera 的符号），1T=1M×1M。

### 2．常见术语

（1）逻辑电平

逻辑电平是指一种信号的状态，通常由信号与地线之间的电位差来体现。数字电路中，把电压的高低用逻辑电平来表示。逻辑电平包括高电平和低电平两种。

在 5V 供电的 TTL 数字电路中，把高于 3.5V 的电压规定为逻辑高电平，用数字 1 表示；把电压低于 0.3V 的电压规定为逻辑低电平，用数字 0 表示。

（2）上升沿和下降沿

上升沿和下降沿均是数字波形中的常用概念。数字电路中，数字电平从低电平（数字 0）变为高电平（数字 1）的那一瞬间（时刻）称为上升沿，一般用符号"↑"表示。数字电平从高电平（数字 1）变为低电平（数字 0）的那一瞬间称为下降沿，一般用符号"↓"表示。

（3）地址

地址是微型计算机存储单元（也称为存储器）的编号。存储器的作用是存储程序和数据，通常每 8 位为一个单元，每个单元都有独立的编号。存储器地址的最大编号（容量）由地址线的条数决定。例如：

16 条地址线可以编号的容量为 $2^{16}$ （0000H～FFFFH）。

20 条地址线可以编号的容量为 $2^{20}$ （00000H～FFFFFH）。

（4）总线

中央处理单元（Central Processing Unit，CPU，也称为中央处理器）是微型计算机的核心，由运算器和控制器组成。微型计算机利用 3 种总线将 CPU 与系统的其他部件（如存储器、I/O 口等）联系起来，如图 1-3 所示。总线是指具有同类性质的一组信号线。3 种总线分别是地址总线 AB（Address Bus）、数据总线 DB（Data Bus）和控制总线 CB（Control Bus）。

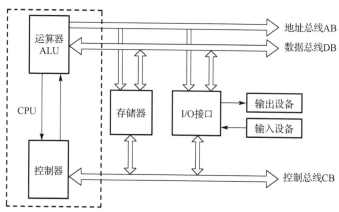

图 1-3　微型计算机构成中的 3 种总线

（5）访问

CPU 对寄存器、存储器或 I/O 口电路的操作通常分为两类：将数据存入寄存器、存储器或 I/O 口电路的操作称为写入或写操作；将数据从寄存器、存储器或 I/O 口电路取到 CPU 的操作称为读出或读操作。这两种操作过程通常统称为"访问"。

### 1.1.3　数字逻辑与基本数字电路

下面介绍在单片机学习中需要掌握的数字逻辑和常见的数字电路。

#### 1．布尔代数

布尔代数是英国数学家乔治·布尔（George Boole）发明的，布尔也是数理逻辑的创始人。布尔代数以命题为对象，包含三种基本逻辑操作：与、或、非。基本的运算符有"+"、"·"和"′"，二元运算"+"称为布尔加法、布尔和、布尔并、布尔析取等；二元运算"·"称为布尔乘法、布尔积、布尔交、布尔合取等；一元运算"′"称为布尔补，也称为布尔否定或者布尔代数的余运算，布尔否定也用上横线"‾"表示。

布尔运算的基本依据是下面的基本公式和规则，其中 $A$、$B$ 和 $C$ 都为布尔变量，它们的取值只能是 0 或者 1。

交换律：$A+B=B+A$

$\qquad A \cdot B = B \cdot A$

结合律：$A+(B+C)=(A+B)+C$，$A \cdot (B \cdot C)=(A \cdot B) \cdot C$

分配律：$A+(B \cdot C)=(A+B) \cdot (A+C)$

$\qquad A \cdot (B+C)= A \cdot B + A \cdot C$

吸收律：$A+A \cdot B=A$

$\qquad A \cdot (A+B)=A$

第二吸收律：$A+\overline{A} \cdot B=A+B$

$\qquad A \cdot (\overline{A}+B)=A \cdot B$

反演律（又称摩根定律）：

$\qquad \overline{A+B+C+\cdots} = \overline{A} \cdot \overline{B} \cdot \overline{C} \cdots$

$\qquad \overline{A \cdot B \cdot C \cdots} = \overline{A} + \overline{B} + \overline{C} + \cdots$

包含律：$A \cdot B + \overline{A} \cdot C + B \cdot C = A \cdot B + \overline{A} \cdot C$

$\qquad (A+B) \cdot (\overline{A}+C) \cdot (B+C)=(A+B) \cdot (\overline{A}+C)$

重叠律：$A+A=A$

$\qquad A \cdot A=A$

互补律：$A+\overline{A}=1$

$\qquad A \cdot \overline{A}=0$

0-1 律：$0+A=A$

$\qquad 1 \cdot A=A$

$\qquad 0 \cdot A=0$

$\qquad 1+A=1$

### 2．逻辑运算和基本逻辑门电路

计算机中的运算不仅有算术运算，还有逻辑运算，这些逻辑运算主要包括与、或、非、异或等。逻辑变量只有两个：逻辑 0 和逻辑 1。逻辑运算只按位进行运算，没有进位和借位问题，逻辑变量也没有符号问题。下面介绍常见的逻辑运算和逻辑门电路。

（1）逻辑与（AND）

逻辑与也称逻辑乘，逻辑与的运算结果称为逻辑积。同乘法的运算规则类似，逻辑与运算的规则是按位相与的，当 2 位逻辑变量都为逻辑 1 时，逻辑积才为 1，否则逻辑积为 0。逻辑与的运算符号是"·"或者"∧"，表示逻辑与运算的圆点也可以省略。若用 $Y$ 表示逻辑积，$A$ 和 $B$ 分别表示两个逻辑变量，则其表达式为 $Y = A \cdot B$。

两个逻辑变量 $A$、$B$ 及其逻辑积 $Y$ 的关系的真值表如表 1-2 所示。例如

$$
\begin{array}{r}
11010110 \\
\wedge \quad 00110101 \\
\hline
00010100
\end{array}
$$

**表 1-2　逻辑积的真值表**

| $A$ | $B$ | $Y=A \cdot B$ |
|---|---|---|
| 0 | 0 | 0 |
| 0 | 1 | 0 |
| 1 | 0 | 0 |
| 1 | 1 | 1 |

同逻辑与运算对应的逻辑电路是与门。与门的国际标准符号为：

（2）逻辑或（OR）

逻辑或也称逻辑加，逻辑或运算的结果称为逻辑和。逻辑或运算的规则也是按位运算的，两位逻辑变量中只要有任何一个为逻辑 1，那么逻辑或的结果就为 1，否则逻辑或的结果为 0。逻辑或的运算符号是"+"或者"∨"。若用 $Y$ 表示逻辑和，$A$ 和 $B$ 分别表示两个逻辑变量，则其表达式为 $Y = A + B$。

两个逻辑变量 $A$、$B$ 及其逻辑和 $Y$ 的关系的真值表如表 1-3 所示。例如

$$
\begin{array}{r}
10010110 \\
\vee \quad 00110101 \\
\hline
10110111
\end{array}
$$

**表 1-3　逻辑和的真值表**

| $A$ | $B$ | $Y=A+B$ |
|---|---|---|
| 0 | 0 | 0 |
| 0 | 1 | 1 |
| 1 | 0 | 1 |
| 1 | 1 | 1 |

同逻辑或运算对应的逻辑电路是或门。或门的国际标准符号为：

（3）逻辑非（NOT）

逻辑非也称逻辑反，逻辑非运算就是将一个变量按位求反的运算，其表达式为 $Y = \overline{A}$。

对于任意一位逻辑数据，逻辑非运算的真值表如表 1-4 所示。例如，若 $A=01100011$，则 $Y = \overline{A} =10011100$。

**表 1-4　逻辑非的真值表**

| $A$ | $Y=\overline{A}$ |
|---|---|
| 0 | 1 |
| 1 | 0 |

同逻辑非对应的逻辑电路是非门。非门的国际标准符号为：

上述逻辑运算中，非运算的运算级别最高，与运算次之，或运算最低。

（4）与非门：$Y=\overline{A \cdot B}$

当两个逻辑变量进行与非运算时，只要有一个变量为 0，运算结果就为 1。与非门的国际标准符号为：

（5）或非：$Y=\overline{A+B}$

当两个逻辑变量进行或非运算时，只要有一个变量为 1，运算结果就为 0。或非门的国际标准符号为：

（6）异或门：$Y=A \oplus B=\overline{A} \cdot B+A \cdot \overline{B}$

当两个逻辑变量进行异或运算时，若两个变量不同，则运算结果为 1；否则为 0。异或运算是进行两个逻辑变量是否相等的逻辑测试。

两个逻辑变量 $A$、$B$ 和它们的逻辑异或值 $Y$ 的关系的真值表如表 1-5 所示。例如：

设 $A=10110110$，$B=00110101$

$$
\begin{array}{r}
10110110 \\
\oplus \quad 00110101 \\
\hline
10000011
\end{array}
$$

$Y=A \oplus B =10000011$

异或门的国际标准符号为：

**表 1-5 逻辑异或的真值表**

| $A$ | $B$ | $Y=A\oplus B$ |
|-----|-----|---------------|
| 0 | 0 | 0 |
| 0 | 1 | 1 |
| 1 | 0 | 1 |
| 1 | 1 | 0 |

三态门：在各种数字电路中，有些电路引脚的输出状态除高、低电平（即 1、0）外，还有第三种状态，即高阻状态，这种状态称为浮空，也称为高阻态。此时输出端既不输出 1，又不输出 0，就像断开电路一样，一般用符号 Z 来表示。具有高阻态输出的门电路称为三态门，常用于构成总线接收器和发送器。

#### 3．寄存器与存储器

寄存器是 CPU 内的组成部分，与 CPU 种类有关。寄存器是有限存储容量的高速存储部件，它们可用来暂存指令、数据和位址。在单片机中，寄存器的作用不仅是提高运算速度，还有其他的功能，如外设的使用都要通过相关的寄存器设置实现。

存储器在 CPU 外部，通过总线与 CPU 连接，容量一般比较大，其缺点是读/写速度都比较慢。

## 1.2 单片机的基本概念

#### 1．计算机系统的构成

在学习单片机概念前，先看看普通计算机系统的构成。典型的计算机系统硬件构成如图 1-4 所示。

一个典型的计算机系统硬件部分由主机、显示器、打印机、键盘和鼠标构成。当然，还可以有音箱、话筒、摄像头等多媒体外设。以主机为中心，根据信息传输的方向，可以将除主机外的设备分成两类：一类是信息流出主机的设备，称为输出设备，如显示器、打印机、音箱等；另一类是信息流入主机的设备，称为输入设备，如键盘、鼠标、话筒、摄像头等。

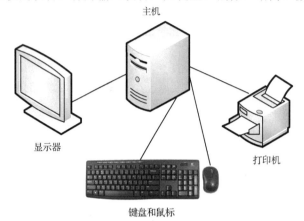

图 1-4　典型的计算机系统硬件构成

打开主机的外壳（也称为机箱），可以发现计算机的主机中有很多部件，如图 1-5 所示。首先看到的是主板，主板是计算机中各个部件工作的一个支撑平台，它把计算机的各个部件紧密连接在一起，各个部件通过主板进行数据传输。也就是说，计算机中重要的"交通枢纽"都在主板上，它工作的稳定性直接影响整机工作的稳定性。另外，还在主板上插接了其他重要部件，如 CPU、内存、显卡等，在 CPU 上方还装有给 CPU 散热用的风扇。此外，在主板上还有连接显示器的 VGA 接口、连接键盘和鼠标的 USB 接口、连接音箱设备的音频接口等。图 1-5 中的电源是计算机不可缺少的供电设备，它的作用是将 220V 交流电转换为供计算机使用的 5V、12V、3.3V 等电压等级的直流电，其性能直接影响其他设备工作的稳定性，进而会影响整机的稳定性。

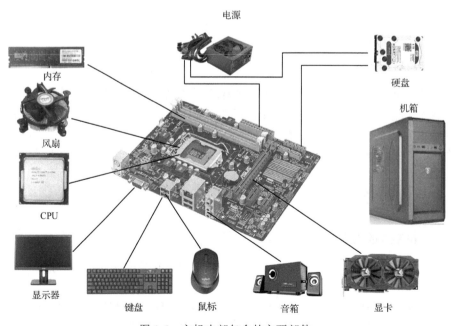

图 1-5　主机内部包含的主要部件

完整的计算机系统除硬件部分外，还包含软件部分。计算机的软件系统是指计算机系统使用的各种程序总体，是程序、运行程序所需的数据及与程序相关文档资料的集合。软件系统包括操作系统和应用软件。目前，常见的操作系统有 Windows、Ubuntu 及 macOS。应用软件包括办公自动化软件（WPS、Word、Excel 等）、网络即时通信软件（QQ、微信、钉钉等）、绘图工具及开发工具等。

当然，除上述典型的计算机系统外，便携式计算机（也称笔记本电脑）因携带方便，广泛地应用在办公人员、技术人员和广大的学生群体中。

从内部构成看，计算机系统的构成框图如图 1-6 所示。由图 1-6 可以看出，一个典型的微型计算机硬件部分包括：运算器、控制器、存储器和输入/输出接口（输入/输出接口连接外部的输入/输出设备）4 部分。

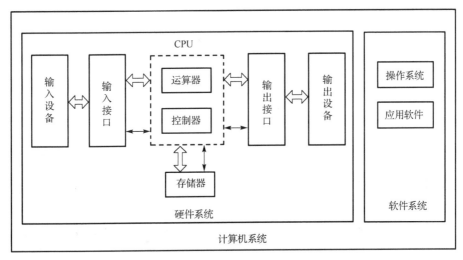

图 1-6　计算机系统的构成框图

（1）运算器。运算器是微型计算机的运算部件，用于实现算术和逻辑运算。微型计算机的数据运算和处理都在这里进行。

（2）控制器。控制器是微型计算机的指挥控制部件，使微型计算机各部分能自动、协调地工作。

运算器和控制器是微型计算机的核心部分，若把运算器与控制器集成在一个芯片上，则该芯片称为 CPU，它的功能是执行算数逻辑运算、数据处理及输入/输出，从而控制计算机自动、协调地完成各种操作。

（3）存储器。存储器是微型计算机的记忆部件，用于存放程序和数据。存储器分为程序存储器和数据存储器。

（4）输入/输出接口包括模拟量输入/输出和开关量输入/输出。

软件部分包括操作系统和应用软件（如字处理软件等）。

### 2．单片机的概念

单片机也称为单片微型计算机，就是将构成计算机的各功能部件集成在同一块大规模集成电路芯片上的微型计算机。后来将单片机称为微控制器（Microcontroller or Microcontroller Unit，

MCU），这也是目前比较正规的名称。我国学者或技术人员一般使用"单片机"一词，所以本书后面还是统一使用"单片机"这个术语。

典型的单片机通常集成 CPU、存储器（RAM/ROM 等）、定时/计数器及多种输入/输出（I/O）接口等部件，其组成框图如图 1-7 所示。

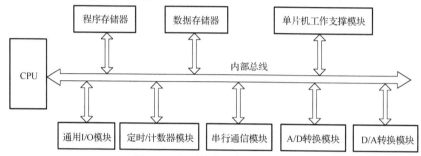

图 1-7  典型的单片机组成框图

其中，CPU 是中央处理单元；程序存储器用于保存用户程序；数据存储器用于保存临时数据，当用 C 语言开发程序时，通常用于存放变量；通用 I/O（也称 GPIO）模块用于开关量的输入和输出；定时/计数器模块用于定时控制或者数量统计；串行通信模块用于与其他串行设备进行数据通信；A/D 转换模块用于模拟量的检测；D/A 转换模块用于模拟量信号的输出；单片机工作支撑模块包括时钟产生模块、电源模块、看门狗模块等。

## 1.3  单片机的特点

通用计算机系统性能强大，在数值计算、逻辑运算与推理、信息处理及实际控制方面表现出了非凡能力。

单片机具有集成度高、体积小、功耗低、可靠性高、使用灵活方便、控制功能强、编程保密化、价格低廉等特点。

单片机在工业控制、智能仪器仪表、数据采集和处理、通信和分布式控制系统、家用电器等领域的应用日益广泛。单片机在这些领域的应用与单纯的高速海量计算的要求不同，主要表现在以下几个方面。

（1）直接面向控制对象。

（2）嵌入到具体的应用系统中，而不以计算机的面貌出现。

（3）能在现场可靠地运行。

（4）体积小，应用灵活。

（5）突出控制功能，特别是对外部信息的捕捉及丰富的输入/输出（I/O）功能等。

将满足上述要求的微型计算机称为嵌入式计算机，由嵌入式计算机构成的应用系统简称为嵌入式系统，利用单片机就可以构成嵌入式系统。相应地，通常把满足高速海量数值计算需要的计算机称为通用计算机系统。

单片机技术的发展已经逐步走向成熟。一方面，不断出现性能更高、功能更强的 16 位单片机和 32 位单片机；另一方面，8 位单片机也在不断地采用新技术，以取得更高的性价比。因此，在性价比要求比较严格的产品设计中，还是以 8 位单片机居多。单片机技术的发展具有以下几个特点。

### 1．集成度更高、功能更强

目前，许多单片机不仅集成了构成微型计算机的 CPU、存储器、输入/输出接口、定时器等传统功能单元，还集成了 A/D 转换模块、D/A 转换模块和多种通信接口（如 UART、CAN、SPI、$I^2C$、LIN 等）。单片机技术朝着片上系统（System On Chip，SOC）的方向发展。

许多单片机都集成了在系统可编程（In System Programming，ISP）功能，用户可以对已经焊接到用户电路板上的单片机进行编程，而不再需要专门的编程器。

另外，有些单片机集成了在系统调试（In System Debugging，ISD）功能，用户可以省去价格较高的仿真器，只要有计算机，结合相应的仿真软件环境就可以进行仿真调试。

### 2．低电压、低功耗

使用 CMOS 的低功耗电路，具有省电工作状态，如等待状态、休眠状态、关闭状态等。有些单片机的工作电压也较低，如有些单片机的工作电压为 3.3V，甚至为 1.8V。低电压、低功耗的单片机可以满足便携式或电池供电等仪器仪表应用的需求。

### 3．价格更低

随着微电子技术的不断进步，许多公司陆续推出了价格更低的单片机。可以说，在相当一部分以单片机为核心的嵌入式产品中，单片机的硬件成本已经占很小的比例了，更多的是系统设计、软件开发与维护成本。

## 1.4　单片机的应用

单片机实质上是一个芯片，在实际应用中，很难直接和被控对象进行电气连接，必须外加各种驱动电路、外部设备、被控对象等硬件和相关功能的软件，才能构成一个单片机应用系统。单片机应用系统是以单片机为核心，配以输入、输出、显示、控制等外部电路和软件，能实现一种或多种功能的实用系统。单片机应用系统是由硬件和软件组成的，二者相互依赖，缺一不可，单片机应用系统的组成如图 1-8 所示。

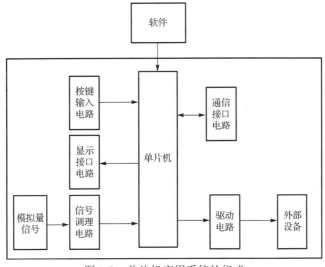

图 1-8　单片机应用系统的组成

由图 1-8 可知，单片机是整个系统的核心。按键输入电路用于将用户的命令信息通过按键输入到单片机中。显示接口电路用于将单片机处理后的信息通过发光二极管、数码 LED 或 LCD 进行显示。模拟量信号经过信号调制电路输入到单片机的 A/D 转换模块中，将模拟量转换为数字量，经过各种运算处理后，可以将数字量送到显示接口电路进行显示，也可以通过通信接口电路传输到计算机等设备，还可以输出模拟量，经过驱动电路放大后，驱动外部设备进行工作。通信接口电路不仅可以把单片机采集的信息传输到计算机等设备，还可以通过通信接口电路由计算机将设置参数或者命令传输到单片机。

由此可见，单片机应用系统的设计人员必须从硬件和软件两个角度来深入了解单片机，并能够将二者有机结合起来，才能设计出具有特定功能的应用系统或整机产品。

## 1.4.1　单片机的应用范围

单片机的应用已经深入到工业、交通、农业、国防、科研、教育及日常生活用品（家电、玩具等）等各种领域中。单片机的主要应用范围如下。

### 1．工业方面

单片机在工业方面的应用包括电机控制、数控机床、物理量的检测与处理、工业机器人、过程控制、智能传感器等。

### 2．农业方面

农业方面的应用包括植物生长过程要素的测量与控制、智能灌溉及远程大棚控制等。

### 3．仪器仪表方面

智能仪器仪表、医疗器械、色谱仪、示波器及万用表等。

### 4．通信方面

调制解调器、网络终端、智能线路运行控制及程控电话交换机等。

### 5．日常生活用品方面

移动电话、MP3 播放器、照相机、摄像机、录像机、电子玩具、电子字典、电子记事本、电冰箱、洗衣机、加湿器、消毒柜、空调机、电风扇、IC 卡设备及指纹识别仪等。

### 6．导航控制与数据处理方面

鱼雷制导控制、智能武器装置、导弹控制、航天器导航系统、电子干扰系统、图形终端、复印机、硬盘驱动器及打印机等。

### 7．汽车控制方面

门窗控制、音响控制、点火控制、变速控制、防滑刹车控制、排气控制、节能控制、保安控制、冷气控制、汽车报警控制及测试设备等。

几乎可以说，只要有控制的地方就有单片机的存在。

## 1.4.2 单片机应用系统的设计方法

### 1. 单片机应用系统的开发流程

学习单片机的根本目的是应用单片机进行有关系统或产品的设计。单片机应用系统的开发流程如图1-9所示。

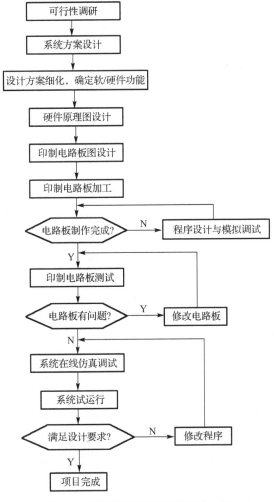

图1-9 单片机应用系统的开发流程

（1）可行性调研

可行性调研的目的是分析完成项目的可能性。进行可行性调研时，可参考国内外有关资料，看看是否有人进行过类似的工作。若有，则可分析他人是如何进行这方面工作的，有什么优点和缺点，有什么是值得借鉴的；若没有，则需做进一步的调研，重点应放在"能否实现"这个环节上，首先从理论上进行分析，探讨实现的可能性，所要求的客观条件是否具备（如环境、测试手段、仪器设计、资金等），然后结合实际情况，再决定是否立项。

（2）系统方案设计

在进行可行性调研后，若可以立项，则下一步工作就是系统方案的设计。工作重点应放在项目的技术难度上，可参考相关更详细、更具体的资料，根据系统的各部分功能，参考国内外同类产品的性能，提出合理而可行的技术指标，编写设计任务书，完成系统方案设计。

（3）设计方案细化，确定软/硬件功能

系统方案确定后，下一步需要将项目细化，也就是明确哪些功能用硬件完成，哪些功能由软件完成。由于硬件结构与软件方案会相互影响，因此从简化电路结构、降低成本、降低故障率、提高系统的灵活性与通用性等方面考虑，提倡软件能实现的功能应尽可能由软件来完成。但也应该注意到，用软件代替硬件实现某些功能的实质是以降低系统实时性、提高软件处理难度为代价的，而且软件设计费用、调试周期也将增加，因此系统的软/硬件功能分配应根据系统的要求及实际情况合理安排，统一考虑。在确定软/硬件功能的基础上，设计工作开始涉及到一些具体的问题，如产品的体积及与具体技术指标相对应的硬件实现方案和软件的总体规划等。在确定人员分工、安排工作进度、规定接口参数后，可以考虑硬件和软件的具体设计问题。

（4）硬件原理图设计

在进行应用系统的硬件设计时，首先要确定硬件电路的总体方案，并进行详细的技术论证。所谓硬件电路的总体设计，就是为实现项目的全部功能所需要的硬件电气连线原理图。就硬件系统来讲，电路的各部分紧密相关、互相协调，任何一部分电路的考虑不充分，都会给其他部分带来难以预料的影响，轻则使系统整体结构遭受破坏，重则导致硬件总体返工。从时间上看，硬件设计的绝大部分工作量往往在最初方案的设计阶段，一个好的设计方案往往会有事半功倍的效果。一旦总体方案确定下来，下一步的工作就会顺利进行，即使需要做部分修改，也只是在此基础上进行一些完善工作，而不会造成整体返工。

在进行硬件的总体方案设计时，涉及到的具体电路可借鉴他人在这方面进行的工作经验。因为经过别人调试和考验过的电路往往具有一定的合理性（尽管这些电路常常与教科书或者手册上提供的电路可能不完全一致，但这正是经验所在）。在此基础上，结合自己的设计目的进行一些修改。这是一种简便、快捷的做法。当然，有些电路还需要自己设计，完全照搬是不太可能的。参考别人的电路时，需对其工作原理有较透彻的分析和理解，根据其工作机理了解其适用范围，从而确定其移植的可能性和需要修改的地方。对于有些关键性和尚不完全理解的电路，需要仔细分析，在设计之前先进行试验，以确定这部分电路的正确性，并在可靠性和精度等方面进行考查，尤其是模拟电路部分，更需要进行这方面的工作。

为使硬件设计尽可能合理，根据经验，系统的电路设计应注意以下几个方面。

① 在考虑硬件系统总体结构时，同样要注意通用性的问题。对于一个较复杂的系统，设计者往往希望将其模块化，即对 CPU、输入接口、输出接口、人机接口等分块进行设计，然后采用一定的连接方式将其组合成一个完整的系统。

② 尽可能选择相对成熟的标准化、模块化电路，提高设计的成功率和结构的灵活性。在设计单片机应用系统时，经常使用现有的模块化电路搭建系统的模型，就像搭积木一样，对系统的关键功能进行测试，以保证整个系统的设计是可行的。

③ 在条件允许的情况下，尽可能选用功能性强、集成度高的芯片。因为采用这种芯片可能代替某一部分电路，这样不但元件数量、接插件和相互连线减少，使系统可靠性提高，而且成本往往比用多个元件实现的电路的成本要低。

④ 选择通用性强、市场货源充足的元件，尤其在大批量生产的场合，更应注意这个问题。一旦某种元件无法获得，也能用其他元件直接替换或对电路稍做改动后用其他元件代替。

⑤ 在满足应用系统功能要求的基础上，系统的扩展及各功能模块的设计应适当留有余地，特别是某些具有特别功能的引脚尽量引出，以备将来修改、扩展之需。

⑥ 设计电路时，应尽可能地多做调研，采用最新的技术。因为电子技术发展迅速，元件更新换代很快，市场上不断推出性能更优、功能更强的芯片，只有时刻注意这方面的发展动态，采用新技术、新工艺，才能使产品具有最先进的性能，不落后于时代发展的潮流。

⑦ 设计电路时，要充分考虑应用系统各部分的驱动能力。不同的电路需要不同的驱动能力，对后级系统的输入阻抗要求也不一样。若阻抗匹配不当，或者系统驱动力不足，则将导致系统工作不可靠甚至无法工作。值得注意的是，这种不可靠很难通过一般的测试手段来确定，而排除这种故障往往需要对系统做较大的调整。因此，在设计电路时，要注意提高系统的驱动能力或减少系统的功耗。

电路原理图设计需要使用专门的电路设计软件，如常见的 KiCAD、Altium Designer、OrCAD、PADS 等，特别是免费的电路设计软件 KiCAD，由于不涉及版权问题，更应该首先予以考虑。

（5）印刷电路板图设计

设计完了硬件原理图，就可以进行印刷电路板（PCB）图的设计了。在进行印制电路板图设计时，应注意以下几个方面。

① 元件布局要尽量合理。

② 模拟地与数字地尽量分开，减少干扰。

③ 地线加粗、覆铜。

④ 根据工艺要求，设计机箱、面板、配线、接插件等，这也是一个初次进行系统设计人员容易疏忽但又十分重要的问题。设计时要充分考虑到安装、调试、维修的方便。

印刷电路板图设计好后，应进行检查，核对是否与原理图相符，并且检查有无其他的电气问题。特别要检查印刷电路板图上的器件封装尺寸是否与实际器件的封装尺寸相符。确认文件没有错误后，将设计的印刷电路板图交给电路板制作厂家进行印刷电路板的制作。

印刷电路板的设计也要使用专门的印刷电路板设计软件，如 KiCAD 或 Altium Designer。

（6）程序设计与模拟调试

印刷电路板的制作需要一定的时间。在印刷电路板制作期间，可以进行某些程序模块的编写和模拟调试。特别是可以对那些与硬件关系不大的程序模块进行模拟调试，如数据运算、逻辑关系测试等，这样可以加快项目的开发。目前，许多集成开发环境具有模拟调试功能，如著名的 Keil μVision 集成环境。

目前，应用系统种类繁多，程序设计人员的编程风格也不尽相同，因此，应用程序的种类因系统而异，因人而异。尽管如此，优秀的应用程序还是有其共同特点和规律的。程序设计人员在进行程序设计时应从以下几个方面加以考虑。

① 模块化、结构化的程序设计。根据系统功能要求，将软件分成若干个相对独立的模块，实现各功能程序的模块化、子程序化。根据模块之间的联系和时间上的关系，设计出合理的软件总体结构，使其清晰、简捷、流程合理。这样，既便于调试，又便于移植、修改。

② 建立正确的数学模型。根据功能要求，描述各个输入变量与输出变量之间的数学关系，数学模型是关系系统性能好坏的重要因素。

③ 绘制程序流程图。为了提高软件设计的总体效率，以简明、直观的方法对任务进行描述，在编写应用软件前，一般应绘制出程序流程图。这不仅是程序设计的一个重要组成部分，还是决定成败的关键部分。设计恰当的程序流程图，可以缩短源程序编辑、调试时间。

④ 合理分配系统资源，包括程序存储器、数据存储器、定时/计数器、串行通信口、模拟量接口等。当资源规划好后，应列出一个资源详细分配表，以方便编程查阅。使用 C 语言编程时，应注意变量的命名规范。

⑤ 注意在程序的相关位置写上功能注释，以提高程序的可读性。

⑥ 加强软件抗干扰设计，这是提高计算机应用系统可靠性的有力措施。

通过编辑软件编写的源程序，必须编译生成目标代码。若源程序有语法错误，则返回编辑过程，修改源文件后再继续编译，直到无语法错误为止。此时可以利用目标代码进行程序调试或者模拟调试。若在运行中发现设计上的错误，则需要重新修改源程序并重新编译、调试，如此反复直到成功。

（7）印刷电路板测试

印刷电路板制作完成后，需要对其进行必要的测试，如检查是否存在短路等问题。若无问题，则可进行元件的焊接。元件的焊接根据元件的高度按从低到高的顺序进行。焊接完毕后，应在不接电源的情况下，再进行必要的检查（如检查是否存在因焊接引起的短路问题）。若没有问题，则可以上电进行仿真调试了。

（8）系统在线仿真调试

将焊接好的印刷电路板连接到仿真环境中，进行程序的仿真调试工作。这个阶段的工作可以按照功能要求分模块进行，将各个模块逐一进行仿真调试。在各个模块都调试成功后，将各个模块组合到一起，再进行系统的整体仿真调试。直到所有的模块都能正常工作为止。

（9）系统试运行

系统所有的功能模块都设计完毕并对其进行了仿真调试后，可以将程序写入到单片机中，并进行系统试运行。若试运行中出现问题，则对出现的现象进行分析，然后修改程序，并转到步骤（8），直到系统试运行不出现问题为止。系统试运行成功后，可以进行项目的验收。

### 2. 仿真调试

许多单片机生产厂家都推出了具有在系统调试功能的单片机，可以通过 JTAG 接口或者单片机中的一个串行口进行仿真。这样，可以省去价格较高的专用仿真器，如图 1-10 所示。

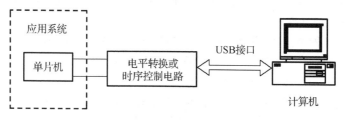

图 1-10　具有在系统仿真功能的调试模式

在系统仿真调试模式中，直接将单片机加入到应用系统中。单片机的几个仿真调试引脚通过电平转换或时序控制电路与计算机的 RS232C 串行口或者 USB 接口相连。在计算机中安装相应的调试环境，通过调试环境对应用系统进行仿真调试。这种仿真调试模式的最大优点是，能够真正仿真单片机的工作状态，并且，应用系统仿真调试完成后可以直接投入使用，省去重新制作印刷电路板的费用。

## 1.5 实例导入——信号灯的控制

本节通过一个最简单的应用实例——两只发光二极管轮流点亮的控制，说明单片机应用系统的基本开发过程。

### 1. 硬件环境

作为单片机的初学者，在学习单片机时，可选用现成的单片机实验开发平台，用"照葫芦画瓢"的方法来学习电路的设计及调试。本书对基于 SC95F8617 单片机的开发学习平台进行介绍，该学习平台采用"基本+核心板"的方式进行连接。SC95F8617 单片机的核心板电路原理图如图 1-11 所示。

在图 1-11 中，标号相同的线路是连接在一起的。核心板电路包含 SC95F8617 单片机 U1、仿真接口 P1、外部 32.768kHz 的晶振 X1 及两个电容 C1 和 C2。另外，将所有的引脚通过两个单排插针引出，以便与基板进行连接。仿真接口只使用了 4 根引脚，除电源 VDD 和地 VSS 外，还连接了 DIO 和 CLK，这两个引脚分别与 P1.3、P1.1 复用。为了便于学习，核心板上还包含了 USB/UART 转换电路模块、跑马灯电路模块、外部中断电路模块和光敏电阻模块（用于模拟量转换学习实验）。

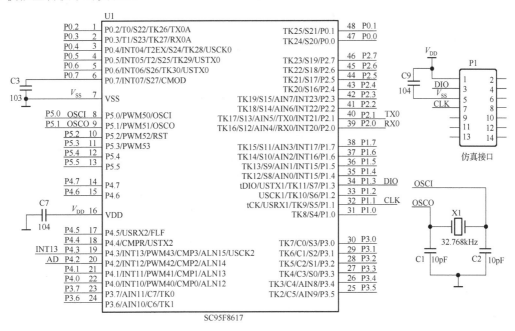

(a) CPU 单元原理图

图 1-11　SC95F8617 单片机的核心板电路原理图

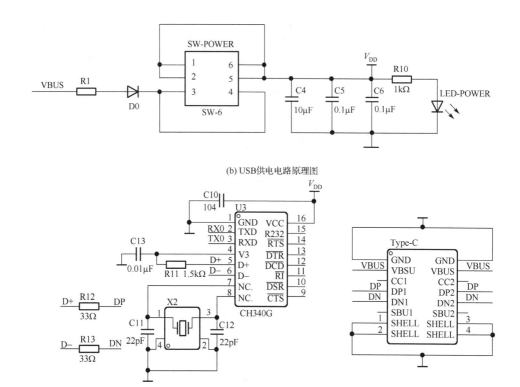

(b) USB供电电路原理图

(c) USB/UART（串口）通信电路原理图

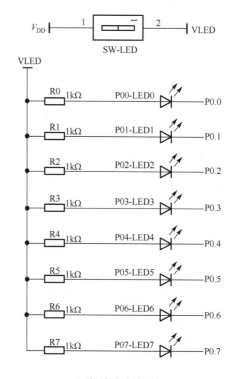

(d) 跑马灯电路原理图

图 1-11　SC95F8617 单片机的核心板电路原理图（续）

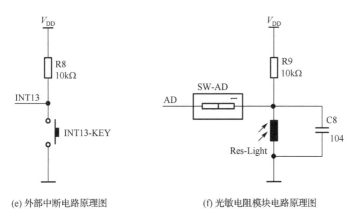

(e) 外部中断电路原理图　　　　　　(f) 光敏电阻模块电路原理图

图 1-11　SC95F8617 单片机的核心板电路原理图（续）

跑马灯电路中的 R0～R7 是限流电阻，其作用就是限制流过发光二极管 P00-LED0～P07-LED7 的电流不要过大，以免烧坏发光二极管或者单片机。各个发光二极管的命名前均带有 P0.0～P0.7，目的是直观指示控制发光二极管所用的端口。当有电流流过发光二极管时，发光二极管就会发光；当没有电流流过时，发光二极管就不会发光。正常情况下，外径 5mm LED 发光电流为 15mA，外径 4mm LED 发光电流为 10～15mA，外径 3mm 的 LED 发光电流为 8～10mA，外径小于 3mm 的 LED 发光电流为 5mA，最小发光电流可为 1mA。

假设供电电源为 5V，则单片机引脚输出高低电平分别为 5V 和 0V。发光二极管导通发光时的导通电压约为 0.7V。可以简单估算一下当发光二极管发光时所流过的电流为

$$(5{-}0.7)V/1k\Omega{=}4.3mA$$

从图 1-11(d)可见，当 P0.0 引脚输出高电平时，发光二极管 P00-LED0 不导通，由于没有电流流过 P00-LED0，因此 P00-LED0 不亮；当 P0.0 引脚输出低电平时，P00-LED0 导通，因为有电流流过 P00-LED0，所以 P00-LED0 点亮。这样就可以通过 P0.0 引脚输出高低电平控制 P00-LED0 的亮与灭。其他引脚控制 LED 灯的原理类似。本实例的任务是控制 P00-LED0 和 P01-LED1 轮换点亮，编程实现从 P00 和 P01 轮换输出高低电平即可。

使用时，将 SC-Link 仿真器连接核心板的仿真接口，通过 USB 线连接计算机的 USB 接口便可进行单片机程序的下载和仿真任务，从而完成相关内容的学习和实验验证。

除学习平台外，还可以配备万用表、电烙铁、斜嘴钳、焊锡丝、杜邦线等基本工具和器材，以便进行信号的连接和测量。另外，还需要一台计算机用于编写和调试程序，目前大部分计算机的配置基本上都能满足程序设计和调试的需求。

**2．利用软件环境准备程序**

如果单片机应用系统只有硬件而没有程序是不能实现任何功能的。单片机的应用程序可以使用 C 语言编写，C 语言具有编写简单、直观易读、便于维护、通用性好等特点。本书后续介绍的单片机程序均由 C 语言编写。第 3 章将介绍 C 语言的基本语法知识，特别介绍如何进行单片机的 C 语言程序设计和调试。单片机是不能够直接读取和执行 C 语言程序的，需要通过编译工具将 C 语言源程序转换为 CPU 可以执行的机器码。

Keil μVision 集成开发环境（Integrated Developing Environment，IDE，以下简称 Keil）是目前最流行的 8051 内核单片机软件开发工具，包括高效的编辑器、项目管理器、C 编译器、

宏汇编、连接器、库管理和功能强大的仿真调试等功能。Keil 是一个标准 Windows 应用程序。安装过程与一般 Windows 应用程序的安装过程类似。该应用程序安装完成后，会在桌面上出现 Keil μVision 5 程序的图标，并且在"程序"组增加"Keil μVision 5"程序项。

为了开发、调试 SC95F8617 单片机的 C 语言程序，需要安装赛元单片机的 Keil 支持插件。从官方网站上下载 Keil C 插件 SOC_KEIL，解压缩后双击运行，即可启动安装过程。若安装程序检测到用户已安装 Keil C51 软件，则弹出如图 1-12 所示的窗口。

图 1-12　安装程序检测到用户已经安装了 Keil C51 软件

单击图 1-12 中的"确定"按钮后，进一步弹出"安装-SOC_KEIL"对话框，提示用户选择 Keil 的安装目录，如图 1-13 所示。选定安装目录（Keil 的默认安装目录是 C:\Keil_v5）后，单击"确定"按钮，完成后续的安装过程。

图 1-13　"安装-SOC_KEIL"对话框

完成安装后，将所有文件安装到 Keil 安装目录下 C51 目录内的 SinOne_Chip 目录中。SinOne_Chip 目录内的所有文件如下。

CDB：赛元 MCU 开发库文件。　　　　DEMO：赛元 MCU 示例程序。

INC：赛元 MCU 头文件。　　　　　　PDF：赛元在线开发工具 DPT52 使用说明。

SOC_Debug_Driver：赛元仿真插件。

赛元 SOC_KEIL 插件会新建一个赛元 MCU 型号专用列表，不会覆盖掉 Keil C 原有的 MCU 列表。

【**例 1-1**】控制图 1-11(d)中的 P00-LED0 和 P01-LED1 轮流点亮。

### 1. 启动 Keil，并创建一个项目

从"程序"组中选择"Keil μVision 5"程序项或者直接双击桌面上的 Keil μVision 5 图标，启动 Keil。

新建项目文件，从 Keil 主界面的"Project"菜单中选择"New Project"菜单项，打开"Create New Project"对话框，如图 1-14 所示。

首先，在最顶端的下拉框中选择要保存工程的位置，建议不要保存在 C 盘，因为 C 盘是系统盘，容易因系统的重新安装而丢失项目文件。在弹出的对话框中单击"新建文件夹"选项，得到一个空的文件夹，为该文件夹命名（如"51study"），然后双击选择进入该文件夹。为了便于对每个项目进行管理，建议对每个项目单独创建一个文件夹（在为文件夹命名时，需要给出一个有意义的名字，如 ex1-1），将与项目相关的文件都存放在该文件夹中。在"文件名"编辑框中输入项目的名称，如 ex1-1，将创建一个文件名为 ex1-1.uvproj 的新项目文件。

单击图 1-14 中的"保存"按钮后，出现"Select Device for Target 'Target 1'…"对话框，如图 1-15 所示。选择深圳市赛元微电子有限公司的单片机产品型号，在该对话框的下拉框中选择"SinOne Chip 8051 Devices"（只有安装了 SOC_KEIL 插件后才会出现），所有深圳市赛元微电子有限公司的单片机产品型号就会出现在左侧的列表框中。单击左侧列表框中"SC95Fxx Series"前面的"+"号，对产品型号进行展开，在展开项中找到并选择 SC95F8617 单片机。

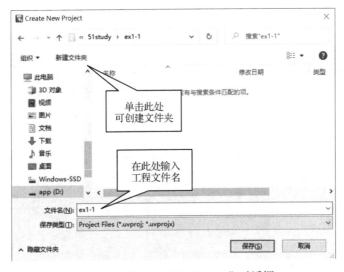

图 1-14　"Create New Project"对话框

单击图 1-15 中的"OK"按钮，弹出如图 1-16 所示的对话框，提示是否将标准 8051 启动代码复制到工程文件夹中并将该文件添加到工程中。单击图 1-16 中的"否"按钮，进入 Keil 主界面，如图 1-17 所示。Keil 主界面包括菜单栏、工具栏、Project 视图、代码编辑和调试视图、状态输出视图。由于没有进行程序代码的编辑或调试，因此代码编辑和调试视图是灰色的。

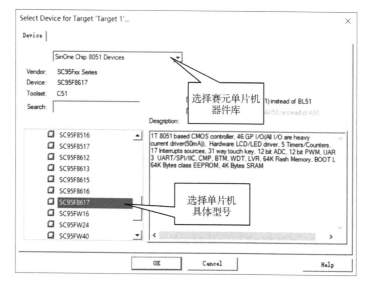

图 1-15    "Select Device for Target 'Target 1'…" 对话框

图 1-16    "复制启动代码提示" 对话框

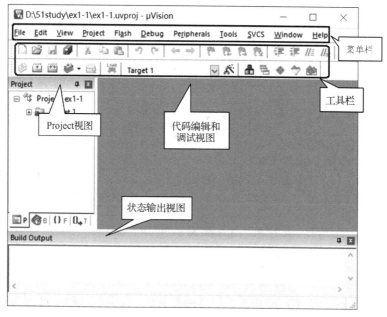

图 1-17    Keil 主界面

**2．新建一个源文件并把该文件加入到项目中**

从"File"菜单中选择"New"菜单项，新建一个源文件，或者单击工具栏中的"New file"按钮（ ），打开一个空的编辑窗口，用户可以在其中输入程序源代码。为了能够加亮显示 C 语言程序的关键字，可以先保存文件。从"File"菜单中选择"Save"菜单项或单击工具条上的保存按钮（ ），弹出如图 1-18 所示的对话框，输入文件名。若使用 C 语言编写程序，则文件的后缀名是".c"（注意后缀名不能省略！），如 main.c。

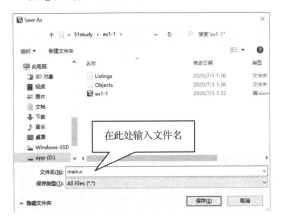

图 1-18  "Save As"对话框

在代码编辑区域中输入下面的 C 语言程序。

```
#include "sc95.h"                //包含SC95F8617单片机寄存器定义头文件
void delay(unsigned long delaycnt);  //延时函数声明
void main(void)
{
    P0CON|=0x03;          //将P0.0和P0.1均设置为强推挽输出模式
    P00=0;                //让连接P0.0的LED灯亮
    P01=1;                //让连接P0.1的LED灯灭
    while(1)              //主程序循环
    {
        delay(250000);
        P00=~P00;         //P0.0的状态取反
        P01=~P01;         //P0.1的状态取反
    }
}
void delay(unsigned long delaycnt) //延时函数
{
    while(delaycnt--);
}
```

将创建的源文件加入到项目中。Keil 提供了几种方法让用户把源文件加入到项目中。例如，在"Project Workspace"视图（也称为工程管理器）中，单击"Target 1"前面的"+"展开下一层的"Source Group1"组，在"Source Group1"组上单击鼠标右键，弹出快捷菜单，如图 1-19 所示。从弹出的快捷菜单中单击"Add Existing Files to Group 'Source Group 1'…"菜单项，弹出"Add Files to Group 'Source Group 1'"对话框，如图 1-20 所示。也可以在"Source Group1"组上双击鼠标左键，直接弹出图 1-20 的对话框。当然，也可以单击选中"Project Workspace"视图的"Source Group1"组，按下 F2 键对组名进行修改。

在该对话框中，默认的文件类型是"C Source file (*.c)"。从文件列表框中选择要加入的文件 main.c，并双击即可添加到工程中；也可以直接在"文件名"编辑框中直接输入文件名或单击选中该文件，然后单击"Add"按钮，将该文件加入到工程中。

文件添加完毕后，单击图 1-20 对话框中的"Close"按钮关闭对话框。给工程添加文件成功后，工程管理器的"Source Group1"文件夹的前面会出现一个"+"，单击"+"，可以看到 main.c 文件已经包含在源程序组中。双击该文件即可对其进行修改。

图 1-19　将源文件加入到项目中快捷菜单　　图 1-20　"Add Files to Group 'Source Group 1'"对话框

### 3．针对目标硬件设置工具选项

Keil 允许用户为目标硬件设置选项。可以通过工具栏图标、菜单或在"Project Workspace"窗口的"Target 1"上单击右键打开"Options for Target 'Target1'"对话框。在各个选项页面中，可以定义与目标硬件及所选器件的片上元件相关的所有参数。选择"Output"标签页，选中其中的"Create HEX File"复选框，这样每次编译完成后，只要没有错误，就会生成可以下载到单片机中的 HEX 文件，如图 1-21 所示。图 1-21 中的其他选项可以不修改。然后单击"OK"按钮关闭对话框。

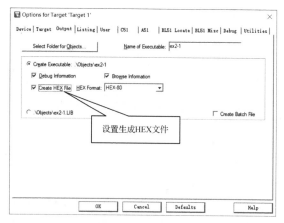

图 1-21　"Options for Target 'Target1'"对话框的"Output"标签页设置

**4. 编译项目并生成可以编程到程序存储器的 HEX 文件**

在编译项目前,一定要确认 sc95.h 头文件已经复制到了 Keil\C51\INC 文件夹中,否则 SC95 系列单片机的寄存器名称在编译程序时会提示没有定义。单击工具栏上的"Build"按钮(□),可以编译所有的源文件并生成应用。

**5. 设置程序下载选项**

在"Options for Target"对话框的"Utilities"标签页中,选中"Use Target Driver for Flash Programming"单选按钮,并从下拉框中选择"SinOne Chip Debug Driver"选项,如图 1-22 所示。单击下拉框右边的"Settings"按钮,弹出"烧录 Option 信息"对话框,从"芯片选择"下拉框中选择 SC95F8617 单片机,如图 1-23 所示。

图 1-22 "Options for Target'Target1'"对话框的"Utilities"标签页设置

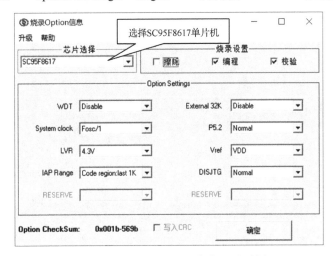

图 1-23 "烧录 Option 信息"对话框

**6. 下载程序观察运行效果**

单击工具栏中的"下载"按钮(□),可以将编译成功的程序下载到单片机中。程序下载完成后,单片机立刻执行刚下载的程序,此时可以看到两个 LED 灯轮流点亮。

## 1.6　习题 1

1．什么是单片机？它与一般微型计算机在结构上有什么区别？
2．简述一般单片机的结构及各部分的功能。
3．简述单片机技术的特点及应用。
4．简述单片机应用系统设计的方法和过程。
5．设计印刷电路板时，应注意哪些事项？

# 第 2 章
# 单片机的结构

只有熟悉了单片机的结构及各部分的功能，才能正确使用单片机进行应用系统设计。本章介绍 SC95F8617 单片机的内部组成、引脚、存储空间、输入/输出接口。

## 2.1 SC95 系列单片机简介

SC95 系列单片机是深圳市赛元微电子有限公司出品的 8051 内核单片机，运行频率高达 32MHz，其指令集向下兼容标准的 8051 单片机。该系列单片机具有集成度高、抗干扰性能强、稳定性高、可靠性高、功耗低、效率高等特点，非常适合应用于安全性要求极高的智能家电、工业控制、物联网（IoT）、医疗、可穿戴设备、消费品等领域。

### 1. SC95 系列单片机的命名规则

SC95 系列产品命名规则如下：

| 名称 | SC | 95 | F | 8 | 6 | 1 | 7 | X | P | 48 | R |
|------|------|------|------|------|------|------|------|------|------|------|------|
| 序号 | ① | ② | ③ | ④ | ⑤ | ⑥ | ⑦ | ⑧ | ⑨ | ⑩ | ⑪ |

其中，各个部分的含义如表 2-1 所示。

表 2-1　SC95 系列单片机命名规则各部分的含义

| 序号 | 含　义 |
|------|------|
| ① | Sinone Chip 缩写 |
| ② | 产品系列名称 |
| ③ | 产品类型（F：Flash MCU） |
| ④ | 系列号，7：GP 系列；8：TK 系列 |

| 序号 | 含　义 |
|---|---|
| ⑤ | ROM Size: 1 为 2KB, 2 为 4KB, 3 为 8KB, 4 为 16KB, 5 为 32KB, 6 为 64KB, … |
| ⑥ | 子系列编号: 0～9, A～Z |
| ⑦ | 引脚数: 0: 8pin, 1: 16pin, 2: 20pin, 3: 28pin, 5: 32pin, 6: 44pin, 7: 48pin, 8: 64pin, 9: 100pin |
| ⑧ | 版本号: (省略、B、C、D) |
| ⑨ | 封装形式: (D: DIP; M: SOP; X: TSSOP; F: QFP; P: LQFP; Q: QFN; K: SKDIP) |
| ⑩ | 引脚数 |
| ⑪ | 包装方式: (U: 管装; R: 盘装; T: 卷带) |

### 2．SC95 系列单片机集成的资源

SC95 系列单片机集成了程序存储器、数据存储器、通用输入/输出口（GPIO）、16 位定时器、异步串行通信接口（UART）、三选一 USCI 通信口、高精度高速 ADC、模拟比较器、PWM、双模触控电路、中断管理、硬件乘/除法器、LCD/LED 硬件驱动、高精度高频 32MHz 振荡器和低频 32.768kHz 振荡器、看门狗定时器 WDT 等资源。

正是由于 SC95 系列单片机集成了如此多的资源，因此在应用系统设计时，可减少系统外围元器件数量，节省电路板空间和系统成本。

SC95 系列单片机开发、调试非常方便，具有 ISP 和在应用可编程（In-Application Programming，IAP）等功能。允许芯片在线或带电的情况下，直接在电路板上对程序存储器进行调试、升级。

本书采用 SC95 系列单片机的典型产品 SC95F8617 为背景机型，介绍单片机开发技术和项目设计。

## 2.2　SC95F8617 单片机的引脚

首先从外观上认识一下单片机。LQFP48 封装的 SC95F8617 单片机引脚分布图如图 2-1 所示。

从引脚分布图中可以看到，除电源 VDD 和地 VSS 外，其他引脚都由 Px.y 形式标记，这些引脚称为通用输入/输出引脚，也称为 I/O 引脚，所有的 GPIO 口都使用类似的表示方法。SC95F8617 单片机的每个 I/O 口都是由 8 根 I/O 口线构成的。例如，由 P0.0～P0.7 构成了 P0 口，由 P1.0～P1.7 构成了 P1 口，等等。由于封装引脚数量的限制，有些 I/O 端口可能没有把 8 根口线全部引出，如 P5。绝大多数 I/O 口线除具有基本的输入/输出功能外，还具有第二功能甚至第三功能、第四功能（称为复用功能）。

为了便于描述，按照 P0～P5 口的顺序，SC95F8617 单片机的引脚描述如表 2-2 所示。

**注意**：TK9、TK11 与 TK 调试通信口复用，若需使用 TK 调试功能，则需要尽量避免使用 TK9 和 TK11。

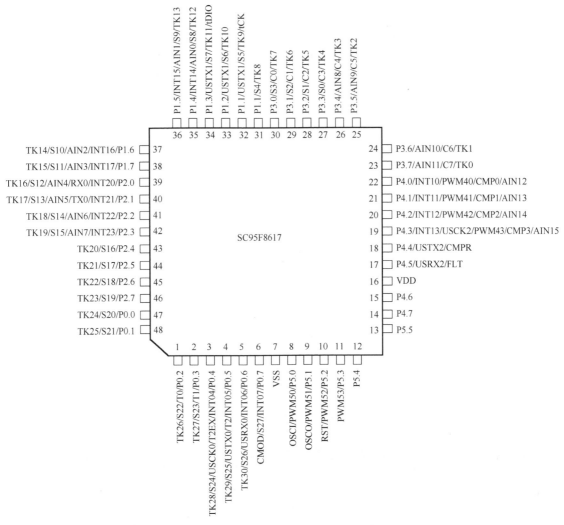

图 2-1　LQFP48 封装的 SC95F8617 单片机引脚分布图

表 2-2　SC95F8617 单片机的引脚描述

| 引脚 | 口 线 名 称 | 复 用 功 能 |
|---|---|---|
| 47 | P0.0/S20/TK24 | S20：LCD/LED 的 SEG20，TK24：TK 的通道 24 |
| 48 | P0.1/S21/TK25 | S21：LCD/LED 的 SEG21，TK25：TK 的通道 25 |
| 1 | P0.2/T0/S22/TK26 | S22：LCD/LED 的 SEG22，TK26：TK 的通道 26<br>T0：计数器 0 外部输入 |
| 2 | P0.3/T1/S23/TK27 | S23：LCD/LED 的 SEG23，TK27：TK 的通道 27<br>T1：计数器 1 外部输入 |
| 3 | P0.4/INT04/T2EX/USCK0/S24/TK28 | S24：LCD/LED 的 SEG24，TK28：TK 的通道 28<br>INT04：外部中断 0 的输入 4，T2EX：定时器 2 外部捕获信号输入<br>USCK0：USCI0 的 SCK |
| 4 | P0.5/INT05/T2/USTX0/S25/TK29 | S25：LCD/LED 的 SEG25，TK29：TK 的通道 29<br>INT05：外部中断 0 的输入 5，T2：计数器 2 外部输入<br>USTX0：USCI0 的 MOSI/SDA/TX |

续表

| 引脚 | 口线名称 | 复用功能 |
|---|---|---|
| 5 | P0.6/INT06/USRX0/S26/TK30 | S26：LCD/LED 的 SEG26，TK30：TK 的通道 30<br>INT06：外部中断 0 的输入 6，USRX0：USCI0 的 MISO/RX |
| 6 | P0.7/INT07/S27/CMOD | S27：LCD/LED 的 SEG27，CMOD：Touch Key 触控外接电容<br>INT07：外部中断 0 的输入 7 |
| 31 | P1.0/S4/TK8 | S4：LCD/LED 的 SEG4，TK8：TK 的通道 8 |
| 32* | P1.1/USRX1/S5/TK9/tCK | S5：LCD/LED 的 SEG5，TK9：TK 的通道 9<br>USRX1：USCI1 的 MISO/RX/tCK:烧录和仿真口时钟线 |
| 33 | P1.2/USCK1/S6/TK10 | S6：LCD/LED 的 SEG6，TK10：TK 的通道 10<br>USCK1：USCI1 的 SCK |
| 34* | P1.3/USTX1/S7/TK11/tDIO | S7：LCD/LED 的 SEG7，TK11：TK 的通道 11<br>USTX1：USCI1 的 MOSI/SDA/TX，tDIO：烧录和仿真口数据线 |
| 35 | P1.4/INT14/AIN0/S8/TK12 | S8：LCD/LED 的 SEG8，TK12：TK 的通道 12<br>INT14：外部中断 1 的输入 4，AIN0：ADC 输入通道 0 |
| 36 | P1.5/INT15/AIN1/S9/TK13 | S9：LCD/LED 的 SEG9，TK13：TK 的通道 13<br>INT15：外部中断 1 的输入 5，AIN1：ADC 输入通道 1 |
| 37 | P1.6/INT16/AIN2/S10/TK14 | S10：LCD/LED 的 SEG10，TK14：TK 的通道 14<br>INT16：外部中断 1 的输入 6，AIN2：ADC 输入通道 2 |
| 38 | P1.7/INT17/AIN3/S11/TK15 | S11：LCD/LED 的 SEG11/TK15：TK 的通道 15<br>INT17：外部中断 1 的输入 7/AIN3：ADC 输入通道 3 |
| 39 | P2.0/INT20/RX0/AIN4/S12/TK16 | S12：LCD/LED 的 SEG12，TK16：TK 的通道 16<br>INT20：外部中断 2 的输入 0，RX0：UART0 接收口<br>AIN4：ADC 输入通道 4 |
| 40 | P2.1/INT21/TX0/AIN5/S13/TK17 | S13：LCD/LED 的 SEG13，TK17：TK 的通道 17<br>INT21：外部中断 2 的输入 1，TX0：UART0 发送口<br>AIN5：ADC 输入通道 5 |
| 41 | P2.2/INT22/AIN6/S14/TK18 | S14：LCD/LED 的 SEG14，TK18：TK 的通道 18/<br>INT22：外部中断 2 的输入 2，AIN6：ADC 输入通道 6 |
| 42 | P2.3/INT23/AIN7/S15/TK19 | S15：LCD/LED 的 SEG15，TK19：TK 的通道 19<br>INT23：外部中断 2 的输入 3，AIN7：ADC 输入通道 7 |
| 43 | P2.4/S16/TK20 | S16：LCD/LED 的 SEG16，TK20：TK 的通道 20 |
| 44 | P2.5/S17/TK21 | S17：LCD/LED 的 SEG17，TK21：TK 的通道 21 |
| 45 | P2.6/S18/TK22 | S18：LCD/LED 的 SEG18，TK22：TK 的通道 22 |
| 46 | P2.7/S19/TK23 | S19：LCD/LED 的 SEG19，TK23：TK 的通道 23 |
| 30 | P3.0/S3/C0/TK7 | S3：LCD/LED 的 SEG3，TK7：TK 的通道 7<br>C0：LCD/LED COM 输出 0 |
| 29 | P3.1/S2/C1/TK6 | S2：LCD/LED 的 SEG2，TK6：TK 的通道 6<br>C1：LCD/LED COM 输出 1 |
| 28 | P3.2/S1/C2/TK5 | S1：LCD/LED 的 SEG1，TK5：TK 的通道 5<br>C2：LCD/LED COM 输出 2 |
| 27 | P3.3/S0/C3/TK4 | S0：LCD/LED 的 SEG0，TK4：TK 的通道 4<br>C3：LCD/LED COM 输出 3 |
| 26 | P3.4/AIN8/C4/TK3 | TK3：TK 的通道 3，C4：LCD/LED common 输出 4<br>AIN8：ADC 输入通道 8 |
| 25 | P3.5/AIN9/C5/TK2 | TK2：TK 的通道 2，C5：LCD/LED common 输出 5<br>AIN9：ADC 输入通道 9 |

续表

| 引脚 | 口 线 名 称 | 复 用 功 能 |
|---|---|---|
| 24 | P3.6/AIN10/C6/TK1 | TK1：TK 的通道 1，C6：LCD/LED common 输出 6<br>AIN10：ADC 输入通道 10 |
| 23 | P3.7/AIN11/C7/TK0 | TK0：TK 的通道 0，　C7：LCD/LED common 输出 7<br>AIN11：ADC 输入通道 11 |
| 22 | P4.0/INT10/PWM40/CMP0/AIN12 | AIN12：ADC 输入通道 12，INT10：外部中断 1 的输入 0<br>PWM40：PWM40 输出口，CMP0：模拟比较器输入通道 0 |
| 21 | P4.1/INT11/PWM41/CMP1/AIN13 | AIN13：ADC 输入通道 13，INT11：外部中断 1 的输入 1<br>PWM41:PWM41 输出口，CMP1：模拟比较器输入通道 1 |
| 20 | P4.2/INT12/PWM42/CMP2/AIN14 | AIN14:ADC 输入通道 14，INT12:外部中断 1 的输入 2<br>PWM42:PWM42 输出口，CMP2:模拟比较器输入通道 2 |
| 19 | P4.3/INT13/USCK2/PWM43/CMP3/AIN15 | AIN15：ADC 输入通道 15，INT13：外部中断 1 的输入 3<br>PWM43：PWM43 输出口，CMP3：模拟比较器输入通道 3<br>USCK2：USCI2 的 SCK |
| 18 | P4.4/USTX2/CMPR | USTX2：USCI2 的 MOSI/SDA/TX，CMPR：比较器参考电压输入 |
| 17 | P4.5/USRX2/FLT | USRX2：USCI2 的 MISO/RX，FLT：PWM 故障检测输入脚 |
| 15 | P4.6 | - |
| 14 | P4.7 | - |
| 8 | P5.0/PWM50/OSCI | PWM50：PWM50 输出口，OSCI：32kHz 振荡器的输入脚 |
| 9 | P5.1/PWM51/OSCO | PWM51：PWM51 输出口，OSCO：32kHz 振荡器的输出脚 |
| 10 | P5.2/PWM52/RST | PWM52：PWM52 输出口，RST：复位引脚 |
| 11 | P5.3/PWM53 | PWM53：PWM53 输出口 |
| 12 | P5.4 | - |
| 13 | P5.5 | - |
| 7 | VSS | 接地 |
| 16 | VDD | 电源 |

## 2.3　SC95F8617 单片机的内部组成

### 1. 传统 8051 单片机的内部结构

传统 8051 单片机的内部结构如图 2-2 所示。传统 8051 单片机中包含 CPU、程序存储器（4KB ROM）、数据存储器（128B RAM）、2 个 16 位定时/计数器、4 个 8 位 I/O 口、一个全双工串行通信接口和中断系统等，以及与 I/O 口复用的数据总线、地址总线和控制总线三大总线。其中，CPU 由运算器和控制器组成。

（1）运算器

以 8 位算术逻辑单元 ALU 为核心，加上通过内部总线而挂在其周围的暂存器 TMP1、TMP2、累加器 ACC、寄存器 B、程序状态标志寄存器 PSW 及布尔处理机组成了整个运算器的逻辑电路。

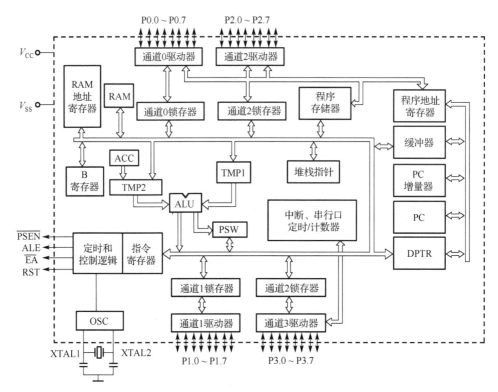

图 2-2  传统 8051 单片机的内部结构

算术逻辑单元 ALU 用来完成二进制数的四则运算和布尔代数的逻辑运算。累加器 ACC 又记作 A，是一个具有特殊用途的 8 位寄存器，在 CPU 中工作最频繁，专门用来存放操作数和运算结果。寄存器 B 是专门为乘法和除法设置的寄存器，也是一个 8 位寄存器，用来存放乘法和除法中的操作数及运算结果，对于其他指令，它只用作暂存器。程序状态字 PSW 又称为标志寄存器，也是一个 8 位寄存器，用来存放执行指令后的有关状态信息，供程序查询和判别之用。PSW 中有些位的状态是在指令执行过程中自动形成的，有些位可以由用户采用的指令加以改变。PSW 的各位定义如下所示：

| 位　　号 | 7 | 6 | 5 | 4 | 3 | 2 | 1 | 0 |
|---|---|---|---|---|---|---|---|---|
| 符　　号 | CY | AC | F0 | RS1 | RS0 | OV | — | P |

① CY（PSW.7）：进位标志位。当执行加/减法指令时，若操作结果的最高位 b7 出现进/借位，则 CY 置"1"；否则清零。

② AC（PSW.6）：辅助进位标志位。当执行加/减法指令时，若低 4 位向高 4 位产生进/借位，则 AC 置"1"；否则清零。

③ F0（PSW.5）：用户标志位 0。可以用软件来使它置"1"或清"0"，也可以由软件测试 F0 控制程序的流向。

④ RS1，RS0（PSW.4～PSW.3）：工作寄存器组选择控制位。

⑤ OV（PSW.2）：溢出标志位。指示运算过程中是否发生了溢出，在机器执行指令过程中自动形成。

⑥ ―（PSW.1）：保留。

⑦ P（PSW.0）：奇偶标志位。若累加器 ACC 中 1 的个数为偶数，则 P=0；否则 P=1。每个指令周期都由硬件来置"1"或清"0"。在具有奇偶校验的串行数据通信中，可以根据 P 的值设置奇偶校验位。

布尔处理机是单片机 CPU 中运算器的一个重要组成部分。它为用户提供了丰富的位操作功能，硬件有自己的"累加器"（进位位 C，也就是 CY）和自己的位寻址 RAM 和 I/O 空间，是一个独立的位处理机。大部分位操作均围绕着其累加器——进位位 C 完成。

（2）控制器

控制器是 CPU 的大脑中枢，包括定时控制逻辑、指令寄存器、译码器、地址指针 DPTR 及程序计数器 PC、堆栈指针 SP、RAM 地址寄存器、16 位地址缓冲器等。

PC 是一个 16 位的程序地址寄存器，专门用来存放下一条需要执行的指令的存储地址，能自动加 1。当 CPU 执行指令时，根据 PC 中的地址从存储器中取出当前需要执行的指令码，并把它送给控制器分析执行，随后 PC 中的地址自动加 1，以便为 CPU 取下一个需要执行的指令码做准备。当下一个指令码取出执行后，PC 又自动加 1。这样，PC 一次次加 1，指令就被一条条执行。

堆栈主要用于保存临时数据、局部变量、中断或子程序的返回地址。8051 单片机的堆栈设在内部 RAM 中，是一个按照"先进后出"规律存放数据的区域。堆栈指针 SP 是一个 8 位寄存器，能自动加 1 或减 1。当将数据压入堆栈时，SP 自动加 1；当数据从堆栈中弹出时，SP 自动减 1。

### 2．SC95F8617 单片机的内部组成

SC95F8617 单片机采用了增强型 8051 内核，其内部组成如图 2-3 所示。

SC95F8617 单片机集成了以下模块。

（1）增强型高速 8051 内核。在相同工作频率下，增强型高速 8051 的指令执行速度是传统 8051 指令执行速度的 12～24 倍。

（2）存储器。

① 64KB 程序 Flash 存储器用于存储用户程序，可以将部分或全部 Flash 存储器用于应用可编程功能。存储器采用业界领先的 eFlash 制程，Flash 写入次数大于 10 万次，常温下内容可保存 100 年。

② 256 字节内部 RAM 和 4KB 外部 RAM，用于保存用户程序中的临时变量。

③ 80 字节 PWM/LCD RAM 用于 PWM 控制或液晶显示模块/LED 显示内容的存储更新。

在实际应用系统设计中，单片机集成的存储器一般都能满足需求，不需要在芯片外部扩展程序存储器和数据存储器，也就不需要外部扩展总线。

（3）硬件乘/除法器。集成了 1 个 16 位×16 位的硬件乘/除法器，硬件乘/除法器的运算由硬件实现，不占用 CPU 周期，其速度比软件实现的乘/除法快几十倍，可进行 16 位×16 位乘法运算和 32 位/（除号）16 位除法运算并提高程序运行效率。

（4）I/O 端口。最多可以有 46 根通用 I/O 口线，可独立设定上拉电阻。其中，16 根 I/O 口线可用作外部中断。

（5）定时计数器。集成了 5 个 16 位定时/计数器。

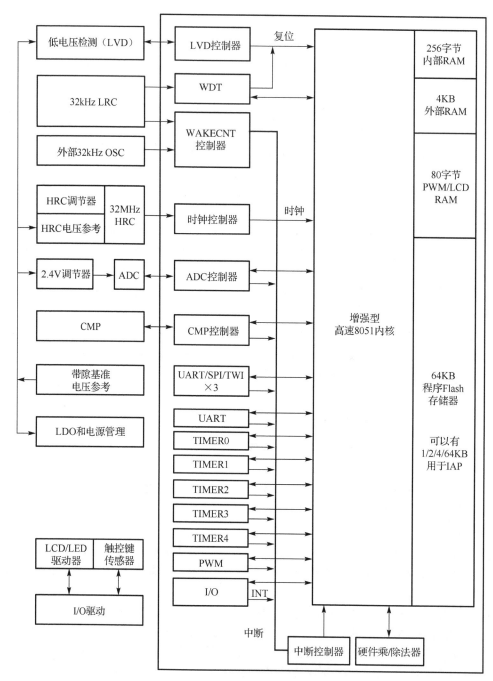

图 2-3　SC95F8617 单片机的内部组成

（6）串行通信接口。集成了 1 个异步串行通信接口（UART），3 个 UART/SPI/TWI 三选一USCI 通信口。

（7）17 路 12 位精度高速 ADC（转换速度可达每秒钟 100 万次）控制器，并集成了1.024V/2.048V 基准 ADC 参考电压。

（8）1 个模拟比较器。

（9）8 路 12 位死区互补 PWM。

（10）双模触控电路。集成了处于业界领先水平的 S-Touch 系列集成电容触控按键功能，最多内置 31 路双模（高灵敏度/高可靠）触控电路，并支持自互电容模式。同时，深圳赛元微电子有限公司为该系列产品提供了触控按键库，开发简单。

（11）最多有 17 个中断源：TIMER0～TIMER4、INT0～2、ADC、PWM、UART、USCI0～2、Base Timer、TK、CMP。这些中断源具有 2 级中断优先级。中断的详细内容在后续章节中介绍。

（12）内置 LCD/LED 硬件驱动，可以方便地构成 LCD 或者 LED 显示电路连接，并简化了软件开发。

（13）内部±2%高精度高频 32MHz 振荡器（可进行 2 分频、4 分频、8 分频或者不分频而得到其他频率）和±4%精度低频 32.768kHz 振荡器，可外接 32.768kHz 晶体振荡器。

（14）集成低功耗看门狗定时器 WDT。同时，集成了低电压检测模块，具有 4 级可选电压，LVR 控制器具有低电压复位功能及系统时钟监控功能，具备运行和掉电模式下的低功耗能力。

（15）96 位存放 IC 的唯一识别码 ID。

SC95F8617 单片机集成了如此多的外设功能模块，可以称为一个真正意义上的片上系统（System On Chip，SOC）。利用它进行产品设计时，可减少系统外围元件数量，节省电路板空间和系统成本。

## 2.4　SC95F8617 单片机的存储器

SC95F8617 单片机集成的存储器分为两类：Flash 存储器和数据存储器 SRAM。

### 2.4.1　Flash 存储器

Flash 存储器分为以下两部分。

（1）64KB Flash 存储器，主要用于存放用户程序，也可以将其中的 1KB、2KB、4KB 或者 64KB 存储空间用作 IAP 存储器。

（2）96 位芯片唯一 ID 区。

SC95F8617 单片机程序 Flash 存储器分布如图 2-4 所示。其中，地址表示值的括号中的数字为扩展地址，由寄存器 IAPADE 设定。寄存器 IAPADE 的上电初始值为 0x0，各位定义如下：

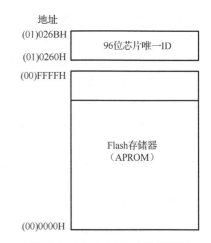

图 2-4　SC95F8617 单片机程序 Flash 存储器分布

| 位　　号 | 7 | 6 | 5 | 4 | 3 | 2 | 1 | 0 |
|---|---|---|---|---|---|---|---|---|
| 符　　号 | IAPADER[7:0] | | | | | | | |

IAPADER[7:0]中保存了 IAP 扩展地址。

① 0x00：针对 Flash 存储器进行读/写操作。

② 0x01：针对唯一 ID 区域进行读操作，不允许进行擦/写操作，否则可能会引起异常。

③ 其他：保留。

### 1. APROM

SC95F8617 单片机具有 64 KB Flash 存储器（也称为 APROM），地址为(00)0000H～(00)FFFFH。Flash 存储器可通过 ICP（In-Circuit Programming）烧写器/仿真器 SC-LINK 进行编程及擦除。在使用 C 语言进行单片机程序开发时，可以使用 code 关键字把常数或者常数变量数组存储在程序存储器中。

Flash 存储器具有如下特性。

（1）分为 128 个扇区（Sector），每个扇区均为 512 字节，烧录时目标地址所属的扇区会被烧写器强制擦除，再写入新的数据；用户在进行写操作时，必须先擦除，再写入新的数据。Flash 存储器扇区分布图如图 2-5 所示。

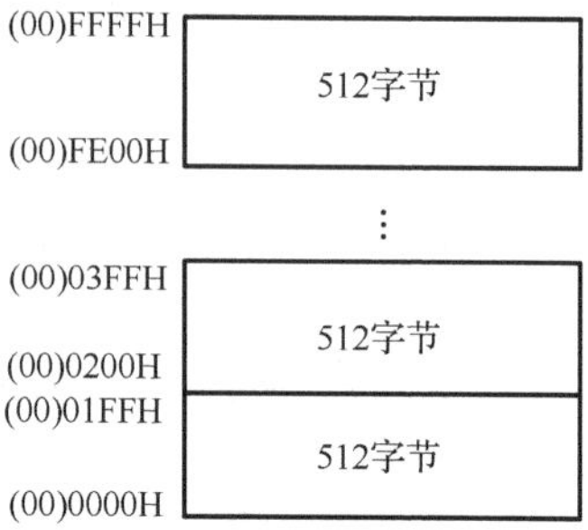

（2）可反复写入 10 万次；25℃环境下数据可保存100 年以上。

```
(00)FFFFH ┌──────────┐
          │  512字节   │
(00)FE00H ├──────────┤
          │    ⋮     │
(00)03FFH ├──────────┤
          │  512字节   │
(00)0200H ├──────────┤
(00)01FFH │  512字节   │
(00)0000H └──────────┘
```

图 2-5　Flash 存储器扇区分布图

（3）ICP 模式下，具有查空（BLANK）、编程（PROGRAM）、校验（VERIFY）、擦除（ERASE）和读取（READ）功能，其中读取功能仅对未开启安全加密功能的单片机有效。

（4）安全加密：可选择是否开启 APROM 的安全加密功能。

用户可通过上位机烧录编程界面的"加密"设置项选择是否开启 SC95F8617 单片机的存储器安全加密功能。

① 关闭安全加密功能后，用户可以通过烧写器读取 APROM 的数据，方便开发调试。

② 开启安全加密功能后，APROM 的数据将无法被外界读出。当用户通过烧写器对一个已开启了加密功能的 SC95F8617 单片机执行烧录改写操作时，烧写器先会强制擦除 APROM，再执行写入操作。解除安全加密的唯一方式是关闭安全加密功能，并执行编程操作。

③ 安全加密不影响 IAP 功能。

（5）支持 IAP 功能

用户可通过"Code Option"设置项将 64KB Flash 存储器中的全部或部分存储器设为允许IAP 操作，可以设置的范围：1KB、2KB、4KB 或 64KB。对 Flash 存储器进行 IAP 写数据操作前，用户必须对目标地址所属的扇区进行擦除操作。

在 IAP 的擦/写过程中，CPU 保持程序计数器在 IAP 擦/写完成后，程序计数器才继续执行之后的指令。IAP 操作的详细内容请参阅数据手册。

### 2. 唯一 ID (Unique ID) 区域

SC95F8617 单片机提供了一个独立的唯一 ID 区域，用以确保该芯片的唯一性。该唯一 ID可用于对用户产品进行加密。唯一 ID 保存在(01)0260H～(01)026BH 中，用户直接读取其中的内容便可获得单片机 ID。第 6 章将介绍有关于如何读取单片机 ID 并传送到计算机的实例。

## 2.4.2　数据存储器

SRAM 称为静态随机存取存储器，SC95F8617 单片机的 SRAM 分为三部分，分别为：256 字节内部 RAM、4096 字节外部 RAM 和 PWM&LCD/LED RAM 区，SC95F8617 单片机 SRAM 的分布如图 2-6 所示。

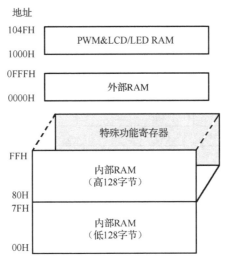

图 2-6　SC95F8617 单片机 SRAM 的分布

下面对 SRAM 的各个部分进行介绍。

### 1. 256 字节内部 RAM

内部 RAM 的地址范围为 00H～FFH，分为低 128 字节内部 RAM 区（地址范围为 00H～7FH）和高 128 字节内部 RAM 区（地址范围为 80H～FFH）。256 字节内部 RAM 主要用于 C 语言开发程序时存放变量使用。

SC95F8617 单片机有一些特殊功能寄存器（Special Function Register，SFR）。由图 2-6 可以看出，特殊功能寄存器 SFR 区的地址范围也为 80H～FFH，与高 128 字节内部 RAM 区的地址范围重叠，但是两者的寻址方式不同。在使用 C 语言进行程序设计时，直接使用 SFR 的名称即可，无须考虑寻址方式的问题。

特殊功能寄存器 SFR 区主要保存单片机外设所涉及的寄存器。其中，对应地址能够被 8 整除的 SFR 可以单独按位进行操作，在需要读取或者改变某个位的状态时非常方便。地址范围为 F1H～FFH 的 SFR 为系统配置使用的特殊功能寄存器，用户在初始化系统时，不能对这些寄存器进行清零或进行其他操作。

SC95F8617 单片机的特殊功能寄存器名称及地址如表 2-3 所示。读者可以浏览一下各个寄存器，大概有个印象，为以后学习各个外设模块打下基础。

表 2-3　SC95F8617 单片机的特殊功能寄存器名称及地址

| 名　称 | 地址 | 说　明 | 7 | 6 | 5 | 4 | 3 | 2 | 1 | 0 | 上电初始值 |
|---|---|---|---|---|---|---|---|---|---|---|---|
| P0 | 80H | P0 口数据寄存器 | P07 | P06 | P05 | P04 | P03 | P02 | P01 | P00 | 00000000b |
| SP | 81H | 堆栈指针 | SP[7:0] | | | | | | | | 00000111b |
| DPL | 82H | DPTR 数据指针低位 | DPL[7:0] | | | | | | | | 00000000b |
| DPH | 83H | DPTR 数据指针高位 | DPH[7:0] | | | | | | | | 00000000b |
| DPL1 | 84H | DPTR1 数据指针低位 | DPL1[7:0] | | | | | | | | 00000000b |
| DPH1 | 85H | DPTR1 数据指针高位 | DPH1[7:0] | | | | | | | | 00000000b |
| DPS | 86H | DPTR 选择寄存器 | ID1 | ID0 | TSL | AU1 | AU0 | - | - | SEL | 00000xx0b |

续表

| 名称 | 地址 | 说明 | 7 | 6 | 5 | 4 | 3 | 2 | 1 | 0 | 上电初始值 |
|---|---|---|---|---|---|---|---|---|---|---|---|
| PCON | 87H | 电源管理控制寄存器 | - | - | - | - | RST | - | STOP | IDL | xxxx0x00b |
| TCON | 88H | 定时器控制寄存器 | TF1 | TR1 | TF0 | TR0 | IE1 | - | IE0 | - | 00000x0xb |
| TMOD | 89H | 定时器工作模式寄存器 | - | C/T1 | M11 | M01 | - | C/T0 | M10 | M00 | x000x000b |
| TL0 | 8AH | 定时器 0 低 8 位 | TL0[7:0] | | | | | | | | 00000000b |
| TL1 | 8BH | 定时器 1 低 8 位 | TL1[7:0] | | | | | | | | 00000000b |
| TH0 | 8CH | 定时器 0 高 8 位 | TH0[7:0] | | | | | | | | 00000000b |
| TH1 | 8DH | 定时器 1 高 8 位 | TH1[7:0] | | | | | | | | 00000000b |
| TMCON | 8EH | 定时器频率控制寄存器 | USMD2[1:0] | | - | - | - | - | T1FD | T0FD | 00xxxx00b |
| OTCON | 8FH | 输出控制寄存器 | USMD1[1:0] | | USMD0[1:0] | | VOIRS[1:0] | | SCS | BIAS | 00000000b |
| P1 | 90H | P1 口数据寄存器 | P17 | P16 | P15 | P14 | P13 | P12 | P11 | P10 | 00000000b |
| P1CON | 91H | P1 口输入/输出控制寄存器 | P1C7 | P1C6 | P1C5 | P1C4 | P1C3 | P1C2 | P1C1 | P1C0 | 00000000b |
| P1PH | 92H | P1 口上拉电阻控制寄存器 | P1H7 | P1H6 | P1H5 | P1H4 | P1H3 | P1H2 | P1H1 | P1H0 | 00000000b |
| DDRCON | 93H | 显示驱动控制寄存器 | DDRON | DMOD | DUTY[1:0] | | VLCD[3:0] | | | | 00000000b |
| P1VO | 94H | P1 口显示驱动输出寄存器 | P17VO | P16VO | P15VO | P14VO | P13VO | P12VO | P11VO | P10VO | 00000000b |
| US0CON0 | 95H | USCI0 控制寄存器 0 | US0CON0[7:0] | | | | | | | | 00000000b |
| IOHCON0 | 96H | IOH 设置寄存器 0 | P1H[1:0] | | P1L[1:0] | | P0H[1:0] | | P0L[1:0] | | 00000000b |
| IOHCON1 | 97H | IOH 设置寄存器 1 | - | - | P3L[1:0] | | P2H[1:0] | | P2L[1:0] | | xx000000b |
| SCON | 98H | 串口控制寄存器 | SM0 | SM1 | SM2 | REN | TB8 | RB8 | TI | RI | 00000000b |
| SBUF | 99H | 串口数据缓存寄存器 | SBUF[7:0] | | | | | | | | 00000000b |
| P0CON | 9AH | P0 口输入/输出控制寄存器 | P0C7 | P0C6 | P0C5 | P0C4 | P0C3 | P0C2 | P0C1 | P0C0 | 00000000b |
| P0PH | 9BH | P0 上拉电阻控制寄存器 | P0H7 | P0H6 | P0H5 | P0H4 | P0H3 | P0H2 | P0H1 | P0H0 | 00000000b |
| P0VO | 9CH | P0 口显示驱动输出寄存器 | P07VO | P06VO | P05VO | P04VO | P03VO | P02VO | P01VO | P00VO | 00000000b |
| US0CON1 | 9DH | USCI0 控制寄存器 1 | US0CON1[7:0] | | | | | | | | 00000000b |
| US0CON2 | 9EH | USCI0 控制寄存器 2 | US0CON2[7:0] | | | | | | | | 00000000b |
| US0CON3 | 9FH | USCI0 控制寄存器 3 | US0CON3[7:0] | | | | | | | | 00000000b |
| P2 | A0H | P2 口数据寄存器 | P27 | P26 | P25 | P24 | P23 | P22 | P21 | P20 | 00000000b |
| P2CON | A1H | P2 口输入/输出控制寄存器 | P2C7 | P2C6 | P2C5 | P2C4 | P2C3 | P2C2 | P2C1 | P2C0 | 00000000b |
| P2PH | A2H | P2 口上拉电阻控制寄存器 | P2H7 | P2H6 | P2H5 | P2H4 | P2H3 | P2H2 | P2H1 | P2H0 | 00000000b |
| P2VO | A3H | P2 口显示驱动输出寄存器 | P27VO | P26VO | P25VO | P24VO | P23VO | P22VO | P21VO | P20VO | 00000000b |
| US1CON0 | A4H | USCI1 控制寄存器 0 | US1CON0[7:0] | | | | | | | | 00000000b |
| US1CON1 | A5H | USCI1 控制寄存器 1 | US1CON1[7:0] | | | | | | | | 00000000b |
| US1CON2 | A6H | USCI1 控制寄存器 2 | US1CON2[7:0] | | | | | | | | 00000000b |
| US1CON3 | A7H | USCI1 控制寄存器 3 | US1CON3[7:0] | | | | | | | | 00000000b |
| IE | A8H | 中断使能寄存器 | EA | EADC | ET2 | EUART | ET1 | EINT1 | ET0 | EINT0 | 00000000b |
| IE1 | A9H | 中断使能寄存器 1 | ET4 | ET3 | ECMP | ETK | EINT2 | EBTM | EPWM | ESSI0 | 00000000b |
| IE2 | AAH | 中断使能寄存器 2 | - | - | - | - | - | - | ESSI2 | ESSI1 | xxxxxx00b |
| ADCCFG0 | ABH | ADC 设置寄存器 0 | EAIN7 | EAIN6 | EAIN5 | EAIN4 | EAIN3 | EAIN2 | EAIN1 | EAIN0 | 00000000b |
| ADCCFG1 | ACH | ADC 设置寄存器 1 | EAIN15 | EAIN14 | EAIN13 | EAIN12 | EAIN11 | EAIN10 | EAIN9 | EAIN8 | 00000000b |

续表

| 名　　称 | 地址 | 说　　明 | 7 | 6 | 5 | 4 | 3 | 2 | 1 | 0 | 上电初始值 |
|---|---|---|---|---|---|---|---|---|---|---|---|
| ADCCON | ADH | ADC 控制寄存器 | ADCEN | ADCS | EOC/ADCIF | ADCIS[4:0] | | | | | 00000000b |
| ADCVL | AEH | ADC 结果寄存器低字节 | ADCV[3:0] | | | | - | - | - | - | 0000xxxxb |
| ADCVH | AFH | ADC 结果寄存器高字节 | ADCV[11:4] | | | | | | | | 00000000b |
| P3 | B0H | P3 口数据寄存器 | P37 | P36 | P35 | P34 | P33 | P32 | P31 | P30 | 00000000b |
| P3CON | B1H | P3 口输入/输出控制寄存器 | P3C7 | P3C6 | P3C5 | P3C4 | P3C3 | P3C2 | P3C1 | P3C0 | 00000000b |
| P3PH | B2H | P3 口上拉电阻控制寄存器 | P3H7 | P3H6 | P3H5 | P3H4 | P3H3 | P3H2 | P3H1 | P3H0 | 00000000b |
| P3VO | B3H | P3 口显示驱动输出寄存器 | P37VO | P36VO | P35VO | P34VO | P33VO | P32VO | P31VO | P30VO | 00000000b |
| INT0F | B4H | INT0 下降沿中断控制寄存器 | INT0F7 | INT0F6 | INT0F5 | INT0F4 | - | - | - | - | 0000xxxxb |
| ADCCFG2 | B5H | ADC 设置寄存器 2 | - | - | - | LOWSP[2:0] | | | - | - | xxx000xxb |
| CMPCFG | B6H | 模拟比较器设置寄存器 | - | - | - | - | CMPIM[1:0] | | CMPIS[1:0] | | xxxx0000b |
| CMPCON | B7H | 模拟比较器控制寄存器 | CMPEN | CMPIF | CMPSTA | - | CMPRF[3:0] | | | | 000x0000b |
| IP | B8H | 中断优先级控制寄存器 | — | IPADC | IPT2 | IPUART | IPT1 | IPINT1 | IPT0 | IPINT0 | x0000000b |
| IP1 | B9H | 中断优先级控制寄存器 1 | IPT4 | IPT3 | IPCMP | IPTK | IPINT2 | IPBTM | IPPWM | IPSSI0 | 00000000b |
| IP2 | BAH | 中断优先级控制寄存器 2 | - | - | - | - | - | - | IPSSI2 | IPSSI1 | xxxxxx00b |
| INT0R | BBH | INT0 上升沿中断控制寄存器 | INT0R7 | INT0R6 | INT0R5 | INT0R4 | - | - | - | - | 0000xxxxb |
| INT1F | BCH | INT1 下降沿中断控制寄存器 | INT1F7 | INT1F6 | INT1F5 | INT1F4 | INT1F3 | INT1F2 | INT1F1 | INT1F0 | 00000000b |
| INT1R | BDH | INT1 上升沿中断控制寄存器 | INT1R7 | INT1R6 | INT1R5 | INT1R4 | INT1R3 | INT1R2 | INT1R1 | INT1R0 | 00000000b |
| INT2F | BEH | INT2 下降沿中断控制寄存器 | - | - | - | - | INT2F3 | INT2F2 | INT2F1 | INT2F0 | xxxx0000b |
| INT2R | BFH | INT2 上升沿中断控制寄存器 | - | - | - | - | INT2R3 | INT2R2 | INT2R1 | INT2R0 | xxxx0000b |
| P4 | C0H | P4 口数据寄存器 | P47 | P46 | P45 | P44 | P43 | P42 | P41 | P40 | 00000000b |
| P4CON | C1H | P4 口输入/输出控制寄存器 | P4C7 | P4C6 | P4C5 | P4C4 | P4C3 | P4C2 | P4C1 | P4C0 | 00000000b |
| P4PH | C2H | P4 口上拉电阻控制寄存器 | P4H7 | P4H6 | P4H5 | P4H4 | P4H3 | P4H2 | P4H1 | P4H0 | 00000000b |
| US2CON0 | C4H | USCI2 控制寄存器 0 | US2CON0[7:0] | | | | | | | | 00000000b |
| US2CON1 | C5H | USCI2 控制寄存器 1 | US2CON1[7:0] | | | | | | | | 00000000b |
| US2CON2 | C6H | USCI2 控制寄存器 2 | US2CON2[7:0] | | | | | | | | 00000000b |
| US2CON3 | C7H | USCI2 控制寄存器 3 | US2CON3[7:0] | | | | | | | | 00000000b |
| TXCON | C8H | 定时器 2/3/4 控制寄存器 | TFX | EXFX | RCLKX | TCLKX | EXENX | TRX | C/TX | CP/RLX | 00000000b |
| TXMOD | C9H | 定时器 2/3/4 工作模式寄存器 | TXFD | - | - | - | - | - | TXOE | DCXEN | 0xxxxx00b |
| RCAPXL | CAH | 定时器 2/3/4 重载低 8 位 | RCAPXL[7:0] | | | | | | | | 00000000b |
| RCAPXH | CBH | 定时器 2/3/4 重载高 8 位 | RCAPXH[7:0] | | | | | | | | 00000000b |
| TLX | CCH | 定时器 2/3/4 低 8 位 | TLX[7:0] | | | | | | | | 00000000b |
| THX | CDH | 定时器 2/3/4 高 8 位 | THX[7:0] | | | | | | | | 00000000b |
| TXINX | CEH | 定时器控制寄存器指针 | - | - | - | - | - | TXINX[2:0] | | | xxxxx010b |
| WDTCON | CFH | WDT 控制寄存器 | - | - | - | CLRWDT | - | WDTCKS[2:0] | | | xxx0x000b |
| PSW | D0H | 程序状态字寄存器 | CY | AC | F0 | RS1 | RS0 | OV | F1 | P | 00000000b |

续表

| 名 称 | 地址 | 说 明 | 7 | 6 | 5 | 4 | 3 | 2 | 1 | 0 | 上电初始值 |
|---|---|---|---|---|---|---|---|---|---|---|---|
| PWMCON | D3H | PWM 控制寄存器 | PWMPD[7:0] | | | | | | | | 00000000b |
| PWMCFG | D4H | PWM 设置寄存器 | ENPWM | PWMIF | PWMCK[1:0] | | PWMPD[11:8] | | | | 00000000b |
| PWMDFR | D5H | PWM 死区设置寄存器 | PDF[3:0] | | | | PDR[3:0] | | | | 00000000b |
| PWMFLT | D6H | PWM 故障检测设置寄存器 | FLTEN1 | FLTSTA1 | FLTMD1 | FLTLV1 | - | - | FLTDT1[1:0] | | 0000xx00b |
| PWMMOD | D7H | PWM 模式设置寄存器 | - | - | - | - | PWMMD[1:0] | | - | - | xxxx00xxb |
| P5 | D8H | P5 口数据寄存器 | - | - | P55 | P54 | P53 | P52 | P51 | P50 | xx000000b |
| P5CON | D9H | P5 口输入/输出控制寄存器 | - | - | P5C5 | P5C4 | P5C3 | P5C2 | P5C1 | P5C0 | xx000000b |
| P5PH | DAH | P5 口上拉电阻控制寄存器 | - | - | P5H5 | P5H4 | P5H3 | P5H2 | P5H1 | P5H0 | xx000000b |
| ACC | E0H | 累加器 | ACC[7:0] | | | | | | | | 00000000b |
| EXA0 | E9H | 扩展累加器 0 | EXA[7:0] | | | | | | | | 00000000b |
| EXA1 | EAH | 扩展累加器 1 | EXA[15:8] | | | | | | | | 00000000b |
| EXA2 | EBH | 扩展累加器 2 | EXA[23:16] | | | | | | | | 00000000b |
| EXA3 | ECH | 扩展累加器 3 | EXA[31:24] | | | | | | | | 00000000b |
| EXBL | EDH | 扩展 B 寄存器 L | EXB [7:0] | | | | | | | | 00000000b |
| EXBH | EEH | 扩展 B 寄存器 H | EXB [15:8] | | | | | | | | 00000000b |
| OPERCON | EFH | 运算控制寄存器 | OPERS | MD | - | - | - | - | CRCRST | CRCSTA | 00xxxx00b |
| B | F0H | B 寄存器 | B[7:0] | | | | | | | | 00000000b |
| IAPKEY | F1H | 数据保护寄存器 | IAPKEY[7:0] | | | | | | | | 00000000b |
| IAPADL | F2H | IAP 写入地址低位寄存器 | IAPADR[7:0] | | | | | | | | 00000000b |
| IAPADH | F3H | IAP 写入地址高位寄存器 | IAPADR[15:8] | | | | | | | | 00000000b |
| IAPADE | F4H | IAP 写入扩展地址寄存器 | IAPADER[7:0] | | | | | | | | 00000000b |
| IAPDAT | F5H | IAP 数据寄存器 | IAPDAT[7:0] | | | | | | | | 00000000b |
| IAPCTL | F6H | IAP 控制寄存器 | - | ERASE | SERASE | PRG | - | BTLD | CMD[1:0] | | x000x000b |
| EXADH | F7H | 外部 SRAM 操作地址高位 | - | - | - | - | EXADH [3:0] | | | | xxxx0000b |
| BTMCON | FBH | 低频定时器控制寄存器 | ENBTM | BTMIF | - | - | BTMFS[3:0] | | | | 00xx0000b |
| CRCINX | FCH | CRC 指针 | CRCINX[7:0] | | | | | | | | 00000000b |
| CRCREG | FDH | CRC 寄存器 | CRCREG[7:0] | | | | | | | | nnnnnnnnb |
| OPINX | FEH | Option 指针 | OPINX[7:0] | | | | | | | | 00000000b |
| OPREG | FFH | Option 寄存器 | OPREG[7:0] | | | | | | | | nnnnnnnnb |

## 2. 4096 字节外部 RAM

外部 RAM 的地址为 0000H～0FFFH。这里说的"外部"是一个逻辑概念，并非指单片机芯片外部，而是相对于传统 8051 单片机内核而言，是在内核外部集成的 RAM。该部分 RAM 主要用于存放数量较大的变量数组。在 C 语言编程时，使用 xdata 关键字将变量存储在片外 RAM 中。

### 3. PWM&LCD/LED RAM 区

RAM 地址的 1000H～104FH 作为 PWM&LCD/LED RAM 区，共 80 字节，没有全部占满。其中：

（1）地址范围为 1000H～101BH 的区域为 LCD/LED 显示 RAM，具体操作方法请参考第 8 章中的 LCD/LED 显示部分。

（2）地址范围为 1040H～104FH 的区域为 PWM 占空比调节寄存器区，可读/写。具体操作方法请参考第 9 章的相关内容。

## 2.5  SC95F8617 单片机的 I/O 口

从引脚分布图 2-1 中可以看出，SC95F8617 单片机包含了 P0～P5 这 6 个通用 I/O 口，每个 I/O 口均由 8 根 I/O 口线构成。由于封装引脚数量的限制，有些 I/O 口没有把 8 根口线全部引出，如 P5 口，SC95F8617 单片机共提供了 46 根可控制的双向 I/O 口线。将未使用和封装未引出的 I/O 口均设置为强推挽输出模式。

输入/输出控制寄存器用来控制各端口的输入/输出功能。当端口作为输入时，每个 I/O 口均可以设置内部上拉电阻，由 PxPHy 控制。I/O 口在输入或输出状态下，从端口数据寄存器中读到的都是 I/O 口的实际状态值。I/O 口线具有复用功能，其中 P3 口可以通过设置输出 $1/4V_{DD}$ 或 $1/3V_{DD}$ 的电压，以用来作为 LCD 显示的 COM 驱动。

### 2.5.1  I/O 口的结构

通过设置相关的特殊功能寄存器，SC95F8617 单片机的 I/O 口具有三种工作模式，分别为：强推挽输出模式、带上拉电阻的输入模式和高阻输入模式。

#### 1. 强推挽输出模式

当 I/O 口输入/输出控制寄存器 PxCON 中对应的位为 1（PxCy=1）时，I/O 口工作于强推挽输出模式。在强推挽输出模式下，输出级由 P 沟道和 N 沟道的场效应管构成，能够提供持续的大电流驱动。强推挽输出模式的端口结构示意图如图 2-7 所示。

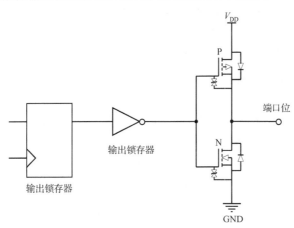

图 2-7  强推挽输出模式的端口结构示意图

### 2．带上拉电阻的输入模式

当 I/O 口输入/输出控制寄存器 PxCON 中对应的位为 0（PxCy=0）时，并且 I/O 口上拉电阻控制寄存器 PxPH 对应的位设置为 1（PxHy=1）时，I/O 口工作于带上拉电阻的输入模式。在带上拉电阻的输入模式下，输入口上恒定接一个上拉电阻，仅当输入口上电平被拉低时，才会检测到低电平信号。带上拉电阻的输入模式的端口结构示意图如图 2-8 所示。

### 3．高阻输入模式

当 I/O 口输入/输出控制寄存器 PxCON 中对应的位设置为 0 时，并且 I/O 口上拉电阻控制寄存器 PxPH 对应的位为 0 时，I/O 口工作于高阻输入模式。高阻输入模式也称为仅输入模式，该模式的端口结构示意图如图 2-9 所示。

图 2-8　带上拉电阻的输入模式的端口结构示意图　　图 2-9　高阻输入模式的端口结构示意图

## 2.5.2　I/O 口的特殊功能寄存器

本节介绍与 I/O 口相关的特殊功能寄存器，为应用 I/O 口做好准备。

### 1．I/O 口输入/输出控制寄存器 PxCON（x=0,1,2,3,4,5，地址分别为 9AH、91H、A1H、B1H、C1H 和 D9H）

I/O 口输入/输出控制寄存器 PxCON 的复位值为 0x00，各位定义如下：

| 位　　号 | 7 | 6 | 5 | 4 | 3 | 2 | 1 | 0 |
|---|---|---|---|---|---|---|---|---|
| 符　　号 | PxC7 | PxC6 | PxC5 | PxC4 | PxC3 | PxC2 | PxC1 | PxC0 |

PxCy（x=0,1,2,3,4,5，y=0,1,2,3,4,5,6,7）：Px 口输入/输出控制。

0：Pxy 为输入模式（上电初始值）。

1：Pxy 为强推挽输出模式。

### 2．I/O 口上拉电阻控制寄存器 PxPH（x=0,1,2,3,4,5，地址分别为 9BH、92H、A2H、B2H、C2H 和 DAH）

I/O 口上拉电阻控制寄存器 PxPH 的复位值为 0x00，各位定义如下：

| 位　　号 | 7 | 6 | 5 | 4 | 3 | 2 | 1 | 0 |
|---|---|---|---|---|---|---|---|---|
| 符　　号 | PxH7 | PxH6 | PxH5 | PxH4 | PxH3 | PxH2 | PxH1 | PxH0 |

PxHy（x=0,1,2,3,4,5，y=0,1,2,3,4,5,6,7）：Px 口上拉电阻设置，仅在 PxCy=0 时有效。

0：Pxy 为高阻输入模式（上电初始值），上拉电阻关闭。

1：Pxy 上拉电阻打开。

3．I/O 口数据寄存器 Px（x=0,1,2,3,4,5，地址分别为 80H、90H、A0H、B0H、C0H 和 D8H）

I/O 口数据寄存器 Px 的复位值为 0x00，各位定义如下：

| 位　号 | 7 | 6 | 5 | 4 | 3 | 2 | 1 | 0 |
|---|---|---|---|---|---|---|---|---|
| 符　号 | Px.7 | Px.6 | Px.5 | Px.4 | Px.3 | Px.2 | Px.1 | Px.0 |

这些寄存器锁存了对应 I/O 口的数据。

4．IOH 设置寄存器 0（IOHCON0，地址为 96H）

IOH 设置寄存器用于设置当引脚输出高电平时的输出电流，该输出电流分成 4 个等级，等级越小，输出电流越大。

IOH 设置寄存器 0（IOHCON0）的复位值为 0x00，各位定义如下：

| 位　号 | 7 | 6 | 5 | 4 | 3 | 2 | 1 | 0 |
|---|---|---|---|---|---|---|---|---|
| 符　号 | P1H[1:0] | | P1L[1:0] | | P0H[1:0] | | P0L[1:0] | |

（1）P1H[1:0]：P1 高 4 位 IOH 设置。

00：设置 P1 高 4 位 IOH 等级 0（最大）； 01：设置 P1 高 4 位 IOH 等级 1；

10：设置 P1 高 4 位 IOH 等级 2； 11：设置 P1 高 4 位 IOH 等级 3（最小）。

（2）P1L[1:0]：P1 低 4 位 IOH 设置。

00：设置 P1 低 4 位 IOH 等级 0（最大）； 01：设置 P1 低 4 位 IOH 等级 1；

10：设置 P1 低 4 位 IOH 等级 2； 11：设置 P1 低 4 位 IOH 等级 3（最小）。

（3）P0H[1:0]：P0 高 4 位 IOH 设置。

00：设置 P0 高 4 位 IOH 等级 0（最大）； 01：设置 P0 高 4 位 IOH 等级 1；

10：设置 P0 高 4 位 IOH 等级 2； 11：设置 P0 高 4 位 IOH 等级 3（最小）。

（4）P0L[1:0]：P0 低 4 位 IOH 设置。

00：设置 P0 低 4 位 IOH 等级 0（最大）； 01：设置 P0 低 4 位 IOH 等级 1；

10：设置 P0 低 4 位 IOH 等级 2； 11：设置 P0 低 4 位 IOH 等级 3（最小）。

5．IOH 设置寄存器 1（IOHCON1，地址为 97H）

IOH 设置寄存器 1（IOHCON1）的复位值为 xx000000b，各位定义如下：

| 位　号 | 7 | 6 | 5 | 4 | 3 | 2 | 1 | 0 |
|---|---|---|---|---|---|---|---|---|
| 符　号 | － | － | P3L[1:0] | | P2H[1:0] | | P2L[1:0] | |

（1）P3L[1:0]：P3 低 4 位 IOH 设置。

00：设置 P3 低 4 位 IOH 等级 0（最大）； 01：设置 P3 低 4 位 IOH 等级 1；

10：设置 P3 低 4 位 IOH 等级 2； 11：设置 P3 低 4 位 IOH 等级 3（最小）。

（2）P2H[1:0]：P2 高 4 位 IOH 设置。

00：设置 P2 高 4 位 IOH 等级 0（最大）； 01：设置 P2 高 4 位 IOH 等级 1；

10：设置 P2 高 4 位 IOH 等级 2； 11：设置 P2 高 4 位 IOH 等级 3（最小）。

（3）P2L[1:0]：P2 低 4 位 IOH 设置。

00：设置 P2 低 4 位 IOH 等级 0（最大）；　01：设置 P2 低 4 位 IOH 等级 1；

10：设置 P2 低 4 位 IOH 等级 2；　11：设置 P2 低 4 位 IOH 等级 3（最小）。

采用 5V 电源供电，当 I/O 引脚输出高电平时，各 IOH 等级对应的输出电流如表 2-4 所示。

表 2-4　I/O 引脚输出高电平时的各 IOH 等级对应的输出电流

| IOH 等级 | 输出电流/mA | 测试条件（电源电压为 5V） |
|---|---|---|
| 等级 0 | 10 | |
| 等级 1 | 7 | 外部负载将引脚电压由 5V 拉到 4.3V |
| 等级 2 | 5 | |
| 等级 3 | 3 | |
| 等级 0 | 4 | |
| 等级 1 | 3 | 外部负载将引脚电压由 5V 拉到 4.7V |
| 等级 2 | 2 | |
| 等级 3 | 1 | |

使用 I/O 口时，应首先设置 I/O 口输入/输出控制寄存器 P$x$CON，以选择 I/O 口的工作模式；然后根据需要设置 I/O 口上拉电阻控制寄存器 P$x$PH，以选择是否使用内部上拉电阻；最后根据所需的输出电流大小，通过 IOH 设置寄存器设置当输出高电平时的输出电流等级。

SC95F8617 单片机 I/O 口的使用方法请参见第 1 章中的实例。在第 3 章中将再次举例说明。

## 2.6　习题 2

1．简述 8051 基本内核的结构及资源，说明主要逻辑功能部件及其作用。

2．SC95F8617 单片机的存储器分为哪几个空间？

3．SC95F8617 单片机的 I/O 接口有什么特点？使用时应注意什么问题？

# 第 3 章
# 单片机的 C 语言程序设计

C 语言具有编写简单、直观易读、便于维护、通用性好等特点，特别在控制任务比较复杂或者具有大量运算的系统中，C 语言更显示出了强大的优势。使用 C 语言编写的程序具有很好的可移植性。本章介绍 C51 的基本语法、C51 程序的一般结构、C51 的程序设计和调试等内容。

## 3.1 C51 的基本语法

单片机 C51 语言是从 C 语言继承而来的，其语法结构和标准 C 语言基本一致，语言简洁，便于学习。与 C 语言不同的是，C51 语言运行于单片机平台，而 C 语言则运行于普通的计算机平台。同时，C51 语言具有汇编语言的硬件操作能力。对于具有 C 语言编程基础的读者，能够轻松地掌握单片机 C51 语言的程序设计。

### 3.1.1 数据类型

#### 1. 常量和变量

常量包括整型常量、浮点型常量、字符型常量（单引号字符，如'a'）及字符串常量（双引号单个（或多个）字符，如"a"，"Happy"）等。

变量是一种在程序执行过程中其值不断变化的量。在使用一个变量前，必须先进行声明。在 C 语言的变量声明中，除了循环变量，其他变量应尽量避免使用单字母名称，应该采用有意义的名称。

#### 2. 数据类型

数据类型是按被说明量的性质、表示形式、占据存储空间的多少和构造特点来划分的。在 C51 语言中，数据类型可分为：基本数据类型、构造数据类型、指针类型、空类型和 C51 特有类型。变量类型与数据类型是一一对应的。

（1）基本数据类型

基本数据类型是不可以再分解为其他类型的数据类型。如 char（字符型）、int（整型）、long（长整型）和 float（浮点型）等。

（2）构造数据类型

构造数据类型是根据已定义的一个或多个数据类型用构造的方法来定义的。也就是说，一个构造类型的值可以分解成若干个"成员"或"元素"。每个"成员"都是一个基本数据类型或是另一个构造类型。在 C 语言中，构造类型有以下几种：

```
数组类型
枚举类型 enum
结构类型 struct
联合类型 union
```

（3）指针类型

指针是 C 语言中广泛使用的一种数据类型，用来表示某个量在内存中的地址。利用指针变量可以表示各种数据结构，能很方便地使用数组和字符串，并能像汇编语言一样处理内存地址，从而编出精练而高效的程序，指针极大地丰富了 C 语言的功能。

指针变量的值是一个地址，这个地址不仅可以是变量的地址，还可以是其他数据结构的地址。在一个指针变量中存放一个数组或一个函数的首地址有何意义呢？因为数组或函数都是连续存放的，通过访问指针变量取得了数组或函数的首地址，也就找到了该数组或函数。因此，凡是出现数组、函数的地方都可以用一个指针变量来表示，只要该指针变量中赋予了数组或函数的首地址即可。在 C 语言中，一种数据类型或数据结构往往都占有一组连续的内存单元。"指针"是一个数据结构的首地址，是"指向"一个数据结构的，因而概念更为清楚，表示更为明确。这也是引入"指针"概念的一个重要原因。

在 C 语言中，可以使用运算符"&"求某个变量的地址，称为取地址；可以使用间接访问符（取内容访问符）"*"来访问指针所指向的空间。例如：

```
int myarray[10], *ptr;
ptr= myarray;        //相当于 ptr=&myarray[0]，将第一个数组的地址赋给指针
*ptr=10;             //将 ptr 指向的空间的值设置为 10
ptr++;               //将指针移动到下一个空间
*ptr=20;
```

在执行以上程序后，myarray[0]=10，myarray[1]=20。

在 C 语言中规定，一个函数总是占用一段连续的内存区，而函数名就是该函数所占内存区的首地址。可以把函数的这个首地址（或称入口地址）赋予一个指针变量，使该指针变量指向该函数，然后通过该指针变量就可以找到并调用这个函数了。把这种指向函数的指针变量称为"函数指针变量"。

函数指针变量定义的一般形式为：

```
类型说明符 (*指针变量名)( );
```

其中，"类型说明符"表示被指函数的返回值的类型。"(* 指针变量名)"表示"*"后面的变量是定义的指针变量。最后的圆括号表示指针变量所指的是一个函数。例如：int (*pf)();表

示 pf 是一个指向函数入口的指针变量,该函数的返回值(函数值)是整型。

（4）空类型

在调用函数时,通常应向调用者返回一个函数值。这个返回的函数值是具有一定数据类型的,应在函数定义及函数说明中给以说明。但是,也有一类函数,调用后并不需要向调用者返回函数值,这种函数可以定义为"空类型"或者无返回值,显式丢弃运算结果,其类型说明符为 void。当函数没有输入参数时,通常也在函数名后面的括号内写上 void。

（5）C51 特有类型

C51 编译器除支持上述数据类型外,还支持以下几种扩充数据类型。

① bit:位类型,取值为 0 或 1,可以定义位变量,但是不能定义位指针,也不能定义位数组。在 C51 程序中不仅可以定义位变量,函数的参数及返回值还可以是位变量类型。例如:

```
bit finish_flag=0;
bit testfunc(bit var1,bit var2)      //函数的参数和返回值都是位类型
{
    ……;            //函数体的其他内容
    return (0);
}
```

所有位类型的变量都被定位在 8051 片内 RAM 的可位寻址区(20H~2FH),共有 16 字节,所以在某个范围内最多只能声明 128 个位类型变量。

② sfr:特殊功能寄存器。用于定义单片机内部所有的 8 位特殊功能寄存器。sfr 型数据占用一个内存单元,其取值范围是 0x80~0xff。sfr 语法如下:

```
sfr sfr_name=int_constant;
```

"="后为常数,这个常数就是特殊功能寄存器的地址。例如:

```
sfr P0=0x80;                   //0x80 为 P0 口的地址
```

③ sfr16:16 位特殊功能寄存器(取值范围为 0x80~0xff,其实是占用两个连续的地址)。占用两个内存单元,取值范围是 0~65535,用于定义单片机内部 16 位特殊功能寄存器。

```
sfr16 DPTR=0x82;      //指定 DPTR 的地址 DPL=0x82,DPH=0x83
```

④ sbit:位寻址。用于定义可位寻址变量,取值为 0 或 1。可以定义单片机内部 RAM 中的可寻址位或特殊功能寄存器中的可寻址位。C51 编译器提供了一种存储器类型 bdata,带有 bdata 存储器类型的变量定位在单片机内部 RAM 的可位寻址区,既可以进行字节寻址,又可以进行位寻址,因此,对 bdata 类型的变量可以使用 sbit 指定其中任意位为可位寻址变量。需要注意的是,使用 bdata 和 sbit 定义的变量必须是全局变量,并且在采用 sbit 定义可位寻址变量时,要求基址对象的存储器类型为 bdata。sbit 变量声明方法如下:

```
sbit bitname=bdata 型变量或者特殊功能寄存器^bit_number;
```

其中,bitname 是要定义的位变量名称,bit_number 是位号,其数值范围取决于基址变量的数据类型,对于 char 型和特殊功能寄存器而言,该数的取值范围是 0~7,对于 int 型而言,该数的取值范围是 0~15,对于 long 型而言,该数的取值范围是 0~31。例如:

```
unsigned char bdata flag;       //定义 flag 为 bdata 无符号字符型变量
int bdata ibase;                //定义 ibase 为 bdata 整型变量
```

使用 sbit 定义可位寻址变量如下：

```
sbit flag0=flag^0;      //定义 flag0 为 flag 的第 0 位
sbit mybit15=ibase^15;  //定义 mybit15 为 ibase 的第 15 位
sbit CY=PSW^7;          //定义 CY 为 PSW 的第 7 位
sbit P00=P0^0;          //定义 P0.0 的名称为 P00
```

通过包含头文件可以很容易地进行新的扩展。附录 A 中提供了 SC95F8617 单片机的头文件 sc95.h 的内容，编程开发时只需包含这一个文件即可。

Keil C51 编译器支持的数据类型如表 3-1 所示。

表 3-1  Keil C51 编译器支持的数据类型

| 数 据 类 型 | 类 型 名 称 | 位/bit | 取 值 范 围 |
| --- | --- | --- | --- |
| bit | 位类型 | 1 | 0 或 1 |
| signed char | 带符号字符类型 | 8 | −128～+127 |
| unsigned char | 无符号字符类型 | 8 | 0～255 |
| enum | 枚举 | 8/16 | −128～+127，−32768～+32767 |
| signed short int | 带符号短整型（int 可省略） | 16 | −32768～+32767 |
| unsigned short int | 无符号短整型（int 可省略） | 16 | 0～65535 |
| signed int | 带符号整型 | 16 | −32768～+32767 |
| unsigned int | 无符号整型 | 16 | 0～65535 |
| signed long int | 带符号长整型（int 可省略） | 32 | −2147483648～+2147483647 |
| unsigned long int | 无符号长整型（int 可省略） | 32 | 0～4294967295 |
| float | 单精度浮点型 | 32 | +1.175494E38～+3.402823E+38 |
| double | 双精度浮点型 | 64 | −1.79E+308 ～ +1.79E+308 |
| sbit | 位 | 1 | 0 或 1 |
| sfr | 特殊功能寄存器字节 | 8 | 0～255 |
| sfr16 | 特殊功能寄存器字 | 16 | 0～65535 |

### 3．存储器类型

在定义变量时，除需要说明其数据类型外，Keil C51 编译器还允许说明变量的存储器类型，使变量能够保存在单片机内部指定的存储区域中。表 3-2 列出了 Keil C51 编译器支持的存储器类型。

表 3-2  Keil C51 编译器支持的存储器类型

| 类  型 | 取 值 范 围 |
| --- | --- |
| data | 默认存储器类型，低 128 字节内部 RAM，DATA 区（00H～7FH 地址空间），访问速度最快 |
| bdata | 可位寻址内部 RAM，BDATA 区（20H～2FH 地址空间），允许位和字节混合访问 |
| idata | 256 字节内部 RAM，IDATA 区（00H～FFH 地址空间），允许访问全部内部单元 |
| pdata | 分页寻址外部 RAM，PDATA 区（0000H～FFFFH 地址空间） |
| xdata | 外部 RAM，XDATA 区（0000H～FFFFH 地址空间） |
| code | 程序存储区，CODE 区（0000H～FFFFH 地址空间） |

在程序中，定义变量的格式如下：

　　数据类型　[存储器类型]　变量名表；

（1）内部 RAM

内部数据存储器用以下关键字说明：

① data：直接寻址区，内部 RAM 的低 128 字节，地址范围为 00H～7FH。在用户程序中声明变量时，默认都保存在该区域。例如：

```
data buffer;           //没有指定数据类型，默认为 int 型
```

② idata：间接寻址区，包括整个内部 RAM 区 256 字节，地址范围为 00H～0FFH。

③ bdata：可位寻址区，地址范围为 20H～2FH。

（2）外部数据存储器

外部 RAM 根据使用情况可由以下关键字标识。

① xdata：可指定多达 64KB 的外部 RAM 寻址区，地址范围为 0000H～0FFFFH。当用户程序中需要声明较大的数组时，可以使用 xdata 关键字将变量数组保存到扩展 RAM 中。例如：

```
unsigned char xdata arr[300][2];
```

② pdata：能访问 1 页（256B）的外部 RAM（由于访问范围有限，因此该方式很少用）。

（3）程序存储器

code 关键字表示将变量保存到程序存储区中。可以使用 code 定义表格常数，这样可以节省内部 RAM 的使用。例如，可以使用下面的代码保存数码 LED 的显示模块。

```
unsigned char code led_buf[10]={0x3F,0x06,0x5B,0x4F,0x66,0x6D,0x7D,0x07,0x7F,0x6F};
```

（4）指定存储器位置关键字

_at_关键字用于在定义变量时指定变量所在地址。例如，声明 LCD/LED 显示内存。

```
unsigned char xdata LCDRAM[30] _at_  0x1000;
```

#### 4．C51 指针数据类型

Keil C51 编译器支持两种指针类型：一般指针（Generic Pointer）和存储器指针（Memory Specific Pointer）。一般指针的声明和使用均与标准 C 相同，同时还可以说明指针的存储类型。例如，下面的语句将 pt 声明为指向保存在外部 RAM 中 unsigned char 数据的指针，但 pt 本身的保存位置却不同。

```
unsigned char xdata *pt;          //pt 本身根据存储模式存放在不同位置
unsigned char xdata * data pt;    //pt 被保存在内部 RAM 中
unsigned char xdata * xdata pt;   //pt 被保存在外部 RAM 中
```

一般指针需要用 3 字节存放，分别为存储器类型、高位偏移量和低位偏移量。基于存储器的指针，在声明时即指定了存储类型，例如：

```
char data * str;       //str 指向 data 区中 char 型数据
int xdata * pow;       //pow 指向外部 RAM 的 int 型整数
```

在这种指针存放时，只需 1 字节或 2 字节就够了，这是因为只需存放偏移量即可。

## 3.1.2 关键字

关键字是一类具有固定名称和特定含义的特殊标识符，在编写程序时，用户定义的标识符不能与关键字相同。C51 的关键字包括以下几类：

### 1. 与数据类型有关的关键字

（1）数据类型关键字

void、char、int、float、double、struct、union、enum、bit、sbit、sfr、sfr16。

（2）类型修饰关键字

short、long、signed、unsigned、idata、bdata、xdata、pdata、data、code。

（3）声明类型和得到类型大小的关键字

typedef：声明类型别名。

sizeof：得到特定类型或特定类型变量的大小。

（4）存储级别关键字

auto：指定为自动变量，由编译器自动分配及释放。

static：指定为静态变量，分配在静态变量区修饰函数时，指定函数作用域为文件内部。

register：指定为寄存器变量，建议编译器将变量存储到寄存器中使用，也可以修饰函数形参，建议编译器通过寄存器而不是堆栈传递参数。

extern：指定对应变量为外部变量，即在另外的目标文件中定义。

const：与 volatile 合称为 "cv 特性"，指定变量不可被当前线程/进程改变（但有可能被系统或其他线程/进程改变）。

volatile：与 const 合称为 "cv 特性"，指定变量的值有可能会被系统或其他进程/线程改变，强制编译器每次从内存中取得该变量的值，不受编译优化选项限制。

### 2. 流程控制关键字

（1）跳转结构

return：用在函数体中，返回特定值（或者是 void 值，即不返回值）。

continue：结束当前循环，开始下一轮循环。

break：跳出当前循环或 switch 结构。

goto：无条件跳转语句。

（2）分支结构

if：条件语句。

else：条件语句否定分支（与 if 连用）。

switch：开关语句（多重分支语句）。

case：开关语句中的分支标记。

default：开关语句中的 "其他" 分支，可选。

（3）循环结构

for：for 循环结构。

do：do 循环结构。

while：while 循环结构。

### 3．与函数相关的关键字

interrupt：中断函数声明，定义一个中断函数。

reentrant：可重入函数声明，定义一个可重入函数。

using：寄存器组定义，指定函数使用单片机工作寄存器组的某一组。

small、compact、large：指定编译模式。

_task_：指示一个函数为实时任务。

## 3.1.3　运算符和表达式

运算符是告诉编译程序执行特定算术或逻辑操作的符号，表达式则是由运算符及运算对象组成的具有特定含义的一个式子。Keil C51 对数据有很强的表达能力和处理能力，具有十分丰富的运算符。在任意一个表达式的后面加一个分号";"就构成了一个表达式语句。C51 程序就是由多个表达式语句构成的语句集合。

按照在表达式中所起的作用不同，运算符可以分为赋值运算符、算术运算符、关系运算符、逻辑运算符、位运算符、复合赋值运算符、逗号运算符、条件运算符、指针和地址运算符、强制类型转换运算符等。

### 1．赋值运算符

符号"="为赋值运算符，其作用是将一个数据的值或表达式的值赋给一个变量。利用赋值运算符将一个变量与一个表达式连接起来的式子称为赋值表达式，在赋值表达式的后面加一个分号";"便构成了赋值语句。

### 2．算术运算符

算术运算符用于各类数值运算。包括加（+）、减或取负值（−）、乘（*）、除（/）、取余（或称模运算，%）、自增（++）、自减（−−）共 7 种。

这些运算符中，对于加、减和乘法运算符合一般的算术运算规则，除法运算有所不同，若是两个整数相除，则其结果为整数，舍去小数部分；若是两个浮点数相除，则其结果为浮点数。取余运算要求两个运算对象均为整型数据。

用算术运算符将运算对象连接起来的式子就是算术表达式。当计算一个算术表达式的值时，要按照运算符的优先级高低顺序进行。在算术运算符中，取负值的优先级最高，其次是乘法、除法和取余运算符，加法和减法运算符的优先级最低。需要时，可在算术表达式中必要的地方采用圆括号来改变优先级，括号的优先级最高。

自增运算符和自减运算符的作用分别是对运算对象做加 1 和减 1 运算，并将结果赋给所操作的运算对象。运算对象只能是变量，不能是常数或者表达式。在使用过程中，要注意运算符的位置。例如，++i 和 i++的意义完全不同，前者为在使用 i 之前先令 i 加 1，而后者则是在使用 i 之后再令 i 加 1。在实际应用中，尽可能使用后者的方式，即 i++的形式。

### 3．关系运算符

关系运算符用于比较运算，比较两个常数或者表达式的大小。包括大于（>）、小于（<）、

等于（==）、大于或等于（>=）、小于或等于（<=）和不等于（!=）6 种。关系运算的结果只能是 0 或 1。当关系运算符的值为真时，结果值为 1；当关系运算符的值为假时，结果值为 0。

前 4 种关系运算符具有相同的优先级，后两种关系运算符也具有相同的优先级；但前 4 种的优先级高于后两种的优先级。用关系运算符将两个表达式连接起来即构成关系表达式。

特别注意，在判断两个常数或者表达式是否相等时，一定要使用"=="，不要使用单个的"="。否则，判断两个数是否相等就变成了赋值语句，编译时不会提示错误或警告，但执行结果一般是不正确的。

### 4．逻辑运算符

逻辑运算符包括与（&&）、或（||）、非（!）共 3 种，用于对包含关系运算符的表达式（称为条件）进行合并或取非运算。对于使用逻辑运算符的表达式，返回 0 表示"假"，返回 1 表示"真"。

关系运算符和逻辑运算符通常用来判别某个或某些条件是否满足，当条件满足时，结果为 1；当条件不满足时，结果为 0。

与运算符（&&）表示只有当两个条件同时满足时（两个条件都为真），返回结果才为真。例如，假设一个程序需要同时满足条件 level1<100 和 level2<=40，则必须执行某些操作，应使用关系运算符和逻辑与运算符来写这个条件的代码，即(level1<100) && (level2<=40)。

类似地，或运算符（||）是用于检查两个条件中是否有一个为真的运算符，只要有一个条件为真，运算结果就为真。若将上例改为当任意一条语句为真时，程序需执行某些操作，则条件代码为(level1<100) || (level2<=40)。

逻辑非运算符（!）表示对表达式的真值取反。例如，若检测变量 sum 不大于 10，程序需执行某些操作，则条件代码为!(sum>10)。其实，该条件代码相当于 sum<=10。

上述几种运算符的优先级依次为（由高到低）：逻辑非→算术运算符→关系运算符→逻辑与→逻辑或。

### 5．位运算符

很多应用程序常要求在位一级进行运算或处理。C 语言提供了位运算的功能，这使得 C 语言也能像汇编语言一样用来编写系统程序。C 语言提供了 6 种位运算符，分别为按位与（&）、按位或（|）、按位异或（^）、取反（~）、左移（<<）和右移（>>）。按位运算的数据长度与参与运算的变量类型有关。

（1）按位与运算

按位与运算符"&"是双目运算符。其功能是将两个数或变量对应的二进位相与运算。只有对应的两个二进位均为 1，结果位才为 1，否则为 0。例如：

```
unsigned char mymode=9, mask=5, result;
result=mymode&mask;
//执行后 result=1。9&5 的算式为 00001001&00000101= 00000001
```

按位与运算通常用来对某些位清零或保留某些位。例如，把无符号整型变量 mymode 的高 8 位清零，保留低 8 位，可做 mymode&255 运算（255 的二进制数为 0000000011111111）。

（2）按位或运算

按位或运算符"|"是双目运算符。其功能是将两个数或变量对应的二进位进行或运算。只要对应的两个二进位有一个为 1，结果位就为 1。例如：

```
unsigned char mymode=9, mask=5, result;
result=mymode|mask;
//执行后 result=13,9|5 的算式为 00001001|00000101= 00001101 (十进制数为 13)
```

（3）按位异或运算

按位异或运算符"^"是双目运算符。其功能是将两个数或变量对应的二进位进行异或运算。当两个对应的二进位相异（不同）时，结果为 1。例如：

```
unsigned char mymode=9, mask=5, result;
result=mymode^mask;
//执行后 result=12，9^5 的算式为 00001001^00000101=00001100 (十进制数为 12)
```

（4）求反运算

求反运算符"～"为单目运算符。其功能是对参与运算的数的各二进位按位求反。例如：

```
unsigned int mymode=9, result;            //声明整型变量
result=～mymode;
//执行后 result=65526，～9 的算式为～(0000000000001001)= 1111111111110110
```

（5）左移运算

左移运算符"<<"是双目运算符。其功能是将"<<"左边的运算数的各二进位全部左移若干位，由"<<"右边的数指定移动的位数，高位丢弃，低位补 0。例如：

```
unsigned char mymode=3, result;
result=mymode<<4;
//执行后 result=48，mymode=00000011(十进制数 3)，左移 4 位后为 00110000(十进制数 48)
```

（6）右移运算

右移运算符">>"是双目运算符。其功能是将">>"左边的运算数的各二进位全部右移若干位，由">>"右边的数指定移动的位数。例如：

```
unsigned char mymode=15,result;
result=mymode>>2;
//执行后 result=3。mymode=00001111(十进制数 15)，右移 2 位后为 00000011(十进制数 3)
```

对于有符号数，在进行右移运算时，符号位也将随同移动。当该数为正数时，最高位补 0；当该数为负数时，符号位为 1。

位运算符的作用是按位对变量进行运算，并不改变参与运算的变量的值。若希望按位运算后改变运算变量的值，则将运算结果赋给相应的变量即可，如 a=a<<2。另外，位运算符不能用来对浮点型数据进行操作。位运算符的优先级从高到低依次为：按位取反（～）→左移和右移→按位与→按位异或→按位或。

## 6．复合赋值运算符

在赋值运算符"="前加上其他二目运算符可构成复合赋值运算符。构成复合赋值表达式

的一般形式为：

> 变量 双目运算符=表达式

等同于：

> 变量=变量 运算符 表达式

复合赋值运算符有：+=，−=，*=， / =，%=，<<=，>>=，&=，^=，～=，|=。

例如：a+=5 等价于 a=a+5，x*=y+7 等价于 x=x*(y+7)，r%=p 等价于 r=r%p 等。初学者对复合赋值符这种写法可能不习惯，但这种写法十分有利于编译处理，能提高编译效率并产生质量较高的目标代码。

### 7．逗号运算符

逗号运算符用于把若干表达式组合成一个表达式（称为逗号表达式）。程序运行时，对于逗号表达式的处理，是从左至右依次计算出各个表达式的值，而整个逗号表达式的值是最右边表达式的值。在一般情况下，使用逗号表达式的目的只是为了分别得到各个表达式的值，而并不一定要得到使用逗号整个表达式的值。另外要注意，逗号表达式和函数中各个参数之间的逗号是完全不同的。

### 8．条件运算符

条件运算符（?:）是一个三目运算符，用于条件求值，它要求有三个运算对象，使用它可以将三个表达式连接构成一个条件表达式。条件表达式的一般形式为：

> 逻辑表达式 ? 表达式 1：表达式 2

其功能是，首先计算逻辑表达式的值，当逻辑表达式的值为真（非 0 值）时，将表达式 1 的值作为整个条件表达式的值；当逻辑表达式的值为假（0 值）时，将表达式 2 的值作为整个条件表达式的值。例如，条件表达式 max=(a>b)?a:b 的执行结果是将 a 和 b 中较大者赋值给变量 max。

### 9．指针和地址运算符

变量的指针就是该变量的地址，还可以定义一个指向某个变量的指针变量。为了表示指针变量和它所指向的变量地址之间的关系，C 语言提供了两个专门的运算符：取内容（*）和取地址（&）。取内容和取地址运算的一般形式分别为：

> 变量=*指针变量
> 指针变量=&目标变量

取内容运算的含义是将指针变量所指向的目标变量的值赋给等号（=）左边的变量；取地址运算的含义是将目标变量的地址赋给等号（=）左边的指针变量。例如：

```
unsigned char *txp;
unsigned char txbuffer[50];
txp=txbuffer;                 //txp 指向 txbuffer 数组的首地址
```

### 10．强制类型转换运算符

C 语言中的圆括号"( )"也可以作为一种运算符使用，这就是强制类型转换运算符，它的作用是将表达式或变量的类型强制转换成为括号内所指定的类型。C51 中的数据类型转换分为隐式转换和显式转换。隐式转换是在对程序进行编译时由编译器自动处理的，并且只有基本数据类型（char、int、long 和 float）可以进行隐式转换，其他数据类型不能进行隐式转换。例如，不能把一个整型数利用隐式转换赋值给一个指针变量，在这种情况下，可以使用强制类型转换运算符进行显示转换。强制类型转换运算符的一般使用形式为：

> 变量=(类型) 表达式

显示强制类型转换在给指针变量赋值时特别有用。例如，若想给指针变量赋初值，则可以使用下面的方法：

> pxdata=(char xdata *)0x3000; //pxdata 是在 xdata 中定义的 char 类型指针变量

这种方法特别适合于用标识符存取绝对地址。

### 3.1.4　C51 程序的语句

#### 1．表达式语句

表达式语句是最基本的一种语句。在表达式的后面加一个分号";"就构成了表达式语句。表达式语句也可以仅由一个分号";"构成，这种语句称为空语句，空语句不执行具体的操作。在设计程序时，有时需要用到空语句，如在延时程序中的循环体内可以使用空语句。

#### 2．条件语句

条件语句又称为分支语句，由关键字"if"构成。C51 提供了以下三种形式的条件语句。

> 形式一：if （条件表达式）
> {
> 　　语句体；
> }

其中，语句体是由一条语句或多条语句构成的语句集合。其含义为：若条件表达式的值为真（非 0 值），则执行语句体；否则，不执行语句体。若语句体仅包含一条语句，则可以没有花括号"{}"，该条语句可以直接写到条件表达式的后面。为了保持结构上的严谨性，强烈建议读者编写程序时，保留花括号。

> 形式二：if （条件表达式）
> {
> 　　语句体 1；
> }
> else
> {
> 　　语句体 2；
> }

其含义为：若条件表达式的值为真（非 0 值），则执行语句体 1；否则，执行语句体 2。

> 形式三：if （条件表达式 1）
> {

```
        语句体 1;
    }
    else if（条件表达式 2）
    {
        语句体 2;
    }
    …
    else if（条件表达式 m）
    {
        语句体 m;
    }
    else
    {
        语句体 n;
    }
```

这种条件语句常用于实现多条件分支。

### 3. 开关语句

开关语句也是一种用来实现多条件分支的语句。虽然采用条件语句也可以实现多条件分支，但是当分支较多时，会使得条件语句的嵌套层次太多，程序冗长，可读性降低。开关语句可以直接处理多分支选择，使程序结构清晰，使用方便。开关语句使用关键字 switch，其一般形式如下：

```
    switch（表达式）
    {
        case 常量表达式 1:
            语句体 1;
            break;
        case 常量表达式 2:
            语句体 2;
            break;
        …
        case 常量表达式 n:
            语句体 n;
            break;
        default:
            语句体 d
    }
```

开关语句的执行过程是，将 switch 后面表达式的值与 case 后面各个常量表达式的值逐个进行比较，若两者匹配，则执行 case 后面的语句体，然后执行 break 语句，break 语句又称为间断语句，其功能是终止后面语句的执行，使程序跳出 switch 语句。若无匹配，则执行语句体 d。

**4．循环语句**

实际工程应用中，经常需要用到循环控制，如反复执行某个操作。在 C51 程序中用来构成循环控制的语句有：while 语句、do-while 语句、for 语句和 goto 语句。

（1）while 语句

利用 while 语句构成循环结构的一般形式如下：

```
while（条件表达式）
{
    语句体；
}
```

其含义为：当 while 后面的条件表达式的值为真（非 0）时，重复执行花括号内的语句体（在此称为循环体），一直执行到条件表达式的值变为假（0）时为止。这种循环结构是先检查条件表达式的值（检查是否满足条件），再根据检查结果决定是否执行循环体的语句。若条件表达式的值一开始就为假，则循环体一次也不执行。

（2）do-while 语句

采用 do-while 语句构成循环结构的一般形式如下：

```
do
{
    语句体；
}while（条件表达式）；
```

这种循环结构的特点是先执行循环体语句，然后再检查条件表达式的值，若为真（非 0），则重复执行循环体语句，直到条件表达式的值变为假（0）时为止。因此，使用 do-while 语句构成的循环结构在任何条件下，循环体语句都至少被执行一次。

（3）for 语句

采用 for 语句构成循环结构的一般形式如下：

```
for（[初值设定表达式]；[循环条件表达式]；[更新表达式]）
{
    语句体；
}
```

for 语句的执行过程是，先计算初值设定表达式的值并将该值作为循环控制变量的初值，再检查循环条件表达式的结果，当条件满足时，就执行循环体语句并计算循环变量更新表达式的值，然后根据更新表达式的计算结果判断循环条件是否满足，一直进行到循环条件表达式的结果为假（0）时退出循环。

**5．goto 语句、break 语句、continue 语句和 return 语句**

goto 语句是一个无条件转向语句，其一般形式为：

```
goto 语句标号；
```

其中，"语句标号"是个带冒号"："的标识符。使用 goto 语句和 if 语句可以构成循环结构。但更常见的是在程序中使用 goto 语句从内层循环跳到外层循环。由于 goto 语句会破坏结构化程序的设计思想，因此，一般情况下，尽可能避免使用 goto 语句。

break 语句也可以用于跳出循环语句，其一般形式为：

```
break;
```

对于多重循环的情况，break 语句只能跳出它所处的那一层循环，而不像 goto 语句可以直接从最内层循环中跳出。break 语句只能用于开关语句和循环语句中。

continue 是一种中断语句，其功能是中断本次循环，继续下一次循环，一般形式为：

```
continue;
```

continue 语句通常与条件语句一起用在由 while 语句、do-while 语句和 for 语句构成的循环结构中。

return 语句用于终止函数的执行，并控制程序返回到调用该函数的位置。return 语句有以下两种形式：

```
(1) return(表达式);
(2) return;
```

若 return 语句后面带有表达式，则将表达式的值作为该函数的返回值。若 return 后面不带表达式，则只是从该函数返回，不返回任何值。一个函数中可以有多个 return 语句，但程序仅执行其中的一个 return 语句而返回主调用函数。一个函数的内部也可以没有 return 语句，在这种情况下，当程序执行到函数的最后一个界限符"}"处时，就自动返回主调函数。

## 3.1.5　预处理命令

以"#"号开头的命令是预处理命令。C 语言提供了多种预处理功能，如宏定义#define、文件包含#include、条件编译#if 等。合理地使用预处理功能，可以使编写的程序便于阅读、修改、移植和调试，也有利于模块化程序设计。下面介绍常用的预处理功能。

### 1.　宏定义（#define）

在 C 语言源程序中，允许用一个标识符来表示一个字符串，称为宏。被定义为宏的标识符称为宏名。在编译预处理时，对程序中所有出现的宏名，都用宏定义中的字符串去代换，这称为宏代换或宏展开。宏代换是由预处理程序自动完成的。

宏定义使用#define 命令，若要终止宏定义，则可使用# undef 命令。在 C 语言中，宏定义分为带参宏定义和无参宏定义两种。

（1）无参宏定义

无参宏定义的宏名后没有参数。其定义的一般形式为：

```
#define 标识符 字符串
```

其中，"标识符"为定义的宏名；"字符串"可以是常数、表达式、格式串等。符号常量的定义就是一种无参宏定义。此外，常对程序中反复使用的表达式进行宏定义。

（2）带参宏定义

C 语言允许宏定义带有参数。在宏定义中的参数称为形式参数（简称形参），在宏调用中的参数称为实际参数（简称实参）。对于带参数的宏定义，在调用中，不仅要宏展开，而且要用实参去代换形参。

带参宏定义的一般形式为：

```
#define 宏名(形参表) 字符串
```

在字符串中含有各个形参。带参宏调用的一般形式为：

```
宏名(实参表);
```

例如：

```
#define MAX(a,b)  (a>b)?a:b              //取 a 和 b 的最大数
```

#define 命令参数中#的作用是：##是一个连接符号，用于把参数连在一起。#是"字符串化"的含义。出现在宏定义中的#是把跟在后面的参数转换成一个字符串。

例如，

```
#define paster(n) printf( "token " #n" = %d\n ", token##n )
```

若程序中出现 "paster(9);"，则相当于 "printf("token 9 = %d\n",token9);"。

## 2. 文件包含（#include）

文件包含的一般形式为：

```
#include "文件名"
```

文件包含命令的功能是把指定文件的内容插入到具体命令行位置并取代该命令行，从而把指定的文件和当前的源程序文件合成一个源文件。在程序设计中，文件包含命令是很有用的。一个较大的程序可以分为多个模块，由多个程序员分别编程。有些公用的符号常量或宏定义等可单独组成一个文件，在其他文件的开头用文件包含命令包含该文件即可使用。这样，可以避免在每个文件开头都书写那些公用量，从而节省时间，减少出错。

文件包含命令中的文件名可以用双引号括起来，也可以用尖括号括起来。例如：

```
第一种形式: #include "stdio.h"
第二种形式: #include <math.h>
```

两种形式的区别是：使用尖括号表示在包含文件目录中去查找（包含目录由用户在开发环境中设置），而不在源文件目录中去查找；使用双引号则表示首先在当前源文件所在的目录中查找，若未找到，则再到包含目录中去查找。用户编程时可根据需要选择合适的包含命令形式。实际应用中一般采用第一种形式。

## 3. 条件编译

条件编译就是按不同的条件编译不同的程序部分，从而产生不同的目标代码文件。条件编译对于程序的移植和调试（可以分段调试）非常有用。特别是在操作系统的裁剪中，经常使用条件编译作为裁剪手段。条件编译有以下三种形式，下面分别介绍。

（1）第一种形式

```
#ifdef 标识符
    程序段 1
```

```
    #else
        程序段 2
    #endif
```

其功能是，若标识符已被#define 命令定义过，则对程序段 1 进行编译；否则对程序段 2 进行编译。若没有程序段 2（程序段 2 为空），则#else 可以省略。

（2）第二种形式

```
    #ifndef 标识符
        程序段 1
    #else
        程序段 2
    #endif
```

这种形式与第一种形式的区别是将 ifdef 改为 ifndef。其功能是，若标识符未被#define 命令定义过，则对程序段 1 进行编译；否则对程序段 2 进行编译。这与第一种形式的功能刚好相反。

（3）第三种形式

```
    #if 常量表达式
        程序段 1
    #else
        程序段 2
    #endif
```

其功能是，若常量表达式的值为真（非 0），则对程序段 1 进行编译；否则对程序段 2 进行编译。因此可以使程序在不同条件下，完成不同的功能。

条件编译的效果当然也可以用条件语句来实现。但是用条件语句将会对整个源程序进行编译，生成的目标代码程序较长，而采用条件编译，则根据条件只编译其中的某个程序段，生成的目标程序较短。若条件选择的程序段很长，则采用条件编译的方法是十分必要的。条件编译常用于模块化的程序调试和嵌入式操作系统中。

## 3.1.6 C51 程序的函数

### 1. 函数的定义与调用

从用户的角度来看，有两种函数：标准库函数和用户自定义函数。标准库函数是由 Keil C51 编译器提供的，不需要用户进行定义，可以直接调用。用户自定义函数是用户根据自己需要编写的、能够实现特定功能的函数，它必须先对该函数进行定义后才能调用。函数定义的一般形式为：

```
    函数返回值类型 函数名（形式参数表）
    {
        局部变量定义
        函数体语句
    }
```

其中，"函数返回值类型"说明了自定义函数返回值的类型，若不需要函数返回任何值，则应写为 void。"形式参数表"中列出的是在主调函数与被调函数之间传递数据的形式参数，形式参数的类型必须加以说明。ANSI C 标准允许在形式参数表中对形式参数的类型进行说明。若定义的是无参数函数，则没有形式参数表，但圆括号不能省略。"局部变量定义"是对在函数内部使用的局部变量进行定义。"函数体语句"是为实现该函数的特定功能而设置的各种语句。

C51 程序中的函数之间是可以互相调用的。所谓函数调用就是在一个函数体中引用另外一个已经定义了的函数，前者称为主调函数，后者称为被调用函数。函数调用的一般形式为：

[变量=]函数名（实际参数表）

其中，等号左边的变量是函数执行后的返回值，若函数没有返回值，则变量和等号都可以不写。"函数名"指出被调用的函数。"实际参数表"中可以包含多个实际参数，各个参数之间使用逗号隔开。实际参数的作用是将自身值传递给被调用函数中的形式参数。需要注意的是，函数调用中的实际参数与函数定义中的形式参数必须在个数、类型及顺序上严格保持一致，以便将实际参数的值正确地传递给形式参数。否则，会出现编译错误，即使编译通过，在函数调用时也会产生意想不到的错误。若调用的是无参数函数，则没有实际参数表，但圆括号不能省略。

在主调函数中，可以将函数调用作为另一个函数调用的实际参数。这种在调用一个函数的过程中又调用了另外一个函数的方式，称为嵌套函数调用。

与使用变量一样，在调用一个函数（包括标准库函数）前，必须对该函数的类型进行声明，即"先声明，后调用"。若调用的是库函数，一般应在程序的开始处用预处理命令#include 将有关函数声明的头文件包含进来。

若调用的是用户自定义函数，而且该函数与调用它的主调函数在同一个文件中，一般应在该文件的开始处对被调用函数的类型进行声明。函数声明的一般形式为：

类型标识符　被调用的函数名（形式参数表）；

其中，"类型标识符"说明了函数返回值的类型；"形式参数表"说明各个形式参数的类型。

**注意**：函数定义与函数声明是完全不同的，二者在书写形式上也不一样。在函数定义时，被定义函数名的圆括号后面没有分号";"，即函数定义还没有结束，后面应接着被定义的函数体部分。而在函数声明结束时，在圆括号的后面需要有一个分号";"作为结束标志。

### 2．指定存储模式

用户可以使用 small、compact 及 large 说明存储模式。例如：

```
void fun1(void) small { }
```

"small"说明函数内部变量均使用内部 RAM。关键的、经常性的、耗时的位置可以这样声明，以提高运行速度。

### 3．函数的重入

可以在函数使用前声明函数的可重入性，只对一个函数有效。可重入函数主要用于多任务环境中，一个可重入函数简单来说就是可以被中断的函数，也就是说，可以在这个函数执行的任何时刻中断它。若将函数声明为不可重入函数，说明该函数在调用过程中将不可被中断。递归或可重入函数在单片机系统中容易产生问题，因为单片机和个人计算机（Personal Computer，PC）不同，PC 使用堆栈传递参数，且静态变量以外的内部变量都在堆栈中；而单片机一般使用寄存器传递参数，内部变量一般在 RAM 中，函数重入时会破坏上次调用的数据。可以用以下两种方法解决函数的重入问题。

第一种方法：在相应的函数前使用"#pragma disable"声明，即只允许主程序或中断两者其中之一调用该函数。

第二种方法：将该函数说明为可重入的。例如：

```
void func(param...) reentrant;
```

C51 编译成功后，将生成一个可重入变量堆栈，然后就可以模拟使用堆栈传递变量的方法了。

由于单片机内部堆栈空间的限制，因此 C51 没有像大系统那样使用调用堆栈。一般在 C 语言的调用过程中，会把过程参数和过程中使用的局部变量入栈。为了提高效率，C51 没有提供这种堆栈，而是提供了一种压缩栈。每个过程都被给定一个空间，用于存放局部变量。过程中的每个变量都存放在这个空间的固定位置。当递归调用这个过程时，会导致变量被覆盖。在某些实时应用中，非重入函数是不可取的。因为，函数调用时可能会被中断程序中断，而在中断程序中可能再次调用这个函数，所以 C51 允许将函数定义成重入函数。重入函数可被递归调用和多重调用，而不用担心变量被覆盖，因为每次函数调用时的局部变量都会被单独保存。因为这些堆栈是模拟的，所以重入函数一般都比较大，运行起来也比较慢。

由于一般可重入函数由主程序和中断调用，因此通常中断程序使用与主程序不同的工作寄存器组。另外，对于可重入函数，在相应的函数前面加上开关"#pragma noaregs"，以禁止编译器使用绝对寄存器寻址，可生成不依赖于寄存器组的代码。

### 4．中断函数

中断函数通过使用 interrupt 关键字和中断号来声明，Keil 支持的中断号范围是 0～31，SC95F8617 单片机仅用到 0～16。中断号告诉编译器中断服务程序的入口地址。也就是说，C51 通过中断号来区分各个不同的中断，而与中断函数的名字无关。虽然如此，建议在给相应中断函数命名时，需要给该函数起一个有意义的名字，以提高程序的可读性。

中断服务函数的一般形式为：

```
void 函数名（void) interrupt 中断号 [using n]
```

其中，using n 用于选择单片机不同的寄存器组，n 为 0～3 的常整型数，分别选中 4 个不同寄存器组中的一个。using 是一个可选项，可以不用，不用时，由编译器自动选择一个寄存器组。不仅在中断函数中可以指定寄存器组，在普通函数中也可以指定寄存器组。在实际开发时，在函数的定义中一般不指定工作寄存器区，由编译环境自行分配。

中断函数不能进行参数传递，也不能有返回值。中断函数是单片机发生中断时由硬件自动调用的，用户程序不能调用。

例如，串行口 UART0 的中断函数的声明如下：

```
void UART0_ISR (void) interrupt 4
{
```

```
    //中断服务程序
    }
```

上述代码定义了串行口 UART0 的中断服务函数。其中，"interrupt"说明是中断函数；"4"为中断号，说明是串行口 UART0 的中断函数。中断号指明是哪个中断的函数。SC95F8617 单片机全部的中断号及相关内容请参见第 4 章。

为了便于使用，在 sc95.h 文件中，将各个中断号进行了宏定义，例如：

```
    #define UART0_vector    4
```

那么 UART0 的中断服务函数可以写成

```
    void UART0_ISR (void) interrupt UART0_vector
    {
        //中断服务程序
    }
```

可见，使用宏定义后，中断号不需要记忆，程序代码也更加容易阅读。

### 5. C51 库函数

C51 拥有十分丰富的库函数，用户可以直接调用这些函数以完成相应的功能。正确而灵活地使用库函数可以使得程序代码简单，结构清晰，易于调试和维护。每个库函数都在相应的头文件中给出了函数原型声明，若需要使用库函数，则必须在源程序的开始处采用预处理命令 #include 将相关的头文件包含进来。各种库函数的详细说明请参见附录 B。C51 提供的库函数如下。

（1）本征库函数。本征库函数是指编译时直接将固定的代码插入到当前行，从而大大提高函数的访问效率。本征库函数主要提供了移位操作，该库函数的原型声明在头文件 INTRINS.H 中。

（2）字符判断转换库函数。字符判断转换库函数的原型声明包含在头文件 CTYPE.H 中。

（3）输入/输出库函数。输入/输出库函数的原型声明包含在头文件 STDIO.H 中。

（4）字符串处理库函数。字符串处理库函数的原型声明包含在头文件 STRING.H 中。

（5）类型转换及内存分配库函数。类型转换及内存分配库函数的原型声明包含在头文件 STDLIB.H 中。

（6）数学计算库函数。数学计算库函数的原型声明包含在头文件 MATH.H 中。

## 3.2　C51 程序的一般结构

与标准 C 语言程序相同，C51 程序也由一个或多个函数构成。一个 C51 程序有且只能有一个 main()函数。无论 main()处在程序中的什么位置，用户程序总是从 main()函数开始执行，调用其他函数后又返回 main()函数。其他函数可以是 C51 编译器提供的库函数，也可以是用户自行编写的函数。若被调用的函数在主调函数之前定义，则可以直接对其进行调用；否则要先声明后调用。函数之间可以相互调用，但 main()函数只能调用其他函数，不能被其他函数调用。C51 程序的一般结构如下：

```
    预处理命令              //以#开头的命令，用于包含头文件、定义常数等
    全局变量声明    //全局变量可以被程序的所有函数使用，虽然方便传递参数，但不宜太多
    函数 1 的声明
    ...
    函数 n 的声明
    void main(void)                  //主函数
    {
            局部变量声明                  //局部变量只能在所定义的函数内部引用
            可执行语句
            函数调用
            无限循环
    }
    //一般函数的定义
    函数 1（形式参数声明）
    {
            局部变量声明
            可执行语句
    }
    ...
    函数 n（形式参数声明）
    {
            局部变量声明
            可执行语句
    }
    //中断函数的实现
    void ISRname(void) interrupt n        //n 为中断号
    {
            局部变量声明
            可执行语句
    }
```

编写 C51 程序时需要注意如下几点：

（1）所有函数以花括号"{"开始，以花括号"}"结束，包含在"{}"内的部分称为函数体。花括号必须成对出现，若一个函数内有多对花括号，则最外层的花括号为函数体的范围。为了提高程序的可读性，函数体的内容应采用缩进方式书写。

（2）建议一行写一条语句，每条语句最后必须以一个分号";"结尾。

（3）每个变量必须先声明后引用。在函数内部定义的变量为局部变量，又称为内部变量，只有声明它的那个函数才能使用它。在函数外部定义的变量为全局变量，又称为外部变量，在声明它的那个程序文件中的所有函数都可以使用它。

（4）程序语句的注释放在双斜杠"//"之后，或者放在"/*......*/"之内。其中，"//"只能做一行的注释，"/*......*/"可以做一个程序块的注释。

为了方便读者学习 SC95F8617 单片机，下面给出 SC95F8617 单片机的 C51 程序框架。读者可以在适当位置根据设计任务需要填入相应的代码，便可构成较完整的 C 语言程序。

```c
#include "sc95.h"
/* sc95.h 为单片机寄存器定义头文件, 具体内容参见附录 A */
void delay(unsigned long delaytime);      //声明子函数
void main(void)
{
    //此处可存放应用系统的初始化代码
    while(1)                               //主程序循环
    {
        //根据需要填入适当的内容
        delay(100);                        //可以调用用户自定义的子函数
    }
}
//---------子函数的定义-----------
void delay(unsigned long delaytime)
{
    while(delaytime>0)
        delaytime--;                       //子函数的实现代码
}
//---------各个中断函数的实现----------
void INT0_ISR(void) interrupt  INT0_vector      //外部中断 0 服务子函数
{
    //根据需要填入程序代码
}
void INT1_ISR(void) interrupt  INT1_vector      //外部中断 1 服务子函数
{
    //根据需要填入程序代码
}
void INT2_ISR(void) interrupt  INT2_vector      //外部中断 2 服务子函数
{
    //根据需要填入程序代码
}
void T0_ISR(void) interrupt  T0_vector          //定时器 0 中断服务子函数
{
    //根据需要填入程序代码
}
void T1_ISR(void) interrupt  T1_vector          //定时器 1 中断服务子函数
{
    //根据需要填入程序代码
}
void T2_ISR(void) interrupt  T2_vector          //定时器 2 中断服务子函数
{
    //根据需要填入程序代码
}
void T3_ISR(void) interrupt  T3_vector          //定时器 3 中断服务子函数
{
```

```
                //根据需要填入程序代码
        }
        void T4_ISR(void) interrupt  T4_vector          //定时器 4 中断服务子函数
        {
                //根据需要填入程序代码
        }
        void BTM_ISR(void) interrupt  BTM_vector         //基本定时器中断服务子函数
        {
                //根据需要填入程序代码
        }
        void UART0_ISR(void) interrupt UART0_vector      //串口 0 中断服务子函数
        {
                //根据需要填入程序代码,注意中断请求标志位清零
        }
        void USCI0_ISR(void) interrupt  USCI0_vector   //三合一串口 0 中断服务子函数
        {
                //根据需要填入程序代码,注意将中断请求标志位清零
        }
        void USCI1_ISR (void) interrupt  USCI1_vector   //三合一串口 1 中断子函数
        {
                //根据需要填入程序代码,注意将中断请求标志位清零
        }
        void USCI2_ISR (void) interrupt  USCI2_vector   //三合一串口 2 中断子函数
        {
                //根据需要填入程序代码,注意将中断请求标志位清零
        }
        void ADC_ISR (void) interrupt  ADC_vector        //ADC 模块中断服务子函数
        {
                //根据需要填入程序代码,注意将中断请求标志位清零
        }
        void CMP_ISR (void) interrupt  CMP_vector        //比较器模块中断服务子函数
        {
                //根据需要填入程序代码,注意将中断请求标志位清零
        }
        void PWM_ISR (void) interrupt  PWM_vector        //PWM 模块中断服务子函数
        {
                //根据需要填入程序代码,注意将中断请求标志位清零
        }
        void TK_ISR (void) interrupt  TK_vector          //触摸按键中断服务子函数
        {
                //根据需要填入程序代码,注意将中断请求标志位清零
        }
```

**注意**:没有用到的中断函数可以不写到程序中。

## 3.3　C51 程序设计及调试

### 3.3.1　C51 程序调试方法

在实际开发过程中，经常需要使用集成调试环境对编写的 C 语言程序代码进行调试。下面举例说明用 Keil 集成开发环境进行单片机 C 语言程序的调试方法。

【例 3-1】编程实现需要通过延时函数，由 P0.6 输出方波信号，利用 P0.6 连接的 LED 灯进行显示，并通过示波器观察程序输出波形的周期。

解：P0.6 连接 LED 灯的电路原理图如图 1-11(d)所示。

#### 1. 准备程序并完成编译

按照第 1 章介绍的方法创建一个新工程。输入下面的代码生成 main.c 文件，并将其加入到新工程中。

```c
#include "sc95.h"                    //包含 SC95F8617 单片机寄存器定义头文件
void delay(unsigned long delaycnt);       //延时函数声明
void main(void)
{
    P0CON|=0x40;                   //将 P0.6 设置为强推挽输出模式
    P06=1;                        //先令 LED 灯熄灭
    while(1)                      //主程序循环
    {
        delay(250000);
        P06=~P06;
    }
}
void delay(unsigned long delaycnt)        //延时函数
{
        while(delaycnt--);
}
```

设置“编译”选项，生成 HEX 文件。当程序中有语法错误时，Keil 将在“Build Out”状态输出区显示错误信息或者警告信息。双击一行出错信息将打开此信息对应的文件，并定位到出错位置，如图 3-1 所示。

在图 3-1 中，出现“syntax error near 'o'”（语法错误）的错误信息，双击该信息，光标定位到出现该错误的行上，读者很容易发现，出错的原因是误将数字 0 输入成英文字母 o。由于错误的输入引起的编译错误还有使用了中文全角的逗号（，）和冒号（：）等。根据错误信息提示，修改程序中出现的错误，直到编译成功为止，如图 3-2 所示。

#### 2. 对程序进行软件模拟调试

编译成功后，就可以进行程序的仿真调试了。程序的调试有两种方式：一种是连接单片机硬件的在线仿真调试；另一种是进行软件模拟调试。其中，软件模拟调试方式可以对程序的运算及逻辑功能进行调试，软件模拟调试成功后，基本上不需要做很大修改即可应用到真正的系统中。在线仿真调试方法与软件模拟调试方法基本相同。下面介绍软件模拟仿真调试方法。

D:\51study\ex3-1LED6\ex3-1.uvproj - µVision
出错的行
双击错误信息行，
可定位错误
Build Output
Rebuild started: Project: ex3-1
Rebuild target 'Target 1'
compiling main.c...
main.c(11): error C141: syntax error near 'o', expected ','
Target not created.
Build Time Elapsed:   00:00:00

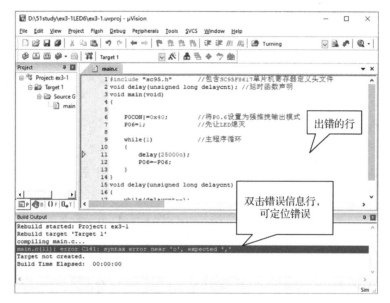

图 3-1　当编译出现错误信息时的提示

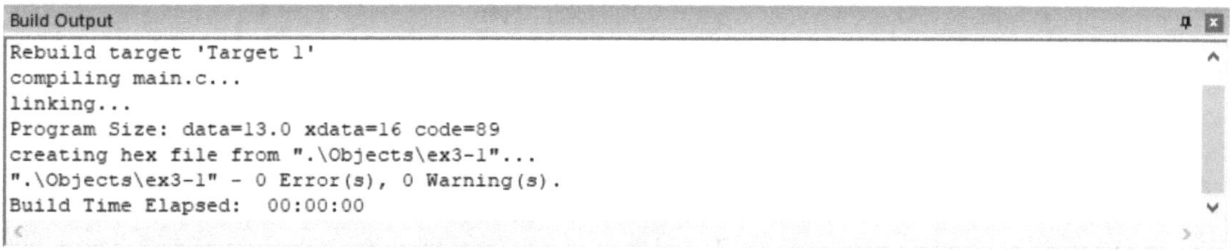

Build Output
Rebuild target 'Target 1'
compiling main.c...
linking...
Program Size: data=13.0 xdata=16 code=89
creating hex file from ".\Objects\ex3-1"...
".\Objects\ex3-1" - 0 Error(s), 0 Warning(s).
Build Time Elapsed:   00:00:00

图 3-2　编译成功提示信息

为了对前面编写的程序在不连接单片机的情况下进行仿真调试（该过程称为软件模拟仿真调试），选中“Options for Target”对话框中的“Debug”选项，如图 3-3 所示。

在该对话框中选择“Use Simulator”单选按钮对软件进行模拟仿真调试（这也是 Keil 默认的仿真调试方法）。其他选项不做修改。通过以上设置，就可以进行软件模拟仿真调试了。

从“Debug”菜单中选择“Start/Stop debug session”菜单项（或按快捷键 Ctrl+F5），或者从工具条中单击“Start/Stop debug session”按钮（），开始模拟调试过程。在调试过程中，可以进行如下操作：

（1）连续运行、单步运行、单步跳过运行程序

通过“Debug”菜单中的“Go（F5）”、“Step（F11）”和“Step Over（F10）”分别可以对程序进行连续运行、单步运行和单步跳过运行。括号中的内容是该功能的快捷键，后面的图标符号是工具栏中对应的按钮。其中，单步执行可以一步一步地执行程序，当执行到某个函数或者子程序时，可以跳到函数或者子程序中运行程序。单步跳过运行程序的含义是：当

单步运行程序到某个子程序的调用时，若想跳过该子程序，则继续运行下面的程序，可以使用该功能。在这种情况下，跳过的子程序仍然可以执行，但不是单步执行。

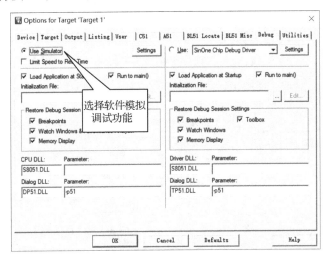

图 3-3　"Options for Target'Target1'"对话框

（2）运行到光标所在行

单击工具栏上的"Run to Cursor line"选项（❀），或者从"Debug"菜单中选择"Run to Cursor line（Ctrl+F10）"菜单项，则可以使程序运行到当前光标所在的行。

（3）设置断点

进入调试环境后，在要设置断点的行上单击鼠标右键，弹出如图 3-4 所示的菜单。在此菜单中，选择"Insert/Remove Breakpoint"菜单项，则可以在当前行插入或删除断点。也可以单击要设置断点的行的最左边阴影部分，只要在当前行设置了断点，在当前行的最左边阴影部分就会出现一个红色的小圆点，说明在该行的位置上设置了断点；再次单击左边的阴影部分，则红色小圆点消失，说明该行位置上的断点被删除。若设置了断点，则连续运行程序后，执行到该行时，程序会暂停运行。此时，用户可以查看程序运行的一些中间状态和中间结果。

（4）存储器查看

若要查看存储器的内容，则选中调试窗口的右下角的"Memory1"标签页，或者从"View"菜单中选择"Memory Window"菜单项中的"Memory1"～"Memory4"中的任意一个菜单项，出现如图 3-5 所示的窗口。

在"Address"编辑框中输入"C:0"并按回车键，将在窗口中显示程序存储器的内容。在"Address"编辑框中输入"D:0"并按回车键，将在窗口中显示片内 RAM 的内容。选中窗口左边的边缘并拖动鼠标，可以左右调整窗口的大小，出现如图 3-6 所示的内容。

同样，输入"X:0"并按回车键可以查看外部 RAM 数据。当然，可以通过使用"Memory 1"、"Memory 2"、"Memory 3"和"Memory 4"分页窗口来显示不同存储器的内容。

（5）查看变量

选中程序代码中的某个变量，单击鼠标右键，从弹出的菜单中选择第一个菜单项可以将该变量加入到观察窗口中进行变量的跟踪查看，如图 3-7 所示。

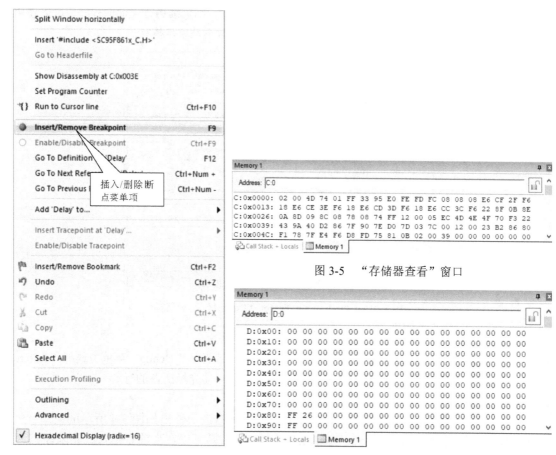

图 3-4　设置断点的菜单

图 3-5　"存储器查看"窗口

图 3-6　片内 RAM 存储器查看窗口

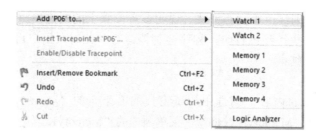

图 3-7　将变量加入到"Watch"窗口中查看

这样操作后，就会在主界面的右下角出现"Watch 1"窗口，在程序的执行过程中，被观察的变量内容会随着程序的执行而发生变化。

（6）查看外设

从"Peripherals"菜单中选择不同的菜单项，可以查看单片机的某些资源的状态。包括：

①"Reset CPU"：复位 CPU。

②"Interrupt"：打开中断向量表窗口，在窗口中显示所有的中断向量。对选定的中断向量可以用窗口下面的复选框进行设置。

③"I/O-Ports"：打开输入/输出端口（P0～P3）的观察窗口，在窗口中显示程序运行时的端口的状态，可以随时修改端口的状态，从而可以模拟外部的输入。例如，打开 P0 口的观察窗口，可以观察在程序执行时 P0 口的状态变化，如图 3-8 所示。其中有"√"的位表示状态为 1，否则为 0。

④"Serial"：打开串行口的观察窗口，可以随时修改窗口中显示的状态。

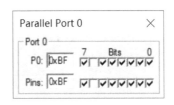

图 3-8　P0 口的观察窗口

⑤"Timer"：打开定时器的观察窗口，可以随时修改窗口中显示的状态。

除此以外，对于不同的单片机，在"Peripherals"菜单中会出现很多与单片机相关的外设资源菜单项。其他资源的查看，读者可自行实验。

掌握了上述的操作过程，就可以进行基本的程序调试工作了。Keil 集成环境的更详细的描述，请读者阅读有关的参考书。

### 3．连接仿真器对程序进行调试

在"Options for Target'Target1'"对话框的"Debug"标签页中，选中"Use"单选按钮，并从其后的下拉框中选择"SinOne Chip Debug Driver"选项，然后选中"Run to main"复选框，如图 3-9 所示。

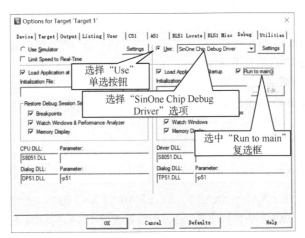

图 3-9　"Options for Target'Target1'"对话框中的"Debug"标签页设置

在"Options for Target'Target1'"对话框的"Utilities"标签页中，选中"Use Target Driver for Flash Programming"单选按钮，并从其下方的下拉框中选择"SinOne Chip Debug Driver"选项，如图 3-10 所示。

单击"Settings"按钮，按照第 1 章描述的方法设置好"烧录 Option 信息"对话框中的相关选项。为了实现每次单击"调试"按钮（⊕）均能自动下载编译生成的程序，选中图 3-10 中的"Update Target before Debugging"复选框。然后单击图 3-10 中的"OK"按钮，完成仿真选项的设置。设置完成后，重新编译程序，并将程序下载到单片机中就可以进行在线仿真调试了。仿真调试的过程与软件模拟仿真调试的过程类似，在此不再赘述。

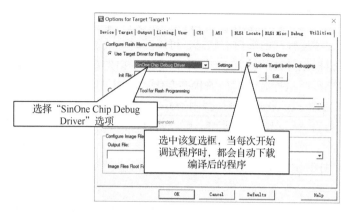

图 3-10　"Options for Target'Target1'"对话框中的"Utilities"标签页设置

**【例 3-2】** 硬件乘/除法器的应用。

SC95F8617 单片机集成了 1 个 16 位的硬件乘/除法器,运算由硬件实现,不占用 CPU 周期,其速度比软件实现的乘/除法速度快几十倍,可以进行 16 位乘以 16 位的乘法运算和 32 位除以 16 位的除法运算。硬件乘/除法器由扩展累加器 EXA、扩展 B 寄存器 EXB 和运算控制寄存器 OPERCON 组成。硬件乘/除法器结构图如图 3-11 所示,其中,$f_{SYS}$ 为系统时钟频率。

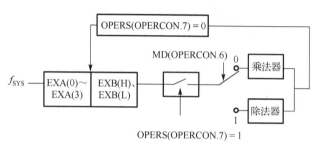

图 3-11　硬件乘/除法器结构图

其中,符号 MD(OPERCON.6)说明 OPERCON 寄存器的第 6 位的名称为 MD,后续的内容均采用这种方法标注。

下面介绍相关的寄存器。

### 1. 扩展累加器 EXA

扩展累加器 EXA 由 EXA0～EXA3 构成,EXA0～EXA3 的地址分别为 E9H～ECH,复位值均为 0x00。EXA0～EXA3 联合构成 32 位的扩展累加器 EXA,其中,EXA0 保存 EXA 的最低 8 位(EXA[7:0]),EXA1 保存 EXA 的次低 8 位(EXA[15:8]),EXA2 保存 EXA 的次高 8 位(EXA[23:16]),EXA3 保存 EXA 的最高 8 位(EXA[31:24])。32 位的 EXA 构成如下:

| EXA3（EXA[31:24]） | EXA2（EXA[23:16]） | EXA1（EXA[15:8]） | EXA0（EXA[7:0]） |
| --- | --- | --- | --- |

### 2. 扩展 B 寄存器 EXB

扩展 B 寄存器 EXB 由低字节寄存器 EXBL 和高字节寄存器 EXBH 构成,它们的地址分别为 EDH 和 EEH,复位值均为 0x00。EXBL 和 EXBH 联合构成 16 位的 EXB,其中,EXBL 保存 EXB 的低 8 位 EXB[7:0],EXBH 保存 EXB 的高 8 位 EXB[15:8]。16 位的 EXB 构成如下:

| EXBH（EXB[15:8]） | EXBL（EXB[7:0]） |
| --- | --- |

### 3. 运算控制寄存器 OPERCON（地址为 EFH）

运算控制寄存器 OPERCON 的复位值为 00xxxx00b。各位的定义如下：

| 位 号 | 7 | 6 | 5 | 4 | 3 | 2 | 1 | 0 |
|---|---|---|---|---|---|---|---|---|
| 符 号 | OPERS | MD | – | – | – | – | CRCRST | CRCSTA |

（1）OPERS：乘/除法器运算开始触发控制位。

该位是乘/除法器开始计算的触发信号，若该位为 1，则开始做一次乘/除法计算；若该位为 0 时，说明计算已完成。此位只在写入 1 时有效。

（2）MD：乘/除运算选择位。

0：乘法运算。被乘数、乘数和乘积的保存格式如表 3-3 所示。

表 3-3　被乘数、乘数和乘积的保存格式

| 运 算 数 | 字 节 | | | |
|---|---|---|---|---|
| | 字 节 3 | 字 节 2 | 字 节 1 | 字 节 0 |
| 被乘数（16 位） | – | – | EXA1 | EXA0 |
| 乘数（16 位） | – | – | EXBH | EXBL |
| 乘积（32 位） | EXA3 | EXA2 | EXA1 | EXA0 |

1：除法运算。被除数、除数、商和余数的保存格式如表 3-4 所示。

表 3-4　被除数、除数、商和余数的保存格式

| 运 算 数 | 字 节 | | | |
|---|---|---|---|---|
| | 字 节 3 | 字 节 2 | 字 节 1 | 字 节 0 |
| 被除数（32 位） | EXA3 | EXA2 | EXA1 | EXA0 |
| 除数（16 位） | – | – | EXBH | EXBL |
| 商（32 位） | EXA3 | EXA2 | EXA1 | EXA0 |
| 余数（16 位） | – | – | EXBH | EXBL |

**注意**：乘/除法器运算转换所需时间为 $16/f_{SYS}$。在执行运算操作过程中，禁止对 EXA 和 EXB 数据寄存器执行读或写操作。

利用硬件乘法器实现 0x55AA 和 0xAA55 相乘，利用硬件除法器实现 0xFFAA5500 和 0xAA55 相除。利用 P06 连接的指示灯对结果进行测试。实现代码如下：

```
#include "sc95.h"
#define u32 unsigned long
#define u16 unsigned int
#define u8 unsigned char
typedef struct
{
      u32 quotient;       //商
      u16 remainder;      //余数
}DIV_Result;
typedef struct
```

```
{
        char a3;
        char a2;
        char a1;
        char a0;
}value;
typedef union
{
        value reg;
        u32 Result;
}Result_union;
u32 Multiplication(u16 faciend, u16 multiplier);
DIV_Result Division(u32 dividend,u16 divisor);
void main(void)
{
        u32 product = 0;              //乘积
        DIV_Result mydiv_result;

        P0CON=0xff;                       //将 P0 口的所有口线均设置为强推挽输出模式
        //乘法器测试
        product=Multiplication(0x55AA, 0xAA55);        //乘法计算
        if(product == 0x38ff5572)                      //判断积
            P06=0;                    //运算正确, 点亮 LED
        else
            P06=1;
        //除法器测试
        mydiv_result=Division(0xFFAA5500,0xAA55);    //除法计算
        //判断商和余数
        if(mydiv_result.quotient == 0x18040 && mydiv_result.remainder
            == 0x3FC0)
            P06=1;
        else
            P06=0;
        while(1);                         //执行完毕, 进入循环
}
//乘法运算函数
u32 Multiplication(u16 faciend, u16 multiplier)
{
        Result_union mulresult;       //保存乘法运算的结果

        OPERCON &= ~0x40;             //选择乘法
        EXA0 = faciend;
        EXA1 = faciend>>8;
        EXBL = multiplier;
        EXBH = multiplier>>8;
        OPERCON |= 0x80;              //开始计算
```

```
        while(OPERCON & 0x80);
        mulresult.reg.a0 = EXA0;
        mulresult.reg.a1 = EXA1;
        mulresult.reg.a2 = EXA2;
        mulresult.reg.a3 = EXA3;
        return(mulresult.Result);
}
//除法运算函数
DIV_Result Division(u32 dividend,u16 divisor)
{
        DIV_Result div_result;
        Result_union temp;

        temp.Result = dividend;
        OPERCON |= 0x40;                //选择除法
        EXA0 = temp.reg.a0;
        EXA1 = temp.reg.a1;
        EXA2 = temp.reg.a2;
        EXA3 = temp.reg.a3;
        EXBL = divisor;
        EXBH = divisor>>8;
        OPERCON |= 0x80;                //开始计算
        while(OPERCON & 0x80);
        temp.reg.a0 = EXA0;
        temp.reg.a1 = EXA1;
        temp.reg.a2 = EXA2;
        temp.reg.a3 = EXA3;
        div_result.remainder = EXBH*256+ EXBL;
        div_result.quotient = temp.Result;
        return(div_result);
}
```

本例同时演示了结构和联合的使用方法。在调试上述代码时，要确保使用的仿真器与单片机进行连接，否则，不会得到正确的结果（在等待计算结束时，会陷入死循环等待）。

【例 3-3】SC95F8617 单片机唯一 ID 读取实例。

SC95F8617 单片机提供了一个唯一 ID 区域，出厂前由厂家预烧录一个 96 位的唯一 ID，用以确保该芯片的唯一性。用户获得 ID 的唯一方式是通过 IAP 指令读取相对地址(01)0260H～(01)026BH 的内容。地址(01)0260H～(01)026BH 括号中的"01"表示拓展地址，由 IAPADE 寄存器设定。

IAP 写入扩展地址寄存器的各位定义如下：

| 位　号 | 7 | 6 | 5 | 4 | 3 | 2 | 1 | 0 |
|---|---|---|---|---|---|---|---|---|
| 符　号 | | | | IAPADER[7:0] | | | | |

IAPADER[7:0]为 IAP 扩展地址：当其为 0x00 时，对 Flash ROM 进行读取指令或者读取数据操作；当其为 0x01 时，针对唯一 ID 区域进行读操作，不允许擦写操作，否则可能引起程序异常。

读取唯一 ID 的代码如下：

```c
#include "sc95.h"
void main(void)
{
        unsigned char UniqueID[12];//存放 UniqueID
        unsigned char code * POINT =0x0260;
        unsigned char i;
        EA = 0;                    //关闭总中断
        IAPADE = 0x01;             //拓展地址 0x01，选择 Unique ID 区域
        for(i=0;i<12;i++)
        {
            UniqueID[i]= *( POINT+i);   //读取 Unique ID 的值
        }
        IAPADE = 0x00;             //拓展地址 0x00，返回 Code 区域
        EA = 1;                    //开启总中断
        while(1);
}
```

### 3.3.2　利用固件库开发应用程序

任何单片机的应用开发，归根结底都是要对单片机的寄存器进行操作。在利用 C 语言直接操作寄存器的方法编写应用程序时，用户只有掌握每个寄存器的用法，才能正确使用单片机，而单片机的寄存器比较多，记起来比较麻烦。

为了简化编程，深圳市赛元微电子有限公司推出了官方固件库，该固件库是一个函数包（也称为驱动程序），由程序、数据结构和宏组成，包括对单片机所有外设的定义和操作。

每个外设驱动都由一组函数组成，这组函数覆盖了该外设的所有操作。每个元件的开发都由一个通用应用编程接口（Application Programming Interface，API）驱动，对驱动程序的结构、函数和参数名称都进行了标准化。

固件库将寄存器底层操作都封装起来，提供一整套 API，供开发者调用。大多数场合下，用户在开发工程应用时，可以集中精力考虑实现工程需求的解决方案，不需要知道操作的是哪个寄存器，只需要知道调用哪些函数即可。通过使用固件库，无须深入掌握细节，用户也可以轻松应用每个外设。因此，使用固件库可以大大缩短用户编写程序的时间，进而提高开发效率，降低开发成本。

利用固件库开发应用程序的另外一个优点是开发的应用程序具有很好的可移植性。深圳市赛元微电子有限公司提供的 API 函数是一致的，在更换 MCU 型号时，只需替换相关库文件，

而无须修改程序细节，便能实现项目程序在不同 MCU 之间的快速替换。

将深圳市赛元微电子有限公司提供的固件库文件解压缩后，会生成"inc"文件夹和"src"文件夹，这两个文件夹分别包含固件库的头文件和源文件。为了便于使用，作者将固件库进行了修订并重新封装，可发邮件到 chenguiyou@sdu.edu.cn 索取。

### 1. 命名规则

系统、源文件和头文件命名都以"sc95fxxxx_"作为开头，如 sc95f861x_adc.c、sc95f861x.h。固件库文件的命名规则如下：

sc95f861x_PPP.c：外设的驱动源文件，包含了该外设的通用 API 函数。该文件包含头文件 sc95f861x_PPP.h。其中，PPP 表示任意一个外设名称的缩写，如 GPIO、ADC 等。外设名称缩写如表 3-5 所示。

表 3-5　外设名称缩写

| 缩　写 | 外　设　名　称 | 缩　写 | 外　设　名　称 |
|---|---|---|---|
| ADC | 模数转换器 | MDU | 乘/除法器单元 |
| ACMP | 模拟比较器 | PWR | 电源/功耗控制 |
| BTM | 低频时钟定时器 | PWM | 脉宽调制 |
| CRC | CRC 校验 | USCI | 三选一串行接口（SPI/TWI/UART 三选一） |
| DDIC | 显示驱动集成电路（LED/LCD 驱动） | TIM | 通用定时器 |
| EXTI | 外部中断事件控制器 | TOUCH | 触控电路 |
| GPIO | 通用输入/输出端口 | UART | 通用异步收发器 |
| IAP | 应用编程（EEPROM/Flash 编程） | WDT | 看门狗 |

sc95f861x_PPP.h：外设的驱动头文件，包含 API 函数的相关定义。该文件包含头文件 sc95f861x.h。

sc95f861x.h：固件库的通用头文件，包含整个固件库通用的类型说明及定义等。该文件包含头文件 sc95f861x_C.H。

sc95f861x_C.H：深圳市赛元微电子有限公司提供的 IC 标准头文件，包含了 IC 的寄存器定义等。

sc95f861x_int.c/h：中断服务函数源/头文件，包含了 IC 所有中断服务函数，中断处理在这里执行。

对于仅被应用于一个文件的常量，该常量被定义于该文件中；对于被应用于多个文件的常量，该常量在对应头文件中被定义。所有常量都由大写英文字母书写。

外设函数的命名以该外设的缩写加下画线开头。每个单词的第一个英文字母均是大写英文字母，如 UART0_SendData8。在函数名中，只允许存在一个下画线，用以分隔外设缩写和函数名的其他部分。

名为 PPP_Init 的函数，功能为初始化外设 PPP，如 TIM0_Init。

名为 PPP_DeInit 的函数，功能为复位外设 PPP 的所有寄存器至默认值，如 TIM1_DeInit。

名为 PPP_Cmd 的函数，功能为使能外设 PPP，如 PWM_Cmd。

名为 PPP_ITConfig 的函数，功能为使能或失能来自外设 PPP 的中断源，并设置中断优先级，如 TIMX_ITConfig。

名为 PPP_GetFlagStatus 的函数，功能为检查外设 PPP 是否设置某标志位，如 USCI0_GetFlagStatus。

名为 PPP_ClearFlag 的函数，功能为清除外设 PPP 的标志位，如 EXTI1_ClearFlag。

**2．编码规则**

（1）变量类型

```
typedef    signed char       int8_t;
typedef    signed short      int16_t;
typedef    signed long       int32_t;
typedef    unsigned char     uint8_t;
typedef    unsigned short    uint16_t;
typedef    unsigned long     uint32_t;
typedef    int32_t           s32;
typedef    int16_t           s16;
typedef    int8_t            s8;
typedef    uint32_t          u32;
typedef    uint16_t          u16;
typedef    uint8_t           u8;
#define    __I               volatile const
#define    __O               volatile
#define    __IO              volatile
```

（2）布尔型

布尔型变量的定义如下：

```
typedef enum {FALSE = 0, TRUE = !FALSE} bool;
```

（3）状态类型

标志位状态、中断状态及位状态的定义如下：

```
typedef enum {RESET = 0, SET = !RESET} FlagStatus, ITStatus, BitStatus;
```

功能状态的定义如下：

```
typedef enum {DISABLE = 0, ENABLE = !DISABLE} FunctionalState;
```

错误状态的定义如下：

```
typedef enum {ERROR = 0, SUCCESS = !ERROR} ErrorStatus;
```

优先级状态的定义如下：

```
typedef enum {LOW = 0, HIGH = !LOW} PriorityStatus;
```

（4）开关中断

```
#define EnableInterrupts()    EA=1    /**开启总中断**/
#define DisableInterrupts()   EA=0    /**关闭总中断**/
```

### 3．GPIO 固件库函数

SC95F8617 单片机提供了 46 根可控制的双向 I/O 口线（GPIO 口线），输入/输出控制寄存器用来控制各端口的输入/输出功能。许多 I/O 口线都具有复用功能。GPIO 的相关函数介绍如下：

（1）函数 GPIO_DeInit

函数原型：void GPIO_DeInit(void)。

作用：将 GPIO 相关寄存器复位至默认值。

（2）函数 GPIO_Init

函数原型：void GPIO_Init(GPIO_TypeDef GPIOx, uint8_t PortPins, GPIO_Mode_TypeDef GPIO_Mode)。

作用：实现 GPIO 模式配置的初始化。

输入参数 GPIOx：选择操作的 GPIO 口，x=0～5，分别代表 P0～P5 口。

输入参数 PortPins：选择 GPIO 引脚，其可选值如表 3-6 所示。使用"或"操作符"|"可以一次选中多个引脚。

表 3-6　PortPins 的可选值

| PortPins | 描　　述 | PortPins | 描　　述 |
|---|---|---|---|
| GPIO_PIN_0 | I/O 口的 PIN0 引脚 | GPIO_PIN_6 | I/O 口的 PIN6 引脚 |
| GPIO_PIN_1 | I/O 口的 PIN1 引脚 | GPIO_PIN_7 | I/O 口的 PIN7 引脚 |
| GPIO_PIN_2 | I/O 口的 PIN2 引脚 | GPIO_PIN_LNIB | I/O 口的 PIN0～PIN3 引脚 |
| GPIO_PIN_3 | I/O 口的 PIN3 引脚 | GPIO_PIN_HNIB | I/O 口的 PIN4～PIN7 引脚 |
| GPIO_PIN_4 | I/O 口的 PIN4 引脚 | GPIO_PIN_ALL | I/O 口的全部 PIN 引脚 |
| GPIO_PIN_5 | I/O 口的 PIN5 引脚 | | |

输入参数 GPIO_Mode：用于选择 GPIO 口的模式，可以取如下值：

GPIO_MODE_IN_HI：高阻输入模式。

GPIO_MODE_IN_PU：带上拉电阻的输入模式。

GPIO_MODE_OUT_PP：强推挽输出模式。

（3）函数 GPIO_Write

函数原型：void GPIO_Write(GPIO_TypeDef GPIOx, uint8_t PortVal)。

作用：为 GPIO 口赋值。

输入参数 GPIOx：选择操作的 GPIO 口，x=0～5，分别代表 P0～P5 口。

输入参数 PortVal：GPIO 口的值（8 位无符号数）。

（4）函数 GPIO_WriteHigh

函数原型：void GPIO_WriteHigh(GPIO_TypeDef GPIOx, uint8_t PortPins)。

作用：将 GPIO 引脚置位。

输入参数 GPIOx 和 PortPins 与 GPIO_Init 函数中的取值相同。

（5）函数 GPIO_WriteLow

函数原型：void GPIO_WriteLow(GPIO_TypeDef GPIOx, uint8_t PortPins)。

作用：将 GPIO 引脚复位。输入参数 GPIOx 和 PortPins 与 GPIO_Init 函数中的取值相同。

（6）函数 GPIO_ReadPort

函数原型：uint8_t GPIO_ReadPort(GPIO_TypeDef GPIOx)。

作用：读取 GPIO 口的值。输入参数 GPIOx 与 GPIO_Init 函数中的取值相同。

返回值：返回 GPIO 口的值。

（7）函数 GPIO_ReadPin

函数原型：uint8_t GPIO_ReadPin(GPIO_TypeDef GPIOx, uint8_t PortPins)。

作用：读取 GPIO 口指定引脚的值。输入参数 GPIOx 与 GPIO_Init 函数中的取值相同。

返回值：返回指定引脚的值。

### 4．固件库函数的使用方法

在实际工程项目开发时，一个工程项目中一般包含多个文件，保存文件时，应按照文件的性质分别保存在相应的文件夹中。

【例 3-4】利用固件库函数重新设计【例 1-1】的应用程序。

**解：**按照第 1 章中创建工程的操作步骤创建工程 ex3-4LEDs 后，将在工程所在的文件夹中自动生成"Listings"文件夹和"Objects"文件夹。创建一个"User"文件夹，将用户以后编写的程序文件都保存到"User"文件夹中。

在工程内加入 SC95f861x_Lib 中所需的源文件。具体步骤是：

（1）修改目标和相关组。单击"Project"视图中的"Target 1"节点，按 F2 键，将"Target 1"的名称修改为"GPIO"。用同样的方法，将"Source Group 1"节点的名称修改为"User"。

（2）设置分组。在 Keil 开发环境中，选择"Project"菜单中"Manage"菜单项中的"Project Items"子菜单，或者选中"Project"视图中的"GPIO"节点并单击鼠标右键，从弹出的菜单中选择"Manage Project Items…"菜单项，如图 3-12 所示。在弹出"Manage Project Items"对话框中的"Groups"一栏中，单击按钮"□"，建立"FWLib"组。单击"Files"一栏下方的"Add Files…"按钮，选择固件库所在文件夹"SC95F861x_lib\src"，并将文件 sc95f861x_gpio.c 加入到该文件夹内。创建"FWLib"组并在其中加入 sc95f861x_gpio.c 文件，"Manage Project Items"对话框如图 3-13 所示。单击图 3-13 中的"OK"按钮，关闭该对话框。

图 3-12　右键单击"GPIO"节点时弹出的菜单

在"Project"视图的节点中加入文件时，可以在相应节点上双击鼠标，从弹出的对话框中选择文件所在文件夹和相应文件加入即可。

（3）设置头文件所在的文件夹。在 Keil 集成环境中，单击工具栏中的魔术棒"🏹"，在弹出的"Options for Target 'GPIO'"对话框中单击"C51"选项卡，在该选项卡中单击"Include Paths"文本框右边的浏览按钮□，如图 3-14 所示。弹出一个用于添加路径的"Folder Setup"对话框，分别加入".\SC95F861x_lib\inc"和".\User"路径。注意，Keil 只会在一级目录中查找目标文件，若目录下面还有子目录，则路径一定要定位到最后一级子目录，然后单击"OK"按钮，如图 3-15 所示。

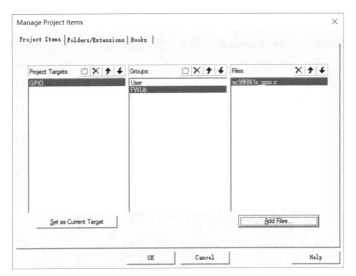

图 3-13　"Manage Project Items" 对话框

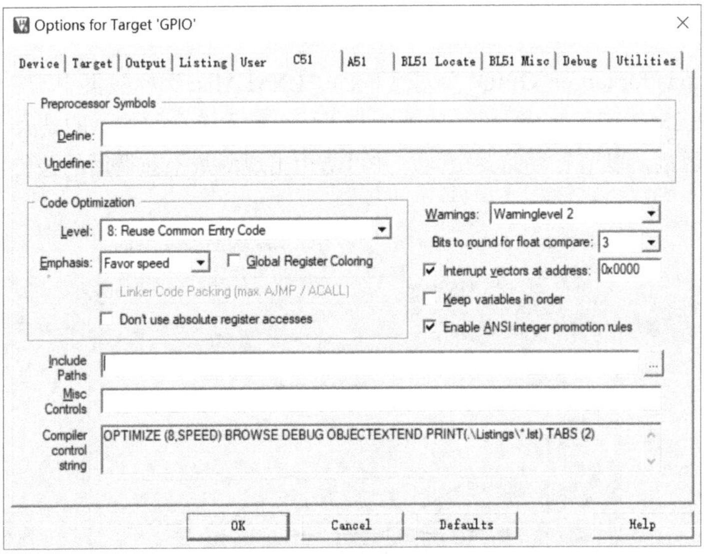

图 3-14　"Options for Target 'GPIO'" 对话框

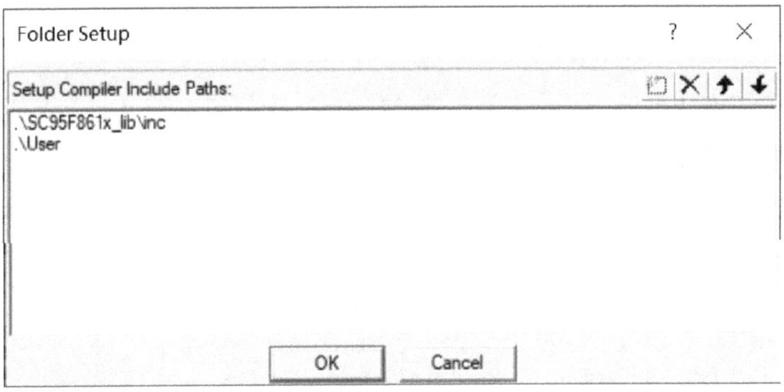

图 3-15　"Folder Setup" 对话框

（4）设置链接器及其选项。在"Options for target 'GPIO'"对话框的"Device"标签页中，选中"Use Extended Linker(LX51) instead of BL51"复选框，用 LX51 链接器代替 BL51，如图 3-16所示。

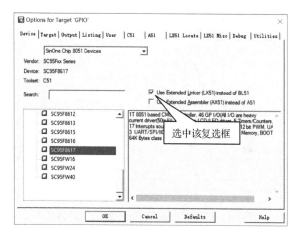

图 3-16 "Options for target 'GPIO'"对话框中的 Device 标签页设置

（5）在"Options for target 'GPIO'"对话框的"LX51 Misc"标签页中，在"Misc controls"文本框中输入"REMOVEUNUSED"，如图 3-17 所示。输入该参数的目的是为了在链接程序时，删除没有调用的函数，以节省存储器空间，并可防止出现函数不被调用的警告。

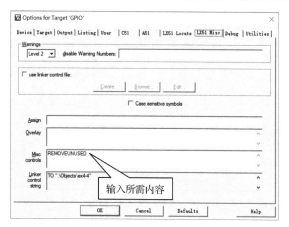

图 3-17 "Options for target 'GPIO'"对话框中的 LX51 Misc 标签页设置

（6）新建用户文件并加入 User 组中。新建一个文件，保存到 User 文件夹中，文件名为main.c，并将其加入到 User 组中。输入以下内容：

```
#include "sc95f861x_gpio.h"              //包含外设的头文件
void delay(unsigned long delaycnt);      //延时函数声明
void main(void)
{
    //将 P0.0 和 P0.1 均设置为强推挽输出方式
    GPIO_Init(GPIO0, GPIO_PIN_0| GPIO_PIN_1,GPIO_MODE_OUT_PP);
```

```
            GPIO_WriteLow (GPIO0, GPIO_PIN_0);        //P0.0输出低电平
            GPIO_WriteHigh (GPIO0, GPIO_PIN_1);       //P0.1输出高电平
            while(1)
            {
                GPIO_WriteHigh(GPIO0, GPIO_PIN_0);
                GPIO_WriteLow(GPIO0, GPIO_PIN_1);
                delay(25000);
                GPIO_WriteLow(GPIO0, GPIO_PIN_0);
                GPIO_WriteHigh(GPIO0, GPIO_PIN_1);
                delay(25000);
            }
        }
        void delay(unsigned long delaycnt)             //延时函数定义
        {
                while(delaycnt--);
        }
```

上述程序是通过外设 GPIO 的固件库函数实现的。由程序代码可以看出，使用固件库开发应用程序，虽然程序代码没有减少，但是程序的可读性大大提高。

### 3.3.3 利用易码魔盒开发应用程序

为了提高用户的开发效率，深圳市赛元微电子有限公司提供了图形化的快速开发工具 EasyCodeCube（通常称为易码魔盒），该工具支持的功能如下：

（1）支持 IC 资源图形化配置，采用 BSP 包提供；降低单片机开发门槛，缩短开发周期；

（2）提供标准编程框架和模板，采用源文件方法提供，结构清晰，层次分明；

（3）支持保存和历史载入；

（4）支持用户程序图形化编程，提供友好的用户编程环境；

（5）支持通用外设驱动图形化编程，提供用户自定义外设驱动标准接口；

（6）支持编译/烧录功能；

（7）支持用户自定义驱动的载入和卸载功能；

（8）支持用户自定义控件（函数、变量、结构体、共用体、枚举、typedef、宏、头文件、文本等）；

（9）支持第三方软件的载入；

（10）支持驱动制作，能够通过工具制作通用性的用户自定义驱动；

（11）支持线上驱动包升级；

（12）支持查看各种资源手册（BSP 包使用手册、工具使用手册、固件库使用手册）。

下面介绍易码魔盒的使用方法。易码魔盒是一个标准的 Windows 应用程序，安装过程比较简单，在此不再赘述。安装完成后，会在桌面生成 EasyCodeCube 图标，双击该图标即可运行。Easy Code Cube 启动后的初始化界面如图 3-18 所示。

图 3-18 给出了操作指引。按照操作指引，设计实现【例 3-4】功能的操作步骤如下：

（1）从"文件"菜单中选择"新建"选项或者单击工具栏中的"新建"按钮，进入芯片选

择界面，如图 3-19 所示。在该界面中，选择单片机的型号。单击"种类"标签页的下拉按钮，从中选择"SC95F_Series"选项，在界面下侧显示 MCUs 列表。单击"SC95F8617"选项，然后单击"开始项目"按钮，进入芯片配置界面，如图 3-20 所示。

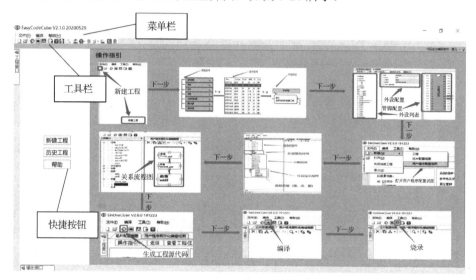

图 3-18　EasyCodeCube 启动后的初始化界面

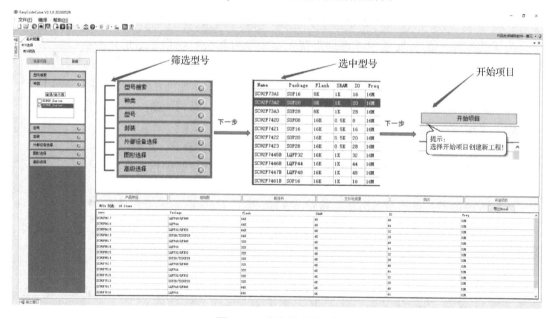

图 3-19　芯片选择界面

　　单击 P0.0，选择"强推挽输出"选项，即将 P0.0 工作模式设置为强推挽输出模式，如图 3-21 示。

　　用同样的方式将 P0.1 也设置为强推挽输出模式。设置完成后，单击图 3-20 导航按钮中的"下一步"按钮进入用户程序配置视图，如图 3-22 所示。单击其中的"控制"选项，显示与工程窗口有关的工具栏和工程代码。

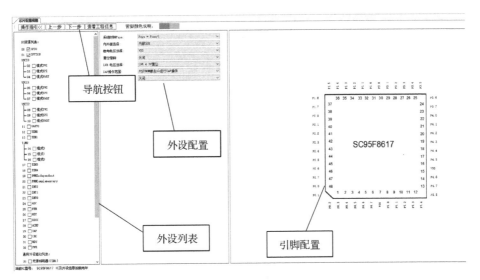

图 3-20 芯片配置界面

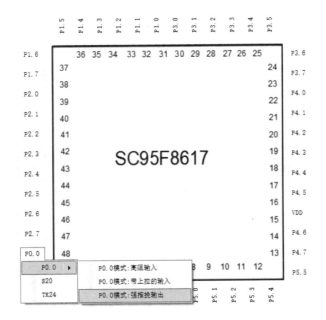

图 3-21 将 P0.0 设置为强推挽输出模式

选中"控制"列表中的"while(1){}"选项，并将其拖入右侧的图形化编辑窗口中，形成一个空的 while(1) 循环，其图标是 ，双击 进入编辑模式，在编辑框中输入以下代码：

```
GPIO_WriteHigh(GPIO0, GPIO_PIN_0);
GPIO_WriteLow(GPIO0, GPIO_PIN_1);
delay(250000);
GPIO_WriteLow(GPIO0, GPIO_PIN_0);
GPIO_WriteHigh(GPIO0, GPIO_PIN_1);
delay(250000);
```

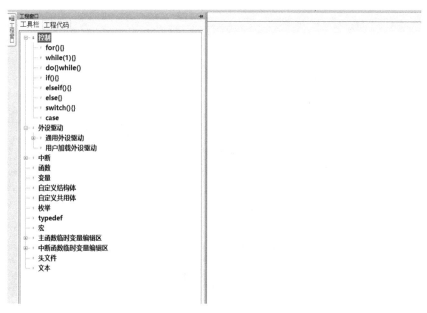

图 3-22　工程窗口

单击"确定"按钮。通过工程窗口中的"函数"节点对代码中的 delay 子函数进行定义。其方法是：选中"函数"节点，并单击鼠标右键，从弹出菜单中选择"添加函数"，出现自定义函数添加窗口，在该窗口中输入所需内容，输入完成后，单击"确定"按钮，如图 3-23 所示。

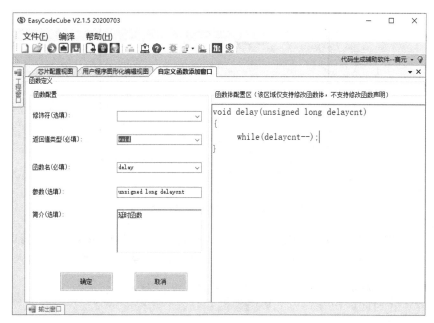

图 3-23　自定义函数添加窗口

单击工具栏中的"生成工程源代码（）"按钮，选择生成过程的文件夹（EasyCode 将自动为用户生成以当前时间命名的文件夹），如图 3-24 所示。

图 3-24　生成工程源代码

工程源代码生成后,可以单击工具栏中的"编译(■)"按钮对源代码进行编译。若编译无错误,则可以单击工具栏中的"烧录(↓)"按钮,将代码下载到单片机中进行测试。单击"烧录"按钮时,将出现烧录界面,如图 3-25 所示。在烧录界面的"芯片选择"下拉框中选择单片机型号 SC95F8617,在学习和测试时,可以不选择加密功能(将加密选项中的"加密"前面的√去掉)。单击"自动烧录"按钮,提示用户选择已经生成的 Hex 文件。下载代码后,单片机立即执行相关代码。

用户也可以使用 Keil 打开由可视化工具生成的工程,以查看或修改相关代码。

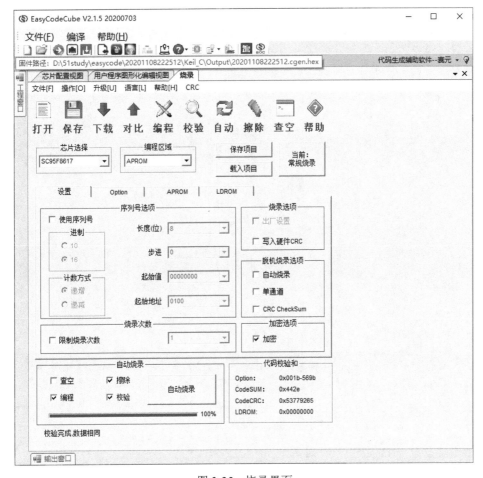

图 3-25　烧录界面

## 3.4  习题 3

1．C51 对 ANSI C 进行了哪些扩展？在 C51 中如何声明中断函数？

2．如何在 Keil 集成环境中调试单片机的 C 语言程序？详细叙述调试过程。

3．用不同方法编写程序实现流水灯效果，要求：P0 口控制 8 个发光二极管（简称为灯），并采用灌电流接法，先点亮最低位的灯，然后向高位逐位移动。移动到最高位后再从最低位重新移动，实现循环点亮。提示：为了便于观察，需要使用延时子程序，流水灯效果可以采用移位、赋值、数组赋值、逐位操作等方法。

4．使用一个按键控制一盏灯，要求：按下按键时，灯亮；松开按键，灯灭。提示：按键和灯分别通过 P4.3 和 P0.6 连到单片机，按键部分要注意去抖动。

5．使用一个按键控制两盏灯，要求：按一下按键，灯 1 亮，灯 2 灭；再按一下按键，灯 1 灭，灯 2 亮；再按一下按键，灯 1 和灯 2 都亮；再按一下按键，灯 1 和灯 2 都灭；然后又是灯 1 亮，灯 2 灭，如此循环下去。利用 P4.3 检测按键，利用 P0.0 和 P0.1 分别控制灯 1 和灯 2。

# 第 4 章
# 中 断 系 统

本章首先介绍中断的基本概念，然后介绍 SC95F8617 的中断系统结构及应用。

## 4.1 中断的概念

中断的概念是在 20 世纪 50 年代中期提出来的，是计算机中一项很重要的技术，它既与硬件有关，又与软件有关。正是因为有了中断技术，才使得计算机的工作更加灵活、效率更高。中断技术的出现大大推进了计算机的发展和应用。所以，中断功能的强大与否已成为衡量一台计算机功能完善与否的重要指标。最初引进中断技术的目的是为了提高计算机输入/输出的效率，改善计算机的整体性能。当 CPU 需要与外部设备交换一批数据时，由于 CPU 的工作速度远远高于外设的工作速度，因此每传送一组数据后，CPU 等待"很长"时间才能传送下一组数据，在等待期间 CPU 处在空运行状态，造成 CPU 的浪费。

什么是中断？先打个比方：当一位公司经理处理文件时，电话铃响了（中断请求），他不得不在文件上做一个记号（返回地址），暂停工作，去接电话（响应中断），并指示对方按第二方案执行（中断服务程序），然后，他再静下心来（恢复中断前状态），接着处理文件（中断返回）。计算机科学家观察了类似实例，借用了这些思想、处理方式和名称，研制了一系列中断服务程序及其调度系统。

所谓中断是指计算机在执行程序的过程中，当出现某些事件需要立即处理时，CPU 暂时中止正在执行的程序，转去执行对某种请求的处理程序。当处理程序执行完毕后，CPU 再回到先前被暂时中止的程序继续执行。实现这种功能的部件称为中断系统，请示 CPU 中断的请求源称为中断源。中断源向 CPU 发出中断申请，CPU 暂停当前工作，转去处理中断源事件，该过程称为中断响应。对整个事件的处理过程称为中断服务。事件处理完毕后，CPU 返回到被中断的地方称为中断返回。中断过程如图 4-1 所示。

计算机的中断系统一般允许多个中断源，当几个中断源同时向 CPU 请求中断，要求为其服务时，存在 CPU 优先响应哪一个中断源请求的问题。通常根据中断源的轻重缓急排队，优先处理最紧急事件的中断请求源，即规定每个中断源都有一个优先级别。CPU 总是先响应优先级别最高的中断请求。

当 CPU 正在处理一个中断请求时（执行相应的中断服务程序），发生了另外一个优先级比它更高的中断请求，CPU 暂停原来中断请求的服务程序，转而去处理优先级更高的中断请求，处理完以后，再回到低优先级中断请求的服务程序，该过程称为中断嵌套。这样的中断系统称为多级中断系统，没有中断嵌套功能的中断系统称为单级中断系统。中断嵌套如图 4-2 所示。

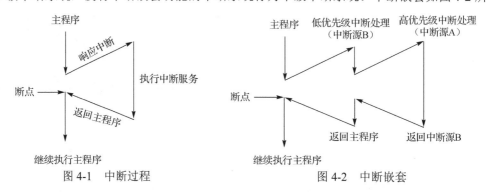

图 4-1　中断过程　　　　　　　　　　图 4-2　中断嵌套

计算机采用中断技术，大大提高了工作效率和处理问题的灵活性，主要表现在以下 3 个方面：

（1）解决了快速 CPU 和慢速外设之间的矛盾，可使 CPU 和外设并行工作；

（2）可及时处理控制系统中许多随机参数和随机信息；

（3）具备了处理故障的能力，提高了自身的可靠性。

在中断系统中，还有以下几个相关概念。

### 1．开中断和关中断

中断的开放，称为开中断或中断允许。中断的关闭，称为关中断或中断禁止。开中断和关中断均可以通过指令设置相关特殊功能寄存器的内容实现，这是 CPU 能否接收中断请求的关键。只有在开中断的情况下，才有可能接收中断请求。

### 2．中断的响应

在 CPU 响应中断请求时，由中断系统硬件控制 CPU 从主程序转去执行中断服务程序（也称为中断服务函数），同时把断点地址自动送入堆栈进行保护，以便执行完中断服务程序后能够返回到原来的断点继续执行主程序。各个中断源的中断服务程序入口地址由中断系统确定。

### 3．中断的撤除

在响应中断请求后，返回主程序前，该中断请求标志位应该撤除，否则，CPU 执行完中断服务程序会误判为又发生了中断请求而错误地再次进入中断服务程序。

## 4.2　单片机的中断系统

SC95F8617 单片机提供 17 个中断源，它们分别是：定时器（Timer0～Timer4）、外部中断（INT0～INT2）、模数转换器（ADC）、脉宽调制模块（PWM）、异步串行通信接口（UART）、三选一串行通信接口（USCI0～USCI2）、低频时钟定时器（BTM）、触摸按键（TK）和比较器（CMP）。这 17 个中断源分为 2 个中断优先级，可以分别设置为高优先级或者低优先级。

## 4.2.1 中断源及其优先级管理

### 1. SC95F8617 单片机的中断源

SC95F8617 单片机的中断结构如图 4-3 所示。

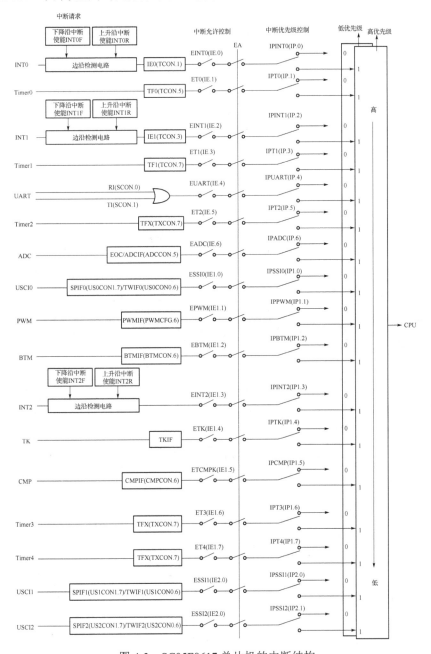

图 4-3 SC95F8617 单片机的中断结构

　　每个中断分别有独立的优先级设置位、中断标志位、中断向量和使能位，总的使能位 EA 可以实现所有中断的打开或者关闭，相当于总开关。

　　在图 4-3 中，中断请求发生后，会出现相应的中断标志位，中断标志位若要进入到 CPU，则必须经过中断允许控制和中断优先级控制两个环节。例如，对于外部中断 0（INT0），首先由下降沿中断使能 INT0F 和上升沿中断使能 INT0R 控制边沿检测电路，确定外部中断的触发边沿特性，将出现上升沿或下降沿的事件反映到中断标志位 IE0。IE0 若要进入到 CPU 或者被 CPU 采集到，则需要 EINT0 和 EA 控制的开关都闭合（两个控制位都设置为 1），并且由 IPINT0 位确定 INT0 的优先级是高优先级还是低优先级。其他中断源的中断标志位进入 CPU 的过程与此类似。

　　图 4-3 同时标识出中断标志位、中断允许位和中断优先级控制位所在的寄存器及位置。例如，外部中断 0 的中断标志位为 IE0（TCON.1），说明标志位 IE0 为 TCON 寄存器的第 1 位；中断允许位为 EINT0（IE.0），说明中断允许位 EINT0 为 IE 寄存器的第 0 位；中断优先级控制位为 IPINT0（IP.0），说明优先级控制位 IPINT0 为 IP 寄存器的第 0 位。其他中断源的相关标志位和控制位的表示方法与此类似。

　　SC95F8617 单片机的中断源及相关控制位如表 4-1 所示。

表 4-1　SC95F8617 单片机的中断源及相关控制位

| 中断源 | 中断发生条件 | 中断标志位 | 中断使能控制位 | 中断优先级控制位 | 中断号/优先级 | 标志清除方式 | 能否唤醒STOP 模式 |
|---|---|---|---|---|---|---|---|
| INT0 | 外部中断 0 条件符合 | IE0 | EINT0 | IPINT0 | 0 | 硬件自动清除 | 能 |
| Timer0 | Timer0 溢出 | TF0 | ET0 | IPT0 | 1 | 硬件自动清除 | 不能 |
| INT1 | 外部中断 1 条件符合 | IE1 | EINT1 | IPINT1 | 2 | 硬件自动清除 | 能 |
| Timer1 | Timer1 溢出 | TF1 | ET1 | IPT1 | 3 | 硬件自动清除 | 不能 |
| UART | 接收或发送完成 | RI/TI | EUART | IPUART | 4 | 用户清除 | 不能 |
| Timer2 | Timer2 溢出 | TFX | ET2 | IPT2 | 5 | 用户清除 | 不能 |
| ADC | A/D 转换完成 | ADCIF | EADC | IPADC | 6 | 用户清除 | 不能 |
| USCI0 | 接收或发送完成 | SPIF0/TWIF0 | ESSI0 | IPSPI | 7 | 用户清除 | 不能 |
| PWM | PWM 溢出 | PWMIF | EPWM | IPPWM | 8 | 用户清除 | 不能 |
| BTM | Base timer 溢出 | BTMIF | EBTM | IPBTM | 9 | 硬件自动清除 | 能 |
| INT2 | 外部中断 2 条件符合 | － | EINT2 | IPINT2 | 10 | － | 能 |
| TK | Touch Key 计数器溢出 | TKIF | ETK | IPTK | 11 | 硬件自动清除 | 不能 |
| CMP | 比较器中断条件符合 | CMPIF | ECMP | IPCMP | 12 | 用户清除 | 能 |
| Timer3 | Timer3 溢出 | TFX | ET3 | IPT3 | 13 | 用户清除 | 不能 |
| Timer4 | Timer4 溢出 | TFX | ET4 | IPT4 | 14 | 用户清除 | 不能 |
| USCI1 | 接收或发送完成 | SPIF1/TWIF1 | ESSI1 | IPSPI1 | 15 | 用户清除 | 不能 |
| USCI2 | 接收或发送完成 | SPIF2/TWIF2 | ESSI2 | IPSPI2 | 16 | 用户清除 | 不能 |

　　表 4-1 列出了 SC95F8617 单片机的中断源、各个中断源发生中断的条件、中断标志位、中断使能控制位、中断优先级控制位、中断号/优先级、标志清除方式及能否唤醒 STOP 模式。其中，中断标志位是在开放中断的前提下，中断发生后由硬件设置的标志位（将标志位置 1），有些中断标志位在单片机响应中断后由硬件自动清除（将标志位清零），有些中

断标志位需要用户通过程序清零。中断优先级控制位用于设置中断源的优先级。中断号是在使用 C 语言编写中断服务函数时所使用的编号，同时，中断号也反映了默认的中断优先级（在不进行中断优先级设置时的中断优先级），中断号越小，相同情况下的中断优先级越高。

有些中断源能够将单片机从 STOP 模式唤醒。STOP 模式是单片机为了降低功耗而进入的一种模式。

在 EA=1 及各中断源的中断使能控制位均为 1 时，下面给出各中断发生时中断标志位的处理情况描述。

### 1．外部中断 INT0～INT2

3 个外部中断可以分别设定每个中断源的触发条件为上升沿、下降沿或双沿。当外部中断有中断条件发生时，会发生外部中断。INT0 的中断标志位为 IE0（TCON.1），INT1 的中断标志位为 IE1（TCON.3），INT2 没有中断标志位。硬件会自动清除 IE0 和 IE1。INT0 有 4 个外部中断源，INT1 有 8 个外部中断源，INT2 有 4 个外部中断源。用户可以根据需要将 INT0～INT2 设成上升沿、下降沿或者双沿中断，中断的触发边沿属性由特殊功能寄存器 INT$x$F 和 INT$x$R 设置。

### 2．定时器中断

SC95F8617 单片机集成了 5 个定时器（Timer0～Timer4）。其中，Timer0 和 Timer1 溢出时，会将中断标志位 TF0（TCON.5）和 TF1（TCON.7）置为 1 并产生中断。当单片机执行相应的中断服务程序时，中断标志位 TF0 和 TF1 会被硬件自动清零。当 Timer2～Timer4 溢出时，会将各自的中断标志位 TFX（TXCON.7）置为 1 并产生中断，而 TFX 具体是哪个定时器的溢出标志位，由 TXINX[2:0]确定。在 Timer2～Timer4 的中断发生后，中断标志位 TFX 不会由硬件自动清除，必须由用户在中断服务程序中使用软件清除。

### 3．UART0 中断

当异步串行通信口 UART0 接收到一帧数据时，RI（SCON.0）会被硬件置 1，并产生 UART0 中断；在发送完一帧数据后，TI（SCON.1）位会被硬件自动置 1，并产生 UART0 中断。在 UART0 中断发生后，硬件并不会自动清除 RI/TI 位，必须由用户在中断服务程序中使用软件清除。

### 4．USCI 中断

三选一通信口 USCI 在接收或发送完一帧数据时，SPIF$n$（US$n$CON1.7）位、TWIF$n$（US$n$CON0.6）位（$n$=0,1,2）均会被硬件自动置 1，USCI 产生中断。中断标志位 SPIF$n$/TWIF$n$必须由用户在中断服务程序中使用软件清除。

### 5．ADC 中断

模数转换器在 A/D 转换完成时产生中断，其中断标志位是 A/D 转换结束标志位 EOC/ADCIF（ADCCON.5）。当用户通过置位 ADCS 启动转换后，A/D 转换结束标志位 EOC 会被硬件自动清零；转换完成后，EOC 会被硬件自动置 1。A/D 转换中断标志位 ADCIF 不会由硬件自动清除，必须由用户在中断服务程序中使用软件清除。

### 6．PWM 中断

当 PWM 计数器溢出（计数超过 PWMPD 寄存器的值）时，PWMIF（PWMCFG.6）位会被硬件自动置 1，PWM 产生中断。中断标志位 PWMIF 必须由用户在中断服务程序中使用软件清除。

### 7．BTM 中断

当低频时钟定时器 BTM 发生溢出时，溢出标志位 BTMIF（BTMCON.6）会被置 1，若允许中断，则产生中断。CPU 接收 BTM 的中断后，此标志位会被硬件自动清除。

### 8．模拟比较器 CMP 中断

当模拟比较器满足中断触发条件时，模拟比较器中断标志位 CMPIF（CMPCON.6）会被置 1，该中断标志位需要用户使用软件清除。

### 9．Touch Key 计数器溢出

当 Touch Key 计数器溢出时，其溢出标志位 TKIF 会被置 1。该标志位需要用户使用软件清除。

总之，能够由硬件自动清除的中断标志位有：Timer0 和 Timer1 的中断标志位、INT0～INT2 的中断标志位和 BTM 的中断标志位。其他标志位都需要用户使用软件清除。

### 10．SC95F8617 单片机的中断优先级管理

SC95F8617 单片机的中断具有两个中断优先级，即高优先级和低优先级，可实现两级中断服务程序的嵌套。一个正在执行的低优先级中断请求能被高优先级中断请求所中断，但不能被另一个同一优先级的中断请求所中断，一直执行到结束，返回主程序后才能响应新的中断请求。也就是说：

（1）低优先级中断请求可被高优先级中断请求所中断，反之不能；

（2）任何一个中断，在响应过程中，不能被同一优先级的中断请求所中断；

（3）若同时有几个同一优先级的中断，则中断响应的优先顺序与中断号相同，即中断号小的会优先响应。

用户可通过中断优先级寄存器 IP、IP1 和 IP2 来设置每个中断的优先级。

## 4.2.2　中断相关的特殊功能寄存器

本小节介绍与中断相关的特殊功能寄存器。

### 1．中断使能控制类寄存器

（1）中断使能寄存器 IE（地址为 A8H）

中断使能寄存器 IE 的上电初始值为 0x00，各位定义如下：

| 位　号 | 7 | 6 | 5 | 4 | 3 | 2 | 1 | 0 |
|---|---|---|---|---|---|---|---|---|
| 符　号 | EA | EADC | ET2 | EUART | ET1 | EINT1 | ET0 | EINT0 |

① EA：中断使能的总控制位。0：关闭中断总控制位；1：打开中断总控制位。

② EADC：ADC 中断使能控制位。0：关闭 ADC 中断；1：允许 ADC 中断。

③ ET2：Timer2 中断使能控制位。0：关闭 Timer2 中断；1：允许 Timer2 中断。

④ EUART：UART0 中断使能控制位。0：关闭 UART0 中断；1：允许 UART0 中断。

⑤ ET1：Timer1 中断使能控制位。0：关闭 Timer1 中断；1：允许 Timer1 中断。

⑥ EINT1：外部中断 1 使能控制位。0：关闭 INT1 中断；1：允许 INT1 中断。

⑦ ET0：Timer0 中断使能控制位。0：关闭 TIMER0 中断；1：允许 TIMER0 中断。

⑧ EINT0：外部中断 0 使能控制位。0：关闭 INT0 中断；1：允许 INT0 中断。

（2）中断使能寄存器 1（IE1，地址为 A9H）

中断使能寄存器 IE1 的上电初始值为 0x00，各位定义如下：

| 位　号 | 7 | 6 | 5 | 4 | 3 | 2 | 1 | 0 |
|---|---|---|---|---|---|---|---|---|
| 符　号 | ET4 | ET3 | ECMP | ETK | EINT2 | EBTM | EPWM | ESSI0 |

① ET4：Timer4 中断使能控制位。0：关闭 Timer4 中断；1：允许 Timer4 中断。

② ET3：Timer3 中断使能控制位。0：关闭 Timer3 中断；1：允许 Timer3 中断。

③ ECMP：模拟比较器中断使能控制位。0：关闭模拟比较器中断；1：允许模拟比较器中断。

④ ETK：Touch Key 中断使能控制位。0：关闭 Touch Key 中断；1：允许 Touch Key 中断。

⑤ EINT2：外部中断 2 中断使能控制位。0：关闭 INT2 中断；1：允许 INT2 中断。

⑥ EBTM：BTM 中断使能控制位。0：关闭 Base Timer 中断；1：允许 Base Timer 中断。

⑦ EPWM：PWM 中断使能控制位。0：关闭 PWM 中断；1：允许 PWM 中断。

⑧ ESSI0：三合一串口 USCI0 中断使能控制位。0：关闭 USCI0 中断；1：允许 USCI0 中断。

（3）中断使能寄存器 2（IE2，地址为 AAH）

中断使能寄存器 IE2 的上电初始值为 xxxxxx00b，各位定义如下（其中，"–"对应的是保留位，下同）：

| 位　号 | 7 | 6 | 5 | 4 | 3 | 2 | 1 | 0 |
|---|---|---|---|---|---|---|---|---|
| 符　号 | – | – | – | – | – | – | ESSI2 | ESSI1 |

① ESSI2：三合一串口 USCI2 中断使能控制位。0：关闭 USCI2 中断；1：允许 USCI2 中断。

② ESSI1：三合一串口 USCI1 中断使能控制位。0：关闭 USCI1 中断；1：允许 USCI1 中断。

### 2．中断优先级控制类寄存器

（1）中断优先级控制寄存器 IP（地址为 B8H）

中断优先级控制寄存器 IP 的上电初始值为 x0000000b，各位定义如下：

| 位　号 | 7 | 6 | 5 | 4 | 3 | 2 | 1 | 0 |
|---|---|---|---|---|---|---|---|---|
| 符　号 | – | IPADC | IPT2 | IPUART | IPT1 | IPINT1 | IPT0 | IPINT0 |

① IPADC：ADC 中断优先级设置。0：低；1：高。

② IPT2：Timer2 中断优先级设置。0：低；1：高。

③ IPUART：UART0 中断优先级设置。0：低；1：高。

④ IPT1：Timer1 中断优先级设置。0：低；1：高。

⑤ IPINT1：INT1 计数器中断优先级设置。0：低；1：高。

⑥ IPT0：Timer0 中断优先级设置。0：低；1：高。

⑦ IPINT0：INT0 计数器中断优先级设置。0：低；1：高。

（2）中断优先级控制寄存器 IP1（地址为 B9H）

中断优先级控制寄存器 IP1 的上电初始值为 0x00，各位定义如下：

| 位　号 | 7 | 6 | 5 | 4 | 3 | 2 | 1 | 0 |
|---|---|---|---|---|---|---|---|---|
| 符　号 | IPT4 | IPT3 | IPCMP | IPTK | IPINT2 | IPBTM | IPPWM | IPSSI0 |

① IPT4：Timer4 中断优先级设置。0：低；1：高。

② IPT3：Timer3 中断优先级设置。0：低；1：高。

③ IPCMP：模拟比较器中断优先级设置。0：低；1：高。

④ IPTK：Touch Key 中断优先级设置。0：低；1：高。

⑤ IPINT2：INT2 计数器中断优先级设置。0：低；1：高。

⑥ IPBTM：Base Timer 中断优先级设置。0：低；1：高。

⑦ IPPWM：PWM 中断使能设置。0：低；1：高。

⑧ IPSSI0：三合一串口 USCI0 中断优先级设置。0：低；1：高。

（3）中断优先级控制寄存器 2（IP2，地址为 BAH）

中断优先级控制寄存器 IP2 的上电初始值为 xxxxxx00b，各位定义如下：

| 位　号 | 7 | 6 | 5 | 4 | 3 | 2 | 1 | 0 |
|---|---|---|---|---|---|---|---|---|
| 符　号 | – | – | – | – | – | – | IPSSI2 | IPSSI1 |

① IPSSI2：三合一串口 USCI2 中断优先级设置。0：低；1：高。

② IPSSI1：三合一串口 USCI1 中断优先级设置。0：低；1：高。

### 3．边沿控制寄存器

（1）INT0 下降沿中断控制寄存器 INT0F（地址为 B4H）

INT0 下降沿中断控制寄存器 INT0F 的上电初始值为 0000xxxxb，各位定义如下：

| 位　号 | 7 | 6 | 5 | 4 | 3 | 2 | 1 | 0 |
|---|---|---|---|---|---|---|---|---|
| 符　号 | INT0F7 | INT0F6 | INT0F5 | INT0F4 | – | – | – | – |

INT0F$n$（$n$=7,6,5,4）：INT0 下降沿中断控制。

0：INT0$n$ 下降沿中断关闭；1：INT0$n$ 下降沿中断使能。

（2）INT0 上升沿中断控制寄存器 INT0R（地址为 BBH）

INT0 上升沿中断控制寄存器 INT0R 的上电初始值为 0000xxxxb，各位定义如下：

| 位　号 | 7 | 6 | 5 | 4 | 3 | 2 | 1 | 0 |
|---|---|---|---|---|---|---|---|---|
| 符　号 | INT0R7 | INT0R6 | INT0R5 | INT0R4 | – | – | – | – |

INT0R$n$（$n$=7,6,5,4）：INT0 上升沿中断控制。

0：INT0$n$ 上升沿中断关闭；1：INT0$n$ 上升沿中断使能。

（3）INT1 下降沿中断控制寄存器 INT1F（地址为 BCH）

INT1 下降沿中断控制寄存器 INT1F 的上电初始值为 0x00，各位定义如下：

| 位　号 | 7 | 6 | 5 | 4 | 3 | 2 | 1 | 0 |
|---|---|---|---|---|---|---|---|---|
| 符　号 | INT1F7 | INT1F6 | INT1F5 | INT1F4 | INT1F3 | INT1F2 | INT1F1 | INT1F0 |

INT1F$n$（$n$=7,6,5,4,3,2,1,0）：INT1 下降沿中断控制。

0：INT1$n$ 下降沿中断关闭；1：INT1$n$ 下降沿中断使能。

（4）INT1 上升沿中断控制寄存器 INT1R（地址为 BDH）

INT1 上升沿中断控制寄存器 INT1R 的上电初始值为 0x00，各位定义如下：

| 位　号 | 7 | 6 | 5 | 4 | 3 | 2 | 1 | 0 |
|---|---|---|---|---|---|---|---|---|
| 符　号 | INT1R7 | INT1R6 | INT1R5 | INT1R4 | INT1R3 | INT1R2 | INT1R1 | INT1R0 |

INT1R$n$（$n$=7,6,5,4,3,2,1,0）：INT1 上升沿中断控制。

0：INT1$n$ 上升沿中断关闭；1：INT1$n$ 上升沿中断使能。

（5）INT2 下降沿中断控制寄存器 INT2F（地址为 BEH）

INT2 下降沿中断控制寄存器 INT2F 的上电初始值为 xxxx0000b，各位定义如下：

| 位　号 | 7 | 6 | 5 | 4 | 3 | 2 | 1 | 0 |
|---|---|---|---|---|---|---|---|---|
| 符　号 | – | – | – | – | INT2F3 | INT2F2 | INT2F1 | INT2F0 |

INT2F$n$（$n$=3,2,1,0）：INT2 下降沿中断控制。

0：INT2$n$ 下降沿中断关闭；1：INT2$n$ 下降沿中断使能。

（6）INT2 上升沿中断控制寄存器 INT2R（地址为 BFH）

INT2 上升沿中断控制寄存器 INT2R 的上电初始值为 xxxx0000b，各位定义如下：

| 位　号 | 7 | 6 | 5 | 4 | 3 | 2 | 1 | 0 |
|---|---|---|---|---|---|---|---|---|
| 符　号 | – | – | – | – | INT2R3 | INT2R2 | INT2R1 | INT2R0 |

INT2R$n$（$n$=3,2,1,0）：INT2 上升沿中断控制。

0：INT2$n$ 上升沿中断关闭；1：INT2$n$ 上升沿中断使能。

其他与中断源有关的中断标志位的介绍分散到相关章节中，请读者参考。

## 4.3　外部中断的使用举例

使用外部中断时，按照下面的步骤进行外部中断的设置。

（1）设置对应 I/O 引脚的工作模式为输入模式（设置 P$x$CON 寄存器）。

（2）根据需要设置选用对应 I/O 引脚的上拉电阻（设置 P$x$PH 寄存器）。

（3）选择触发中断的边沿属性（由 INT$x$F 寄存器设置下降沿属性；由 INT$x$R 寄存器设置上升沿属性）。

（4）中断使能设置（设置 IE 寄存器或 IE1 寄存器的相关位）。

（5）中断优先级设置（设置 IP 寄存器或 IP1 寄存器的相关位）。

（6）使能 CPU 中断。

（7）编写相应的中断服务函数，实现所需功能。

下面以 INT1 为例说明外部中断的使用方法。

### 1．使用 C 语言直接操作寄存器的外部中断

【例 4-1】以 INT13（P4.3，INT1 的输入 3）作为外部中断输入，使用下降沿触发中断，每

按下一次按钮，将连接 P0.6 的指示灯状态翻转一次，其电路原理图如图 1-11(e)所示。

实现代码如下：

```
#include "sc95.h"
void main(void)
{
    P4CON&=0xf7;          //将 P4.3 设置为输入模式
    P4PH |= 0x08;         //中断 I/O 口 P4.3 设置为带上拉电阻
    P0CON|=0x40;          //将 P0.6 设置为强推挽输出模式
    P06=0;                //将 P0.6 设置为 0
    INT1F = 0x08 ;        //下降沿中断使能设置
    IE |= 0x04;           //中断使能设置，可以使用 EINT1=1 代替
    EA = 1;               //使能 CPU 中断
    while(1);
}
//INT1 中断服务函数
void INT1_ISR(void) interrupt  INT1_vector
{
    P06 = ～P06;
}
```

若将上述代码中的

```
INT1F = 0x08 ;        //下降沿中断使能设置
```

更换为

```
INT1R = 0x08 ;        //上升沿中断使能设置
```

则可以进行上升沿中断的检测。若同时设置 INT1F 寄存器和 INT1R 寄存器，则可以设置外部中断上升沿和下降沿均触发中断。请读者自行修改代码并进行测试。

### 2．使用固件库函数的外部中断

与外部中断有关的固件库函数如下：

（1）函数 EXTI_DeInit

函数原型：void EXTI_DeInit(EXTIx_Typedef INTx)。

作用：将外部中断 INTx 的相关寄存器复位至默认值。INTx 可以取如下值：

INT0：选择外部中断 0；INT1：选择外部中断 1；INT2：选择外部中断 2。

（2）函数 EXTI_SetExtInt0xTriggerMode

函数原型：void EXTI_SetExtInt0xTriggerMode(EXTI0x_Typedef INT0x, EXTI_TriggerMode_Typedef TriggerMode)。

作用：设置中断输入 INT0x 的触发边沿类型。输入参数 INT0x：选择外部中断的引脚。INT0x 可以取如下值：

INT04：将 P04 设置为外部中断 0 输入；INT05：将 P05 设置为外部中断 0 输入；

INT06：将 P06 设置为外部中断 0 输入；INT07：将 P07 设置为外部中断 0 输入。

输入参数 TriggerMode：选择中断触发方式，可以取如下值：

EXTI_TRIGGER_RISE_ONLY：外部中断触发方式为上升沿；

EXTI_TRIGGER_FALL_ONLY：外部中断触发方式为下降沿；

EXTI_TRIGGER_RISE_FALL：外部中断触发方式为上升沿与下降沿。

（3）函数 EXTI_SetExtInt1xTriggerMode

函数原型：void EXTI_SetExtInt1xTriggerMode(EXTI1x_Typedef INT1x, EXTI_TriggerMode_Typedef TriggerMode)。

作用：设置中断输入 INT1x 的触发边沿类型。

输入参数 INT1x：选择外部中断的引脚，可以取如下值：

INT10：将 P40 设置为外部中断 1 输入；

INT11：将 P41 设置为外部中断 1 输入；

INT12：将 P42 设置为外部中断 1 输入；

INT13：将 P43 设置为外部中断 1 输入；

INT14：将 P14 设置为外部中断 1 输入；

INT15：将 P15 设置为外部中断 1 输入；

INT16：将 P16 设置为外部中断 1 输入；

INT17：将 P17 设置为外部中断 1 输入。

输入参数 TriggerMode：选择中断触发方式，取值与 INT0_SetTriggerMode 函数中的取值相同。

（4）函数 EXTI_SetExtInt2xTriggerMode

函数原型：void EXTI_SetExtInt2xTriggerMode(EXTI2x_Typedef INT2x, EXTI_TriggerMode_Typedef TriggerMode)。

作用：设置中断输入 INT2x 的触发边沿类型。

输入参数 INT2x：选择外部中断的引脚，可以取如下值：

INT20：将 P20 设置为外部中断 2 输入；

INT21：将 P21 设置为外部中断 2 输入；

INT22：将 P22 设置为外部中断 2 输入；

INT23：将 P23 设置为外部中断 2 输入。

输入参数 TriggerMode：选择中断触发方式，取值与在 INT0_SetTriggerMode 函数中的取值相同。

（5）函数 EXTI_ITConfig

函数原型：void EXTI_ITConfig(EXTIx_Typedef INTx, FunctionalState NewState, PriorityStatus Priority)。

作用：外部中断使能和优先级设置。

输入参数 INTx：选择 INTx，可取值为 INT0、INT1 或 INT2。

输入参数 NewState：外部中断使能、关闭状态，可取值为 ENABLE 或 DISABLE。

输入参数 Priority：外部中断优先级，可取值为 HIGH 或 LOW。

【例 4-2】利用固件库函数实现【例 4-1】的功能。

**解：** 在利用固件库实现外部中断检测时，参照第 3 章介绍的方法，将 sc95f861x_exti.c 文件加入到 FWLib 组中。由于用到对 GPIO 的设置，因此同时将 sc95f861x_gpio.c 文件加入到 FWLib 组中。

实现代码如下：

```
#include "sc95f861x_gpio.h"
#include "sc95f861x_exti.h"

void main(void)
{
    //将 P0.6 设置为强推挽输出方式，显示状态用
    GPIO_Init(GPIO0, GPIO_PIN_6,GPIO_MODE_OUT_PP);
    //将 P4.3 设置为带上拉电阻的输入方式
    GPIO_Init(GPIO4,GPIO_PIN_3,GPIO_MODE_IN_PU);
    EXTI_DeInit(INT1);
    EXTI_SetExtInt1xTriggerMode(INT13,EXTI_TRIGGER_FALL_ONLY);
    EXTI_ITConfig(INT1,ENABLE,LOW);
    EnableInterrupts();
    while(1);
}
//INT1 中断服务函数
void INT1_ISR(void) interrupt  INT1_vector
{
    static unsigned char status=0;

    status=~status;
    if(status)
        GPIO_WriteHigh(GPIO0,GPIO_PIN_6);        //P0.6 输出高电平
    else
        GPIO_WriteLow(GPIO0,GPIO_PIN_6);         //P0.6 输出低电平
}
```

其他外部中断的使用方法与 INT1 的使用方法类似，只要设置相应的寄存器，并编写对应的中断服务函数（注意中断号的不同）。在使用固件库函数时，使用相应的函数即可。请读者自行实验。

从上述例子可以看出，使用固件库函数进行单片机的应用系统软件开发更加直观、易懂。

## 4.4  习题 4

1．什么是中断？

2．简述 SC95F8617 单片机的中断源及各中断的触发方式。

3．编写中断程序：使用 INT0 的输入 5 输入外部中断，上升沿和下降沿都可中断，上升沿中断时，P0.6 连接的 LED 灯熄灭，P0.7 连接的 LED 灯点亮；下降沿中断时，P0.6 连接的 LED 灯点亮，P0.7 连接的 LED 灯熄灭。

4．设计故障检测系统。当出现故障 1 时，线路上出现上升沿；当出现故障 2 时，线路 2 上出现下降沿；当出现故障 3 时，线路 3 上出现上升沿。当没发生故障时，线路 1 和线路 3 均为低电平，线路 2 为高电平。当发生故障时，相应的指示灯点亮。当故障消失后，指示灯熄灭。试用 SC95F8617 单片机实现该故障检测功能，画出电路原理图，并写出相应程序。

# 第 5 章
# 定时/计数器

在自动检测和控制系统中，常需要定时（或延时）检测和定时控制，或者对外界事件进行计数。在单片机应用系统中，可供选择的定时方法有以下三种。

（1）软件定时。软件定时依靠执行一个循环程序来实现。软件定时要完全占用 CPU，增加了 CPU 开销，因此软件定时的时间不宜太长。

（2）硬件定时。该方法的定时功能全部由硬件电路完成，不占用 CPU 时间，但需要通过改变电路的元件参数来调节定时时间，在使用控制上不够方便，同时增加了系统成本。

（3）可编程定时器定时。这种定时方法是通过对系统时钟脉冲的计数来实现的，由单片机内部集成的定时器完成。

SC95F8617 单片机内部集成了 5 个 16 位的通用定时/计数器 Timer0（简称 T0）、Timer1（简称 T1）、Timer2（简称 T2）、Timer3（简称 T3）和 Timer4（简称 T4），这些定时/计数器可以方便地用于定时控制、记录事件或用作分频器；T2 还具有可编程时钟输出功能，可用于给外部器件提供时钟。此外，T2 还可用作串行通信的波特率发生器。

## 5.1  定时/计数器概述

### 1. 定时/计数器的一般结构及工作原理

单片机定时/计数器的一般结构框如图 5-1 所示。

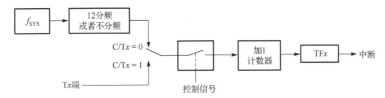

图 5-1  定时/计数器的一般结构框（x=0,1,2,3,4）

由图 5-1 可见，定时/计数器的核心是一个加 1 计数器，加 1 计数器的脉冲有两个来源，一个是外部脉冲源 T$x$，另一个是系统的时钟 $f_{SYS}$ 或其分频信号。计数器对两个脉冲源之一进行输入计数，每输入一个脉冲，计数值加 1。当计数到计数器为全 1 时，再输入一个脉冲就使计数值回零，同时从最高位溢出一个脉冲使溢出标志位 TF$x$ 置 1，该标志位作为计数器的溢出中断标志位。若定时/计数器工作于定时状态，则表示定时的时间到；若定时/计数器工作于计数状态，则表示计数回零。所以，加 1 计数器的基本功能是对输入脉冲进行计数，至于其工作于定时还是计数状态，取决于外接什么样的脉冲源。若脉冲源为系统时钟 $f_{SYS}$ 或其分频信号（等间隔脉冲序列），由于计数脉冲为一时间基准，因此脉冲数乘以脉冲间隔时间就是定时时间，则此时具有定时功能。若脉冲源为间隔不等的外部脉冲发生器，在 T$x$ 端有一个 1 到 0 的跳变时加 1，即外部事件的计数器，则此时具有计数功能。

图 5-1 中有两个模拟的位开关，前者决定定时/计数器的工作方式是定时还是计数。若开关与系统时钟连接则为定时；若开关与 T$x$ 端相接则为计数。后一个开关受控制信号的控制，它实际上决定了脉冲源能否加到计数器的输入端，即决定了加 1 计数器的开启与运行。在实际结构中，起着两个开关作用的是相关特殊功能寄存器的相应位。这些相关特殊功能寄存器是专门用于定时/计数器的控制寄存器，用户可用指令对其各位进行写入或更改操作，从而选择不同的工作方式（计数或定时）或启动时间，并可设置相应的控制条件。换句话说，定时/计数器是可编程的。

### 2．SC95F8617 单片机 CPU 和定时器关系

SC95F8617 单片机的 5 个 16 位通用定时/计数器 T0、T1、T2、T3 和 T4 分别由两个 8 位的特殊功能寄存器 TH$x$ 和 TL$x$ 组成（$x$=0,1,2,3,4）。SC95F8617 单片机的 CPU 和定时器相关特殊功能寄存器之间的关系框图如图 5-2 所示。

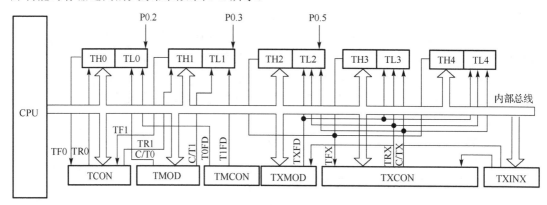

图 5-2　SC95F8617 单片机的 CPU 和定时器相关特殊功能寄存器之间的关系框图

TCON 用于启动 T0 和 T1（分别为 TR0 位和 TR1 位），并保存 T0 和 T1 的溢出标志位（分别为 TF0 位和 TF1 位）。TMOD 用于设置 T0 和 T1 的工作模式（C/T0 位和 C/T1 位及其他相关位）。当 T0 和 T1 作为定时器使用时，SC95F8617 单片机的定时器脉冲源可以选择是否进行 12 分频，T0 和 T1 分别由 TMCON 中的 T0FD 位和 T1FD 位进行设置。T2、T3 和 T4 共享工作模式寄存器 TXMOD 和控制寄存器 TXCON，具体 TXMOD 和 TXCON 用于哪个定时器，由控制寄存器指针 TXINX[2:0]确定。由 TXMOD 寄存器中的 TXFD 位选择 T2、T3 和 T4 的脉冲

源是否进行 12 分频；由 TXCON 中的 C/TX 位及其他相关位确定 T2、T3 和 T4 的工作方式；由 TXCON 中的 TRX 位启动或停止 T2、T3 和 T4；由 TXCON 中的 TFX 位保存 T2、T3 和 T4 的溢出状态。各个寄存器通过内部总线与 CPU 相连。

当 T0 作为计数器使用时，外部脉冲由 P0.2 输入；当 T1 作为计数器使用时，外部脉冲由 P0.3 输入；当 T2 作为计数器使用时，外部脉冲由 P0.5 输入。当外部输入引脚发生"1"到"0"的负跳变时，计数器加 1。

## 5.2　定时/计数器 T0 和 T1

### 5.2.1　定时/计数器 T0 和 T1 的工作模式

SC95F8617 单片机内部的 T0 和 T1 是两个 16 位定时/计数器，它们具有计数方式和定时方式两种功能。特殊功能寄存器 TMOD 中的 C/Tx 位用来选择 T0 和 T1 是定时器还是计数器。它们在本质上都是一个加法计数器，只是计数的来源不同。定时器的脉冲来源为系统时钟或者其分频时钟，计数器的脉冲来源为外部引脚的输入脉冲。只有当 TRx=1 时，T0 和 T1 才会被打开计数。

在计数器模式下，T0 的 P0.2 上和 T1 的输入引脚 P0.3 上每来一个脉冲，T0 和 T1 的计数值分别增加 1。

在定时器模式下，可通过特殊功能寄存器 TMCON 来选择 T0 和 T1 的计数来源是 $f_{SYS}/12$ 或 $f_{SYS}$（$f_{SYS}$ 为高精度高频振荡器 HRC 分频后生成的系统时钟）。

定时/计数器 T0 有 4 种工作模式，定时/计数器 T1 有 3 种工作模式（没有工作模式 3）。

（1）工作模式 0：13 位定时/计数器模式。

（2）工作模式 1：16 位定时/计数器模式。

（3）工作模式 2：8 位自动重载模式。

（4）工作模式 3：两个 8 位定时/计数器模式。

T0 的工作模式通过 TMOD 寄存器中的 M10 和 M00 两个位设置；T1 的工作模式通过 TMOD 寄存器中的 M11 和 M01 两个位设置。在实际应用中，T0 和 T1 的工作模式 1 完全可以满足需求，因此，下面以 T0 的工作模式 1 为例进行介绍，其他工作模式的介绍可参阅产品手册。

当 T0 工作于工作模式 1 时，TH0 寄存器存放 16 位计数值的高 8 位，TL0 寄存器存放 16 位计数值的低 8 位。当 16 位定时器/计数器递增溢出时，系统会将定时器溢出标志位 TF0 置 1。若 T0 中断允许，则会产生一个中断。T0 工作模式 1 的原理图如图 5-3 所示。

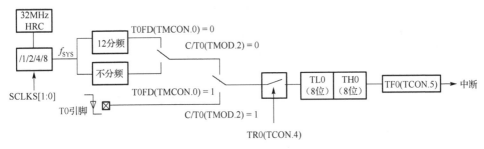

图 5-3　T0 工作模式 1 的原理图

C/T0 位选择定时/计数器的时钟输入源。若 C/T0=1，则 T0 输入引脚 T0(P0.2)的电平由高到低的变化，会使 T0 数据寄存器加 1；若 C/T0=0，则选择 HRC 的分频为 T0 的时钟源。单片机出厂时，HRC 在 5V、25℃条件下被精确地调校至 32MHz。SCLKS[1:0]用于确定分频系数。

当 TR0 置 1 时，打开 T0。TR0 置 1 并不强行复位定时器，意味着若 TR0 置 1，则定时器寄存器将从上次 TR0 清零时的值开始计数。所以，在允许定时器定时前，应该设定定时器寄存器的初始值。

当 T0 和 T1 作为定时器使用时，T0 和 T1 的速率分别由定时器频率控制寄存器（TMCON）中的 T0FD 和 T1FD 两个控制位决定，若 T0FD=0，则 T0 对时钟源 $f_{SYS}$ 进行 12 分频后再计数；若 T0FD=1，则 T0 对时钟源 $f_{SYS}$ 进行计数。同样，若 T1FD=0，则 T1 对时钟源 $f_{SYS}$ 进行 12 分频后再计数；若 T1FD=1，则 T1 对时钟源 $f_{SYS}$ 进行计数。

SC95F8617 单片机的 T1 的工作模式与 T0 的工作模式类似，在此不再赘述。

## 5.2.2 定时/计数器 T0 和 T1 的特殊功能寄存器

定时/计数器是一种可编程器部件，在开始工作之前，CPU 必须将一些命令（称为控制字）写入定时/计数器。将控制字写入定时/计数器的过程称为定时/计数器初始化。在初始化过程中，要将工作模式控制字写入模式寄存器，给定时/计数器赋初值，启动或停止定时/计数器。与定时/计数器相关的特殊功能寄存器有 TMOD、TCON、TMCON 等。其中，TMOD 用于控制定时/计数器的工作模式；TCON 用于控制 T0、T1 的启动和停止，并包含了定时/计数器的状态；TMCON 用于设置定时/计数器 T0、T1 的速度。

### 1. 定时器工作模式控制寄存器 TMOD（地址为 89H）

TMOD 的复位值为 x000x000b，各位定义如下：

| 位号 | 7 | 6 | 5 | 4 | 3 | 2 | 1 | 0 |
|---|---|---|---|---|---|---|---|---|
| 符号 | | T1 | | | | T0 | | |
| | – | C/T1 | M11 | M01 | – | C/T0 | M10 | M00 |

TMOD 分为高半字节和低半字节，分别用于设定 T1 和 T0，且这两部分是对称的。

（1）C/T1：T1 功能选择位，用于定时/计数器功能的选择。

0：定时器，T1 的计数脉冲来源为 $f_{SYS}$ 或其分频。

1：计数器，T1 的计数脉冲来源为外部引脚 T1/P0.3。

（2）M11 和 M01：T1 模式选择控制位。T1 的模式选择如表 5-1 所示。

表 5-1 T1 的模式选择

| M11 | M01 | 工 作 模 式 | 功 能 说 明 |
|---|---|---|---|
| 0 | 0 | 0 | 13 位定时/计数器，TL1 高 3 位无效 |
| 0 | 1 | 1 | 16 位定时/计数器，TL1 和 TH1 全用 |
| 1 | 0 | 2 | 8 位自动重载定时器，溢出时将 TH1 存放的值自动重装入 TL1 |
| 1 | 1 | 3 | 定时/计数器 1 无效（停止计数） |

（3）C/T0：T0 功能选择位，用于定时/计数器功能的选择。

0：定时器，T0 的计数脉冲来源为 $f_{SYS}$ 分频。

1：计数器，T0 的计数脉冲来源为外部引脚 T0/P0.2。

（4）M10 和 M00：T0 模式选择控制位。T0 的模式选择如表 5-2 所示。

表 5-2　T0 的模式选择

| M10 | M00 | 工作模式 | 功能说明 |
|---|---|---|---|
| 0 | 0 | 0 | 13 位定时器/计数器，TL0 高 3 位无效 |
| 0 | 1 | 1 | 16 位定时器/计数器，TL0 和 TH0 全用 |
| 1 | 0 | 2 | 8 位自动重载定时器，溢出时将 TH0 存放的值自动重装入 TL0 |
| 1 | 1 | 3 | T0 作为两个 8 位定时器/计数器。其中，TL0 作为一个 8 位定时器/计数器，通过 T0 的控制位对其进行控制；TH0 仅作为一个 8 位定时器，由 T1 的控制位对其进行控制 |

### 2．定时器控制寄存器 TCON（地址为 88H）

TCON 的复位值为 00000x0xb，各位定义如下：

| 位　号 | 7 | 6 | 5 | 4 | 3 | 2 | 1 | 0 |
|---|---|---|---|---|---|---|---|---|
| 符　号 | TF1 | TR1 | TF0 | TR0 | IE1 | － | IE0 | － |

（1）TF1：T1 溢出中断标志。当 T1 溢出时，由内部硬件将该位置位，当单片机转向中断服务程序时，由内部硬件将该位清除。

（2）TR1：T1 运行控制位。1：启动 T1；0：停止 T1。

（3）TF0：T0 溢出中断标志。当 T0 溢出时由内部硬件将该位置位，当单片机进入中断服务程序时，由内部硬件将该位清除。

（4）TR0：T0 运行控制位。1：启动 T0；0：停止 T0。

（5）IE1（TCON.3）和 IE0（TCON.0）与外部中断有关。

### 3．定时器频率控制寄存器 TMCON（地址为 8EH）

TMCON 的复位值为 00xxxx00b，各位定义如下：

| 位　号 | 7 | 6 | 5 | 4 | 3 | 2 | 1 | 0 |
|---|---|---|---|---|---|---|---|---|
| 符　号 | USMD2[1:0] | | － | － | － | － | T1FD | T0FD |

（1）T1FD：T1 输入频率选择控制。0：T1 频率源为 $f_{SYS}/12$；1：T1 频率源为 $f_{SYS}$。

（2）T0FD：T0 输入频率选择控制。0：T0 频率源为 $f_{SYS}/12$；1：T0 频率源为 $f_{SYS}$。

### 4．Code Option 寄存器 0（OP_CTM0，地址为 C1H）

Code Option 寄存器 0 的各位定义如下：

| 位　号 | 7 | 6 | 5 | 4 | 3 | 2 | 1 | 0 |
|---|---|---|---|---|---|---|---|---|
| 符　号 | ENWDT | ENXTL | SCLKS[1:0] | | DISRST | DISLVR | LVRS[1:0] | |

其中，SCLKS[1:0]为系统时钟频率选择。00：系统时钟频率 $f_{SYS}$ 为高频振荡器频率 HRC 除以 1；01：系统时钟频率 $f_{SYS}$ 为高频振荡器频率 HRC 除以 2；10：系统时钟频率 $f_{SYS}$ 为高频

振荡器频率 HRC 除以 4；11：系统时钟频率 $f_{SYS}$ 为高频振荡器频率 HRC 除以 8。

Option 相关特殊功能寄存器的读/写操作由 OPINX 和 OPREG 两个寄存器进行控制，各个 Option 相关特殊功能寄存器的具体位置由 OPINX 确定，其写入值由 OPREG 确定。

| 符　号 | 地　　址 | 说　　明 | | 上电初始值 |
|---|---|---|---|---|
| OPINX | FEH | Option 指针 | OPINX[7:0] | 00000000b |
| OPREG | FFH | Option 寄存器 | OPREG[7:0] | xxxxxxxxb |

在操作 Option 相关特殊功能寄存器时，OPINX 存放相关 OPTION 的地址，OPREG 存放对应的值。

例如：若设置系统时钟频率 $f_{SYS}$ 为高频振荡器 HRC 频率除以 8，则具体操作方法如下：

```
OPINX = 0xC1;        //将 OP_CTM0 的地址写入 OPINX 寄存器
OPREG |= 0x30;       //将 SCLKS[1:0]设置为 11b
```

该寄存器的内容也可以在下载程序时，从"烧录 Option 信息"对话框对应的选项中进行设置，如图 1-23 所示，优先以代码设置为准。

除上述寄存器外，还有各个定时器的重装载寄存器，这些寄存器复位值均为 0x00，包括 T0 重装值寄存器高字节 TH0（地址为 8CH）、T0 重装值寄存器低字节 TL0（地址为 8AH）、T1 重装值寄存器高字节 TH1（地址为 8DH）、T1 重装值寄存器低字节 TL1（地址为 8BH）。

另外，还有与中断有关的寄存器，包括中断使能寄存器 IE 和中断优先级控制寄存器 IP，请参见第 4 章的详细介绍。

### 5.2.3　定时/计数器的量程扩展

单片机中提供的定时/计数器可以让用户很方便地实现定时和对外部事件计数等功能。但是在实际应用中，需要定时的时间或计数值往往超过定时/计数器本身的定时或计数的量程，特别是在单片机的系统时钟频率较高时，其定时量程就更为有限。为了满足功能要求，需要对单片机的定时、计数量程进行扩展。定时量程与计数量程扩展的方法相同，在此主要对定时量程的扩展进行讨论，计数量程的扩展可参考定时量程扩展的方法进行。

#### 1．定时器的量程

当定时/计数器工作于定时模式时，定时/计数器的计数脉冲是系统时钟 $f_{SYS}$ 或者 $f_{SYS}/12$。假设 HRC 的频率为 32MHz，$f_{SYS}$ 取 HRC 的 8 分频，然后再将 $f_{SYS}$ 12 分频，则

$$1 \text{ 个计数周期 } T_p = \frac{1}{32 \div 8 \div 12} = 3\mu s$$

定时时间为 $T_c = XT_p$。其中，$T_p$ 为计数周期，$T_c$ 为定时时间。

16 位定时器的最大计数值为 $2^{16}$，因此，当 HRC 时钟频率为 32MHz 时，定时器的量程为

$$T_c = 2^{16} \times 3\mu s = 196608\mu s = 196.608ms$$

由于定时/计数器是加 1 计数器，因此计数/定时器的初值应为

$$N = M - \frac{T_c}{T_p}$$

其中，$M = 2^n$，$n$ 为定时器的位数，$T_p$ 为计数周期，$T_c$ 为定时时间。

例如：若 $T_p = 3\mu s$，要求定时 $T_c = 30ms$，则 $\dfrac{T_c}{T_p} = \dfrac{30ms}{3\mu s} = 10000$。则对 16 位的定时器，应装入的时间常数为 $2^{16} - 10000 = 55536$。

#### 2．定时器定时量程的扩展

在工程应用中，经常使用软件扩展的方法对定时器定时量程进行扩展。软件扩展方法就是在定时器中断服务程序中对定时器中断请求进行计数，当中断请求的次数达到要求的值时，才进行相应的处理。例如，某事件的处理周期为 1s，由于受到最长定时时间的限制，无法一次完成定时，此时可以将定时器的定时时间设为以 10ms 为一个单位，启动定时器后的每一次定时器溢出中断产生 10ms 的定时，进入中断服务程序后，对定时器的中断次数进行统计，每 100 次定时器溢出中断进行一次事件的处理，然后以同样的方式进入下一个周期的事件处理。

### 5.2.4　定时/计数器 T0 和 T1 的应用举例

定时/计数器的应用编程主要有两个方面：一是正确初始化，包括写入控制字，进行时间常数的计算并装入；二是中断服务程序的编写，即在中断服务程序中编写实现需要定时完成的任务代码。一般情况下，定时/计数器初始化部分的步骤大致如下：

（1）设置分频方式，即设置 TMCON 中的 T$n$FD 位（$n=0$ 或 1，下同）；

（2）设置工作模式，将控制字写入模式寄存器 TMOD；

（3）把定时/计数器的初值装入 TL$n$、TH$n$ 寄存器；

（4）置位 ET$n$ 允许定时/计数器中断（使用中断时需要）；

（5）置位 TR$n$ 以启动定时/计数器；

（6）置位 EA 使 CPU 开放中断（使用中断时需要）。

#### 1．利用 C 语言直接操作相关寄存器进行定时/计数器 T0 和 T1 的应用设计

下面举例说明，如何利用 C 语言直接操作寄存器的方法进行定时器的应用设计。

【例 5-1】利用 T0 进行定时，每隔 0.5s 将 P0.6 的状态取反。

**解**：HRC 的频率为 32MHz，假设 $f_{SYS}$ 取 HRC 的 8 分频，将定时器分频设置为不分频，则一个计数周期为

$$T_p = \frac{1}{32 \div 8} = 0.25\mu s$$

若定时 10ms 中断一次，取 T0 的工作模式 1（16 位工作模式），则需要装入的时间常数为

$$2^{16} - 10000/0.25 = 65536 - 40000 = 25536$$

将该结果转换为十六进制数为 63C0H。

当中断次数达到 50 次时，即 500ms（0.5s）时间到，可以将 P0.6 取反。实现代码如下：

```
#include "sc95.h"
#define ReloadL (65536 - 40000)%256
#define ReloadH (65536 - 40000)/256
void main(void)
```

```
{
    P0CON|=0x40;              //将 P0.6 口线设置为强推挽输出模式
    //T0 设置
    OPINX = 0xC1;             //将 OP_CTM0 的地址写入 OPINX 寄存器
    OPREG |= 0x30;            //将 SCLKS[1:0] 设置为 11b,设置系统时钟为高频时钟/8
    TMCON = 0x01;             //T0 选择时钟 f_SYS
    TMOD = 0x01;              //设置 T0 工作模式 1,定时方式
    TL0 = ReloadL;            //溢出时间:时钟为 f_SYS,则 40000×(1/f_SYS)=10ms
    TH0 = ReloadH;
    ET0 = 1;                  //T0 中断允许
    TR0 = 1;                  //启动 T0
    EA = 1;                   //允许 CPU 中断
    while(1);
}
void T0_ISR(void) interrupt T0_vector
{
    static unsigned char t0cnt=50;

    TL0 = ReloadL;            //重新装入时间常数
    TH0 = ReloadH;
    t0cnt--;
    if(t0cnt==0)
    {
        t0cnt=50;             //恢复中断次数计数初值
        P06 = ~P06;
    }
}
```

请读者自行将上述例题的 T0 改为 T1 进行实验。

### 2. 利用固件库函数进行 T0 和 T1 的应用设计

利用固件库函数对 T0 和 T1 进行设计,首先介绍与 T0 和 T1 相关的固件库函数。T0 的固件库函数如下:

(1) 函数 TIM0_DeInit:将 TIM0 相关寄存器复位至默认值。

函数原型:void TIM0_DeInit(void)。

(2) 函数 TIM0_TimeBaseInit:TIM0 基本设置。

函数原型:void TIM0_TimeBaseInit(TIM_PresSel_TypeDef TIM_PrescalerSelection,
TIM_CountMode_TypeDef TIM_CountMode)。

输入参数 TIM_PrescalerSelection:预分频选择,可取如下值:

TIM_PRESSEL_FSYS_D12:TIMER 计数源来自系统时钟 12 分频。

TIM_PRESSEL_FSYS_D1:TIMER 计数源来自系统时钟。

输入参数 TIM_CountMode:计数/定时器的模式选择,可取如下值:

TIM_MODE_TIMER：TIMER 作为定时器。

TIM_MODE_COUNTER：TIMER 作为计数器。

（3）函数 TIM0_WorkMode0Config：TIM0 工作模式 0 配置。

函数原型：void TIM0_WorkMode0Config(uint16_t TIM0_SetCounter)。

输入参数 TIM0_SetCounter：TIM0 计数初值。

（4）函数 TIM0_WorkMode1Config，与函数 TIM0_WorkMode0Config 类似。

函数原型：void TIM0_WorkMode1Config(uint16_t TIM0_SetCounter)。

（5）函数 TIM0_WorkMode2Config，与函数 TIM0_WorkMode0Config 类似。

函数原型：void TIM0_WorkMode2Config(uint8_t TIM0_SetCounter)。

（6）函数 TIM0_WorkMode3Config，与函数 TIM0_WorkMode0Config 类似。

函数原型：void TIM0_WorkMode3Config(uint8_t TIM0_SetCounter, uint8_t TIM1_SetCounter)。

输入参数 TIM0_SetCounter：TIM0 初值设置。

输入参数 TIM1_SetCounter：TIM1 初值设置。

（7）函数 TIM0_Mode0SetReloadCounter：设置 TIMER0 工作模式 0 计数重载值。

函数原型：void TIM0_Mode0SetReloadCounter(uint16_t TIM0_SetCounter)。

输入参数 TIM0_SetCounter：TIM0 计数重载值。

（8）函数 TIM0_Mode1SetReloadCounter，与函数 TIM0_Mode0SetReloadCounter 类似。

函数原型：void TIM0_Mode1SetReloadCounter(uint16_t TIM0_SetCounter)。

（9）函数 TIM0_Cmd：TIM0 使能或关闭。

函数原型：void TIM0_Cmd(FunctionalState NewState)。

输入参数 NewState：TIM0 使能或关闭，可取 ENABLE 或者 DISABLE。

（10）函数 TIM0_ITConfig：TIM0 中断设置。

函数原型：void TIM0_ITConfig(FunctionalState NewState, PriorityStatus Priority)。

输入参数 NewState：中断使能或关闭，可取 ENABLE 或者 DISABLE。

输入参数 Priority：中断优先级设置，可取 HIGH 或者 LOW。

（11）函数 TIM0_GetFlagStatus：获得 TIM0 中断标志状态位。

函数原型：FlagStatus TIM0_GetFlagStatus(void)。

返回值 FlagStatus：中断标志状态位，SET 或者 RESET。

（12）函数 TIM0_ClearFlag：用于清除 TIM0 中断标志位。

函数原型：void TIM0_ClearFlag(void)。

T1 除没有工作模式 3 外，T1 的固件库函数与 T0 的固件库函数完全对称，将名称中的 TIM0 更换为 TIM1 就变成了 T1 的固件库函数。

【例 5-2】利用固件库函数实现 T1 的定时功能，每隔 0.5s 将 P0.6 的状态取反。

解：参照第 3 章介绍的方法，即将 sc95f861x_timer1.c 文件加入到 FWLib 组中。由于用到对 GPIO 的设置，因此，同时将 sc95f861x_gpio.c 文件加入到 FWLib 组中。为了设置系统时钟频率，需要调用设置系统时钟频率固件库函数，将 sc95f861x_option.c 文件加入到 FWLib 组中。实现代码如下：

```
#include "sc95f861x_gpio.h"
#include "sc95f861x_timer.h"
#include "sc95f861x_option.h"
#define Reload (65536 - 40000)                    //10ms 的重装载值
void main(void)
{
    //将 P0.6 设置为强推挽输出模式
    GPIO_Init(GPIO0, GPIO_PIN_6,GPIO_MODE_OUT_PP);
    OPTION_SYSCLK_Init(SYSCLK_PRESSEL_FOSC_D8); //设置系统时钟为高频时钟/8
    TIM1_DeInit();                                //复位 T1 相关寄存器
    //T1 基本设置
    TIM1_TimeBaseInit(TIM_PRESSEL_FSYS_D1,TIM_MODE_TIMER);
    TIM1_WorkMode1Config(Reload);                 //T1 工作模式 1 的设置
    TIM1_ITConfig(ENABLE,HIGH);                   //T1 中断设置
    TIM1_Cmd(ENABLE);                             //启动 T1
    EnableInterrupts();                           //开放 CPU 中断
    while(1);
}
void T1_ISR(void) interrupt T1_vector
{
    static unsigned char t1cnt=50,status=0;

    TIM1_Mode1SetReloadCounter(Reload);           //重新装载初值
    t1cnt--;
    if(t1cnt==0)
    {
        t1cnt=50;                                 //回复中断次数计数初值
        status=1-status;
        if(status)
            GPIO_WriteHigh(GPIO0, GPIO_PIN_6);
        else
            GPIO_WriteLow(GPIO0, GPIO_PIN_6);
    }
}
```

## 5.3  定时/计数器 T2、T3 与 T4

SC95F8617 单片机内部的定时/计数器 T2、T3 与 T4 是三个独立的定时/计数器，其中 T2 有 4 种工作模式，T3 和 T4 各有 1 种工作模式。定时/计数器 T2、T3 和 T4 共享工作模式寄存器 TXMOD 和控制寄存器 TXCON，具体 TXMOD 和 TXCON 用于哪个定时/计数器，由控制寄存器指针 TXINX[2:0]确定。

## 5.3.1  定时/计数器 T2、T3 与 T4 的工作模式

### 1. T2 的工作模式

T2 具有计数方式和定时方式两种功能。控制寄存器 TXCON 中的 C/TX 位用来选择 T2 是用作定时器还是计数器。它们本质上都是一个加法计数器，只是计数的脉冲来源不同。定时器的脉冲来源为系统时钟 $f_{SYS}$ 或者其分频时钟，计数器的脉冲来源为外部引脚 T2（P0.5）的输入脉冲。TRX 是计数的开关控制，只有当 TRX=1 时，T2 才会被打开计数。

T2 在计数器模式下，其引脚上的每来一个脉冲，T2 的计数值就增加 1。T2 在定时器模式下，设置 TXFD（TXMOD.7）选择 T2 的计数来源是 $f_{SYS}/12$ 或 $f_{SYS}$。

T2 的工作模式与配置方式如表 5-3 所示。

表 5-3  T2 的工作模式与配置方式

| C/TX | TXOE | DCXEN | TRX | CP/RLX | RCLKX | TCLKX | | 工 作 模 式 |
|---|---|---|---|---|---|---|---|---|
| X | 0 | X | 1 | 1 | 0 | 0 | 0 | 16 位捕获 |
| X | 0 | 0 | 1 | 0 | 0 | 0 | 1 | 16 位自动重载定时器 |
| X | 0 | 1 | 1 | 0 | 0 | 0 | | |
| X | 0 | X | 1 | X | 1 | X | 2 | 波特率发生器 |
| | | | | | X | 1 | | |
| 0 | 1 | X | 1 | X | 0 | 0 | 3 | 只用于可编程时钟 |
| | | | | | 1 | X | 3 | 带波特率发生器的可编程时钟输出 |
| | | | | | X | 1 | | |
| X | X | X | 0 | X | X | X | X | T2 停止，T2EX 通路仍旧允许 |
| 1 | 1 | X | 1 | X | X | X | | 不推荐使用 |

T2 具有以下 4 种工作模式。

（1）工作模式 0：16 位捕获模式

在捕获方式中，寄存器 TXCON 的 EXENX 位有以下两个选项。

若 EXENX=0，则 T2 作为 16 位定时器或计数器，不能自动装载。若 ET2 置 1 并且 EA 置 1，则 T2 在溢出时将置位 TFX，并产生中断。

若 EXENX=1，则 T2 执行相同操作，但是在外部输入 T2EX 的下降沿也能引起 THX 和 TLX 的当前值被分别捕获到 RCAPXH 和 RCAPXL 中。此外，T2EX 的下降沿也能引起在 TXCON 中的 EXFX 置 1。若 ET2 被置 1，则 EXFX 位也会像 TFX 位一样，触发中断。

T2 工作模式 0 的结构图如图 5-4 所示。

（2）工作模式 1：16 位自动重载定时器模式

在 16 位自动重载模式下，可以将 T2 设置为递增计数器或递减计数器，这个功能通过 TXMOD 中的 DCXEN 位（递减计数允许）进行选择。系统复位后，DCXEN 位复位值为 0，T2 默认递增计数。当 DCXEN 置 1 时，T2 递增计数或递减计数取决于 T2EX 引脚上的电平。

若 DCXEN=0，则通过在 TXCON 中的 EXENX 位选择以下两个选项：

若 EXENX=0，则 T2 递增到 0xFFFF 溢出后，TFX 位置 1，同时定时器自动将寄存器 RCAPXH 和 RCAPXL 的 16 位值装入 THX 和 TLX 寄存器。

若 EXENX=1，则溢出或 T2EX 上的下降沿都能触发一个 16 位重载，EXFX 位置 1。若 ET2 置 1 并且 EA 置 1，则 TFX 位和 EXFX 位都能产生中断。

当 DCEN=0 时，T2 工作模式 1 的结构图如图 5-5 所示。

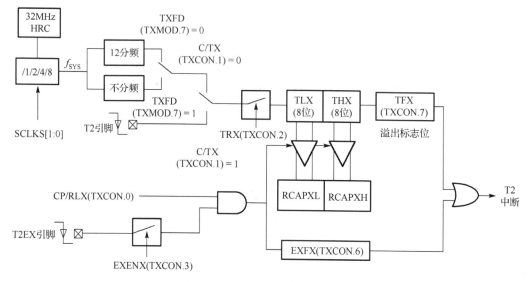

图 5-4　T2 工作模式 0 的结构图

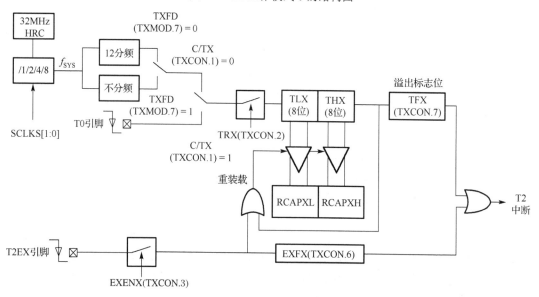

图 5-5　当 DCEN=0 时，T2 工作模式 1 的结构图

设置 DCEN 位允许 T2 递增计数或递减计数。当 DCEN=1 时，T2EX 引脚控制计数的方向，而 EXENX 位控制无效。当 DCEN=1 时，T2 工作模式 1 的结构图如图 5-6 所示。

T2EX 置 1 可使 T2 递增计数。T2 向上计数，计数到 0xFFFF 后，下一个脉冲将溢出，并置位 TFX。溢出信号也将使得 RCAPXH 和 RCAPXL 中的 16 位值重新载入定时器的寄存器中。

T2EX 置 0 可使 T2 递减计数。当 THX 和 TLX 的值等于 RCAPXH 和 RCAPXL 的值时，定时器溢出，并置位 TFX，同时将 0xFFFF 重载入定时器的寄存器中。

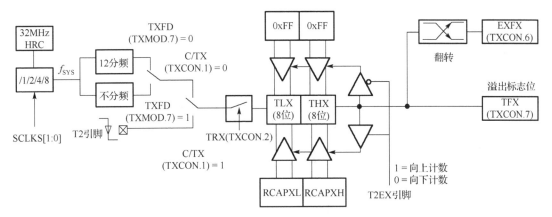

图 5-6 当 DCEN=1 时，T2 工作模式 1 的结构图

无论 T2 是否溢出，EXFX 位都被用作结果的第 17 位。在此工作方式下，EXFX 不作为中断标志位。

（3）工作模式 2：波特率发生器模式

用户可以通过设置 TXCON 寄存器中的 TCLKX 和/或 RCLKX 选择 T2 作为波特率发生器。接收器和发送器的波特率发生器可以不同。例如，若 T2 作为接收器的波特率发生器，则 T1 相应的作为发送器的波特率发生器，反之亦然。接收器和发送器也可以选择相同的波特率发生器 T1 或 T2。

设置 TXCON 寄存器中的 TCLKX 和/或 RCLKX 使 T2 进入波特率发生器模式，该模式与自动重载模式相似。T2 的溢出会使 RCAPXH 和 RCAPXL 寄存器中的值重载入 T2 计数，但不会产生中断。

若 EXENX 被置 1，则在 T2EX 引脚上的下降沿会置位 EXFX，但不会引起重载。因此当 T2 作为波特率发送器时，T2EX 可作为一个额外的外部中断。

当 UART0 方式 1 和方式 3 中的波特率由 T2 的溢出率确定时，波特率根据式（5-1）确定。

$$波特率 = \frac{f_{SYS}}{[RCAPXH, RCAPXL]} \tag{5-1}$$

注意：[RCAPXH,RCAPXL] 必须大于 0x0010。

T2 作为波特率发生器的结构图如图 5-7 所示。

（4）工作模式 3：可编程时钟输出模式

若设置 C/TX= 0 并且 TXOE = 1，则将使能 T2 作为时钟发生器的工作模式。在这种模式中，T2（P0.5）可以编程为输出 50%的占空比的时钟。T2 溢出不产生中断，T2 端口作为时钟输出。输出频率为：

$$时钟输出频率 = \frac{f_{n2}}{(65536 - [RCAPXH, RCAPXL]) \times 4}$$

其中，$f_{n2}$ 为 T2 时钟频率。

$$当 TXFD=0 时，\quad f_{n2} = \frac{f_{SYS}}{12}$$

$$当 TXFD=1 时，\quad f_{n2} = f_{SYS}$$

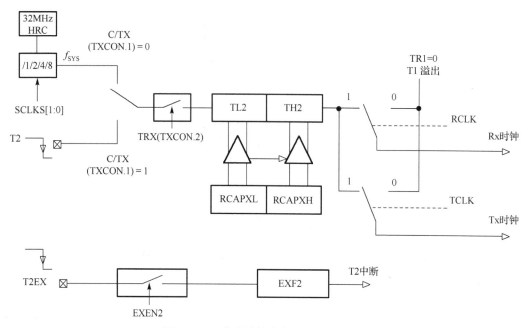

图 5-7　T2 作为波特率发生器的结构图

T2 可编程时钟输出模式的结构图如图 5-8 所示。

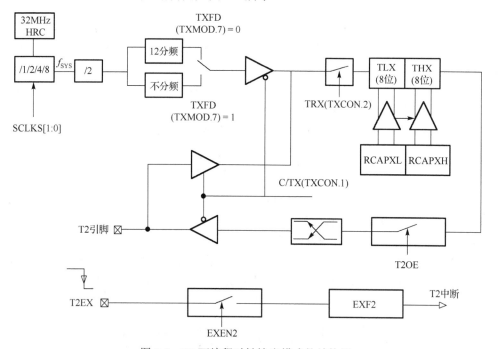

图 5-8　T2 可编程时钟输出模式的结构图

注意:

① TFX 和 EXFX 都能引起 T2 的中断请求, 两者有相同的向量地址;

② 当事件发生时或其他任何事件都能由软件设置 TFX 和 EXFX 为 1, 只有软件和硬件同

时复位才能将该位清零；

③ 当 EA=1 且 ET2=1 时，将 TFX 或 EXFX 设置为 1 能引起 T2 中断；

④ 当 T2 作为波特率发生器时，写入 THX/TLX 或 RCAPXH/RCAPXL 会影响波特率的准确性，引起通信出错。

### 2．T3 的工作模式

T3 作为定时器本质上是一个加法计数器，定时器的时钟来源为系统时钟 $f_{SYS}$ 或者其分频时钟。TRX 是 T3 计数的开关控制，只有在 TRX=1 时，T3 才会被打开计数。

可通过特殊功能寄存器 TXMOD.7（TXFD）来选择 T3 的计数来源是 $f_{SYS}/12$ 或 $f_{SYS}$。

T3 只有一种工作模式：16 位自动重载定时器模式。在这种工作模式中，T3 递增到 0xFFFF 后，再来一个脉冲，T3 将溢出，并置位 TFX，同时定时器自动将寄存器 RCAPXH 和 RCAPXL 的 16 位值装入寄存器 THX 和 TLX 中。

T3 的 16 位自动重载定时器模式结构图如图 5-9 所示。

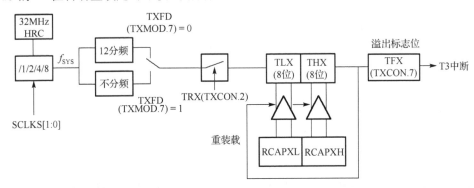

图 5-9　T3 的 16 位自动重载定时器模式结构图

注意：

① 当事件发生时或其他任何时间都能由软件将 TFX 设置为 1，只有软件及硬件同时复位才能将该位清零；

② 当 EA=1 且 ET3=1 时，设置 TFX 为 1，能引起 T3 中断。

### 3．T4 的工作模式

T4 作为定时器本质上是一个加法计数器，定时器的时钟来源为系统时钟 $f_{SYS}$ 或者其分频时钟。TRX 是 T4 计数的开关控制，只有当 TRX=1 时，T4 才会被打开计数。

可通过特殊功能寄存器 TXMOD 的 TXFD 位选择 T4 的计数来源是 $f_{SYS}/12$ 或 $f_{SYS}$。

T4 只有一种工作模式：16 位自动重载定时器模式。在这种模式中，T4 递增到 0xFFFF 后，再来一个脉冲，T4 将溢出，并置位 TFX，同时自动将寄存器 RCAPXH 和 RCAPXL 的 16 位值装入寄存器 THX 和 TLX 中。

T4 的 16 位自动重载定时器模式结构图如图 5-10 所示。

注意：

① 当事件发生时或其他任何时间都能由软件将 TFX 设置为 1，只有软件及硬件同时复位才能将该位清零；

② 当 EA=1 且 ET4=1 时，设置 TFX 为 1，能引起 T4 中断。

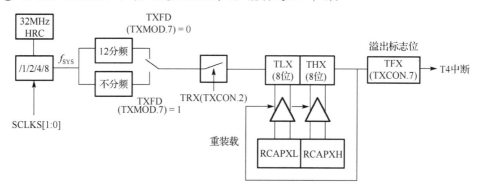

图 5-10　T4 的 16 位自动重载定时器模式结构图

## 5.3.2　定时/计数器 T2、T3 和 T4 的特殊功能寄存器

定时/计数器 T2、T3 和 T4 的控制寄存器共用同一组地址（C8H~CDH），用户可通过 TXINX[2:0]将 TIMERX 寄存器组(TXCON/TXMOD/RCAPXL/RCAPXH/TLX/THX)指向 T2、T3 和 T4，从而实现一组寄存器配置三个独立定时器的功能。

只有在 TXINX[2:0]配置成功后，TIMERX 寄存器组才会指向用户指定的 T2、T3 或者 T4，此时操作 TIMERX 寄存器组才是对相应定时器的有效操作。

在下面的描述中，符号中带有阴影的位只对 T2 有效，对 T3 和 T4 均无效。

### 1. T2、T3 和 T4 控制寄存器指针 TXINX（地址为 CEH）

T2、T3 和 T4 控制寄存器指针 TXINX 的复位值为 xxxxx010b，各位定义如下：

| 位　号 | 7 | 6 | 5 | 4 | 3 | 2 | 1 | 0 |
|---|---|---|---|---|---|---|---|---|
| 符　号 | – | – | – | – | – | TXINX[2:0] | | |

TXINX[2:0]：T2、T3 和 T4 控制寄存器指针。

010：TIMERX 寄存器组指向 T2；

011：TIMERX 寄存器组指向 T3；

100：TIMERX 寄存器组指向 T4；

其他：保留。

### 2. 定时器控制寄存器 TXCON（地址为 C8H）

TXCON 的复位值为 0x00，各位定义如下：

| 位　号 | 7 | 6 | 5 | 4 | 3 | 2 | 1 | 0 |
|---|---|---|---|---|---|---|---|---|
| 符　号 | TFX | EXFX | RCLKX | TCLKX | EXENX | TRX | C/TX | CP/RLX |

（1）TFX：T2、T3 和 T4 溢出标志位。

0：无溢出；

1：溢出（若 RCLK=0 且 TCLK=0，则由硬件置 1，且必须由软件清零）。

（2）EXFX：T2EX 引脚外部事件输入（下降沿）被检测到的标志位。

0：无外部事件输入；

1：检测到外部输入（若 EXENX=1，则由硬件置 1，且必须由软件清零）。

（3）RCLKX：UART0 接收时钟控制位。

0：T1 产生接收波特率（此时，T1 应工作于工作模式 2，并不允许中断）；

1：T2 产生接收波特率。

（4）TCLKX：UART0 发送时钟控制位。

0：T1 产生发送波特率（此时，T1 应工作于工作模式 2，并不允许中断）；

1：T2 产生发送波特率。

（5）EXENX：T2EX 引脚上的外部事件输入用作重载/捕获触发器允许/禁止控制。

0：忽略 T2EX 引脚上的事件；

1：当 T2 不作为 UART0 波特率时钟时，并且检测到 T2 引脚上一个下降沿，产生一个捕获或重载。

（6）TRX：T2、T3 和 T4 启动/停止控制位。

0：停止 T2、T3 和 T4；　　　　　　　　1：启动 T2、T3 和 T4。

（7）C/TX：T2 定时/计数器方式选定位。

0：定时器方式，T2 引脚用作 I/O 口；　　1：计数器方式。

（8）CP/RLX：捕获/重载方式选定位。

0：16 位带重载功能的定时/计数器；

1：16 位带捕获功能的定时/计数器，TXEX 为 T2 外部捕获信号输入口。

### 3. 定时器工作模式寄存器 TXMOD（地址为 C9H）

TXMOD 的复位值为 0xxxxx00b，各位定义如下：

| 位　号 | 7 | 6 | 5 | 4 | 3 | 2 | 1 | 0 |
|---|---|---|---|---|---|---|---|---|
| 符　号 | TXFD | – | – | – | – | – | TXOE | DCXEN |

（1）TXFD：T2、T3 和 T4 输入频率选择控制。

0：T2、T3 和 T4 的频率源自 $f_{SYS}/12$；　　1：T2、T3 和 T4 频率源自 $f_{SYS}$。

（2）TXOE：T2 时钟输出允许位。

0：设置 T2 作为时钟输入或 I/O 口；　　1：设置 T2 作为时钟输出。

（3）DCXEN：递减计数允许位。

0：禁止 T2 作为递增/递减计数器，T2 仅作为递增计数器；

1：允许 T2 作为递增/递减计数器。

除上述寄存器外，还有 T2、T3 和 T4 重载寄存器低 8 位 RCAPXL（地址为 CAH），T2、T3 和 T4 重载寄存器高 8 位 RCAPXH（地址为 CBH），T2、T3 和 T4 寄存器低字节 TLX（地址为 CCH）和 T2、T3 和 T4 寄存器高字节 THX（地址为 CDH）。另外，还有与中断有关的寄存器，包括：中断使能寄存器 IE、IE1 和中断优先级控制寄存器 IP、IP1，请参见第 4 章的详细介绍。

## 5.3.3　定时/计数器 T2、T3 和 T4 的编程举例

在 T2、T3 和 T4 的应用中，也经常涉及到量程扩展的问题，其扩展方法与 T0 和 T1 的扩

展方法类似。T2、T3 和 T4 的应用编程主要有两点：一是正确初始化，包括写入控制字，进行时间常数的计算并装入；二是中断服务程序的编写，即在中断服务程序中编写实现需要定时完成的任务代码。一般情况下，T2、T3 和 T4 初始化部分的步骤大致如下：

（1）设置 TXINX，选定要使用的定时器；

（2）设置 TXMOD，选定时钟分频系数；

（3）设置 TXCON，设置工作模式；

（4）把定时/计数器初值装入 TLX、THX 和 RCAPXH、RCAPXL 寄存器中；

（5）置位 TRX 以启动定时/计数器；

（6）置位 ETX 允许定时/计数器中断（若使用中断模式）；

（7）置位 EA 使 CPU 开放中断（若使用中断模式）。

### 1. 利用 C 语言直接操作寄存器的方法使用 T2、T3 和 T4

【例 5-3】使用 T2 定时，要求每隔 0.5s，将 P0.6 取反一次。

**解：** 在编写 T2 功能程序代码时，首先设置寄存器 TXINX 选定对 T2 进行操作，然后设置 TXCON 和 TXMOD，再设置重装时间常数（THX、TLX 和 RCAPXH、RCAPXL 要都进行设置），特别要设置开 T2 中断，启动 T2，开 CPU 中断。由于选用 T2 工作在 16 位自动装载模式，因此，在中断服务函数中，不需要对时间常数重新装入。但是，应该注意，溢出标志位 TFX 不会自动清零，因此，需要在中断函数中将 TFX 清零。程序代码如下：

```
#include "sc95.h"
#define ReloadL (65536 - 40000)%256
#define ReloadH (65536 - 40000)/256
void main(void)
{
    P0CON=0x40;            //将 P0.6 口线设置为强推挽输出模式
    OPINX = 0xC1;          //将 OP_CTM0 的地址写入 OPINX 寄存器
    OPREG |= 0x30;         //将 SCLKS[1:0]设置为 11b，设置系统时钟为高频时钟/8
    //相当于 f_SYS 在烧录信息选项中选择 f_OSC/8
    //T2 设置
    TXINX = 0x02;          //选择 T2
    TXCON = 0x00;          //T2 定时器模式(模式 1:16 位自动装载方式)
    TXMOD = 0x80;          //时钟为 f_SYS，DCXEN=0(递增计数)
    TLX = ReloadL;         //溢出时间：40000×(1/f_SYS)=10ms
    THX = ReloadH;
    RCAPXH = ReloadH;      //重装时间常数（一定要设置）
    RCAPXL = ReloadL;
    ET2 = 1;
    TRX = 1;               //启动 T2
    EA=1;
    while(1);
}
void T2_ISR(void) interrupt T2_vector
{
    static unsigned char t2cnt=50;
```

```
        TFX=0;                      //软件清零标志位
        t2cnt--;
        if(t2cnt==0)
        {
            t2cnt=50;               //回复中断次数计数初值
            P06 = ～P06;
        }
    }
```

**【例 5-4】** T2 工作于 16 位捕获模式的实例。

**解：** 由 T2 的工作模式可知，在 16 位捕获模式中，TXCON 的 EXENX 位有以下两个选项。

（1）当 EXENX = 0 时，T2 作为 16 位定时器或计数器。编程实现每隔 0.5s，将 P0.6 取反一次。实现代码如下：

```
#include "sc95.h"
#define ReloadL (65536 - 40000)%256
#define ReloadH (65536 - 40000)/256
void main(void)
{
    P0CON=0x40;                 //将 P0.6 口线设置为强推挽输出模式
    OPINX = 0xC1;               //将 OP_CTM0 的地址写入 OPINX 寄存器
    OPREG |= 0x30;              //将 SCLKS[1:0]设置为 11b,设置系统时钟为高频时钟/8
    //相当于 fSYS 在烧录信息选项中选择 fosc/8
    //设置 T2
    TXINX = 0x02;               //选择 T2
    TXCON = 0x01;               //EXENX=0,CP/RLX=1(使能 16 位捕获模式)
    TXMOD = 0x80;               //时钟为 fSYS, DCXEN=0(递增计数)
    TLX = ReloadL;              //溢出时间: 40000×(1/fSYS)=10ms;
    THX = ReloadH;
    ET2 = 1;
    TRX = 1;                    //启动 T2
    EA=1;
    while(1);
}
void T2_ISR(void) interrupt T2_vector
{
    static unsigned char t2cnt=50;

    TLX = ReloadL;              //重新装载初值
    THX = ReloadH;
    if((TXCON & 0x80))
    {
        TXCON &= ～0X80;//清除标志位
        t2cnt--;
        if(t2cnt==0)
        {
            t2cnt=50;
            P06 = ～P06;
```

```
        }
    }
}
```

（2）当 EXENX = 1 时，在外部输入 T2EX 上的下降沿能引起在 THX 和 TLX 中的当前值分别被捕获到 RCAPXH 和 RCAPXL 中，在 T2EX 上的下降沿也能引起 TXCON 中的 EXFX 位被设置。如果 ET2 被允许，EXFX 位也像 TFX 一样也产生一个中断。

例如，利用 T0 定时，通过 P0.5 输出 10ms 的时钟脉冲，测量第 10 个下降沿到第 11 个下降沿的计数值并利用 P0.6 输出指示。对应的电路如图 5-11 所示。

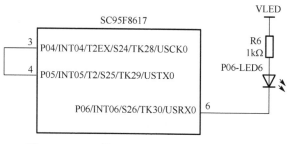

图 5-11　T2 工作于 16 位捕获模式的测试电路

测试代码如下：

```
#include "sc95.h"
void main(void)
{
    P0CON=0x40;                //将 P0.6 口线设置为强推挽输出模式
    //T0 设置
    TMOD |= 0x01;              //0000 0001;设置 T0 工作模式 1
    TMCON=0x01;
    //溢出时间：时钟为 f_SYS，则 40000×(1/f_SYS)=10ms;
    TL0 = (65536 - 40000)%256;
    TH0 = (65536 - 40000)/256;
    ET0 = 1;                   //T0 允许中断
    TR0 = 1;                   //打开 T0
    //T2 设置
    TXINX = 0x02;              //选择 T2
    TXCON = 0x09;              //使能 EXT2，16 位捕获模式
    TXMOD = 0x80;              //时钟为 f_SYS，DCXEN=0(递增计数)
    TLX = 0x00;                //溢出时间：40000×(1/f_SYS)=10ms
    THX = 0x00;
    RCAPXH = 0x00;
    RCAPXL = 0x00;
    ET2 = 1;
    TRX = 1;                   //启动 T2
    EA=1;
    while(1);
}
void T0_ISR(void) interrupt T0_vector      //T0 中断服务函数
{
    TL0 = (65536 - 40000)%256;
    TH0 = (65536 - 40000)/256;
    P05 = ~P05;
}
```

```
void T2_ISR(void) interrupt T2_vector        //T2 中断服务函数
{
    unsigned int count = 0,count1=0,count2=0;
    static unsigned char flag=0;

    if((TXCON & 0x40))
    {
        P06 = ～P06;
        TXCON &= ～0x40;                         //清除标志位
        flag++;
        if(flag >= 12)
        {
            flag = 0;
            THX = 0;
            TLX = 0;
        }
        if(flag == 10)
        {
            count1 = ((unsigned int)(RCAPXH << 8) + RCAPXL);
        }
        if(flag == 11)
        {
            count2 = ((unsigned int)(RCAPXH << 8) + RCAPXL);
            count = count2 - count1;//第 10 个下降沿到第 11 个下降沿的值
        }
    }
}
```

【例 5-5】利用 T3 实现定时，每隔 1s 将 P0.6 取反。

**解**：T3 的应用与 T2 用于 16 位自动装载的定时模式类似。程序代码如下：

```
#include "sc95.h"
#define ReloadL (65536 - 40000)%256
#define ReloadH (65536 - 40000)/256
void main(void)
{
    P0CON=0x40;                 //将 P0.6 口线设置为强推挽输出模式
    OPINX = 0xC1;               //将 OP_CTM0 的地址写入 OPINX 寄存器
    OPREG |= 0x30;              //将 SCLKS[1:0]设置为 11b，设置系统时钟为高频时钟/8
    //T3 设置
    TXINX = 0x03;               //选择 T3
    TXMOD = 0x80;               //时钟为 f_SYS
    TXCON = 0x00;               //设置为 16 位重载寄存器
    THX = ReloadH;              //溢出时间：40000×(1/f_SYS)=10ms
    TLX = ReloadL;
    RCAPXH = ReloadH;           //重装时间常数
    RCAPXL = ReloadL;
    TRX = 0;
    IE1 |= 0x40;                //T3 中断允许
    TRX = 1;                    //启动 T3
```

```
        EA=1;
        while(1);
}
void T3_ISR(void) interrupt T3_vector
{
        static unsigned char t3cnt=100;

        TFX = 0;                        //溢出标志位清零
        t3cnt--;
        if(t3cnt==0)
        {
            t3cnt=100;
            P06 = ~P06;
        }
}
```

【例 5-6】利用 T4 实现定时，每隔 0.5s 将 P0.6 取反。

**解**：参考 T3 的编程实例，T4 的应用代码如下：

```
#include "sc95.h"
#define ReloadL (65536 - 40000)%256
#define ReloadH (65536 - 40000)/256
void main(void)
{
        P0CON=0x40;                    //将 P0.6 口线设置为强推挽输出模式
        OPINX = 0xC1;                  //将 OP_CTM0 的地址写入 OPINX 寄存器
        OPREG |= 0x30;                 //将 SCLKS[1:0]设置为 11b,设置系统时钟为高频时钟/8
        //T4 设置
        TXINX = 0x04;                  //选择 T4
        TXMOD = 0x80;                  //时钟为 f_SYS
        TXCON = 0x00;                  //设置为 16 位重载寄存器
        THX = ReloadH;                 //溢出时间：40000×(1/f_SYS)=10ms
        TLX = ReloadL;
        RCAPXH = ReloadH;              //重装时间常数
        RCAPXL = ReloadL;
        TRX = 0;
        IE1 |= 0x80;                   //T4 中断允许
        IP1 |= 0x80;                   //设置 T4 中断优先级为高
        TRX = 1;                       //启动 T4
        EA=1;
        while(1);
}
void T4_ISR(void) interrupt T4_vector
{
        static unsigned char t4cnt=50;

        TFX = 0;                       //溢出标志位清零
        t4cnt--;
        if(t4cnt==0)
```

```
        {
            t4cnt=50;
            P06 = ~P06;
        }
    }
```

## 2. 通过固件库函数使用 T2、T3 和 T4

下面介绍 T2、T3 和 T4 的固件库函数。

（1）函数 TIMX_DeInit：将 T2、T3 和 T4 的相关寄存器复位至默认值。

函数原型：void TIMX_DeInit(TIMX_TimerSelect_TypeDef TIMX_TimerSelect)。

输入参数 TIMX_TimerSelect：TIMERX 寄存器组指向 T2、T3 和 T4，可取如下值：

TIMX_TIMER2：TIMERX 寄存器组指向 T2。

TIMX_TIMER3：TIMERX 寄存器组指向 T3。

TIMX_TIMER4：TIMERX 寄存器组指向 T4。

（2）T2、T3、T4 选择函数 TIMX_TimerSelect

函数原型：void TIMX_TimerSelect(TIMX_TimerSelect_TypeDef TIMX_TimerSelect)。

输入参数 TIMX_TimerSelect：TIMERX 寄存器组指向 T2、T3、T4，可取的值与函数 TIMX_DeInit 中的参数相同。

（3）T2、T3、T4 预分频选择函数 TIMX_PrescalerSelection

函数原型：void TIMX_PrescalerSelection(TIMX_TimerSelect_TypeDef  TIMX_TimerSelect, TIM_PresSel_TypeDef TIMX_PrescalerSelection)。

输入参数 TIMX_TimerSelect：TIMERX 寄存器组指向 T2、T3、T4，可取的值与函数 TIMX_DeInit 中的参数相同。

输入参数 TIMX_PrescalerSelection：预分频选择，可取的值如下：

TIM_PRESSEL_FSYS_D12：T2、T3、T4 计数源来自系统时钟 12 分频。

TIM_PRESSEL_FSYS_D1：T2、T3、T4 计数源来自系统时钟。

（4）T2 基本设置配置函数 TIM2_TimeBaseInit

函数原型：void TIM2_TimeBaseInit(TIM_CountMode_TypeDef  TIM2_CountMode, TIM2_CountDirection_TypeDef  TIMX_CountDirection)。

输入参数 TIM2_CountMode：定时/计数器工作模式选择，可取的值如下：

TIM_MODE_TIMER：T2 用作定时器。

TIM_MODE_COUNTER：T2 用作计数器。

输入参数 TIM2_CountDirection：计数方向选择，可取的值如下：

TIM2_COUNTDIRECTION_UP：向上计数模式。

TIM2_COUNTDIRECTION_DOWN_UP：向上/向下计数模式。

（5）设置 T2 工作模式 0 计数值重载函数 TIM2_Mode0SetReloadCounter

函数原型：void TIM2_Mode0SetReloadCounter(uint16_t TIM2_SetCounter)。

输入参数 TIM2_SetCounter：T2 计数值重载。

（6）T3 基本设置配置函数 TIM3_TimeBaseInit

函数原型：void TIM3_TimeBaseInit (void)。

（7）T4 基本设置配置函数 TIM4_TimeBaseInit

函数原型：void TIM4_TimeBaseInit (void)。

（8）T2 工作模式 0 配置函数 TIM2_WorkMode0Config

函数原型：void TIM2_WorkMode0Config(TIM2_Mode0Select_TypeDef TIM2_Mode0Select, uint16_t TIM2_SetCounter)。

输入参数 TIM2_Mode0Select：设置 T2 工作模式 0 用于定时还是计数，可取值如下：

TIM2_MODE0TIMER：T2 工作模式 0 用于定时方式。

TIM2_MODE0CAPTURE：T2 工作模式 0 用于捕获方式。

输入参数 TIM2_SetCounter：用于配置计数初值。

（9）T2 工作模式 1 配置函数 TIM2_WorkMode1Config

函数原型：void TIM2_WorkMode1Config(uint16_t TIM2_SetCounter)。

输入参数 TIM2_SetCounter 用于配置计数初值。

（10）函数 TIM2_WorkMode3Config

函数原型：void TIM2_WorkMode3Config(uint16_t TIM2_SetCounter)。

T2 工作模式 3 配置函数。输入参数 TIM2_SetCounter 用于配置计数初值。

（11）T3 工作模式 1 配置函数 TIM3_WorkMode1Config

函数原型：void TIM3_WorkMode1Config(uint16_t TIM3_SetCounter)。

输入参数 TIM3_SetCounter 用于配置计数初值。

（12）T4 工作模式 1 配置函数 TIM4_WorkMode1Config

函数原型：void TIM4_WorkMode1Config(uint16_t TIM4_SetCounter)。

输入参数 TIM4_SetCounter 用于配置计数初值。

（13）EXEN2 配置函数 TIM2_SetEXEN2

函数原型：void TIM2_SetEXEN2(FunctionalState NewState)。

输入参数 NewState：置位/复位 EXEN2，可取值为 ENABLE 或 DISABLE。

（14）TIMX 使能或关闭函数 TIMX_Cmd

函数原型：void TIMX_Cmd(TIMX_TimerSelect_TypeDef TIMX_TimerSelect, FunctionalState NewState)。

输入参数 TIMX_TimerSelect：选择 T2、T3、T4。

输入参数 NewState：使能或关闭，可取值为 ENABLE 或 DISABLE。

（15）TIMX 中断设置函数 TIMX_ITConfig

函数原型：void TIMX_ITConfig(TIMX_TimerSelect_TypeDef TIMX_TimerSelect, FunctionalState NewState, PriorityStatus Priority)。

输入参数 TIMX_TimerSelect：选择 T2、T3、T4。

输入参数 NewState：中断使能或关闭，可取值为 ENABLE 或 DISABLE。

输入参数 Priority：中断优先级设置，可取值为 HIGH 或 LOW。

（16）获得 TIMX 的中断标志状态函数 TIMX_GetFlagStatus

函数原型：FlagStatus TIMX_GetFlagStatus(TIMX_TimerSelect_TypeDef TIMX_TimerSelect, TIMX_Flag_TypeDef TIMX_Flag)。

输入参数 TIMX_TimerSelect：选择 T2、T3、T4。

输入参数 TIMX_Flag：标志位选择，可取如下值：

TIMX_FLAG_TFX：标志位为 TFX。

TIMX_FLAG_EXFX：标志位为 EXFX。

返回值 FlagStatus：标志位状态。

（17）清空 TIMX 中断标志位函数 TIMX_ClearFlag

函 数 原 型 ： void　　TIMX_ClearFlag(TIMX_TimerSelect_TypeDef　　TIMX_TimerSelect, TIMX_Flag_TypeDef TIMX_Flag)。

输入参数 TIMX_TimerSelect：选择 T2、T3、T4。

输入参数 TIMX_Flag：标志位选择，可取的值与函数 TIMX_GetFlagStatus 中的相同。

下面以 T2 为例说明如何利用固件库函数实现 T2、T3、T4 的应用，其他定时器的固件库函数应用请读者参阅《赛元 SC95F861x 固件库使用手册》。

【例 5-7】利用固件库函数实现，利用 T2 定时，每隔 0.5s，将 P0.6 取反一次。

**解：** 参照第 3 章介绍的方法，将 sc95f861x_timerx.c 文件加入到 FWLib 组中。由于用到对 GPIO 的设置，因此，同时将 sc95f861x_gpio.c 文件加入到 FWLib 组中。为了设置系统时钟频率，需要调用设置系统时钟频率固件库函数，将 sc95f861x_option.c 文件加入到 FWLib 组中。实现代码如下：

```
#include "sc95f861x_gpio.h"
#include "sc95f861x_timer.h"
#include "sc95f861x_option.h"
#define Reload (65536 - 40000)
void main(void)
{
    GPIO_Init(GPIO0, GPIO_PIN_6,GPIO_MODE_OUT_PP);
                                        //将 P0.6 设置为强推挽输出模式
    OPTION_SYSCLK_Init(SYSCLK_PRESSEL_FOSC_D8); //设置系统时钟为高频时钟/8
    TIMX_DeInit(TIMX_TIMER2);               //复位与 TIMX 相关的寄存器
    TIMX_TimerSelect(TIMX_TIMER2);          //选择 TIMER2
    //T2 工作模式 0（捕获模式）配置,用于定时器
    TIM2_WorkMode0Config(TIM2_MODE0TIMER, Reload);
    //T2 基本设置，递增设置
    TIM2_TimeBaseInit(TIM_MODE_TIMER,TIM2_COUNTDIRECTION_UP);
    TIMX_PrescalerSelection(TIMX_TIMER2,TIM_PRESSEL_FSYS_D1);
                                        //选择时钟为 fsys
    TIMX_ITConfig(TIMX_TIMER2,ENABLE,HIGH);     //T2 中断设置
    TIMX_Cmd(TIMX_TIMER2,ENABLE);               //启动 T2
    EnableInterrupts();                         //开放 CPU 中断
    while(1);
}
void T2_ISR(void) interrupt T2_vector
{
    static unsigned char t2cnt=50,status=0;

    TIM2_Mode0SetReloadCounter(Reload);         //重新装载初值
    if (TIMX_GetFlagStatus(TIMX_TIMER2,TIMX_FLAG_TFX)==SET)
    {
        TIMX_ClearFlag(TIMX_TIMER2,TIMX_FLAG_TFX); //清除标志位
```

```
            t2cnt--;
            if(t2cnt==0)
            {
                t2cnt=50;
                status=1-status;
                if(status)
                    GPIO_WriteHigh(GPIO0, GPIO_PIN_6);
                else
                    GPIO_WriteLow(GPIO0, GPIO_PIN_6);
            }
        }
    }
```

**【例 5-8】** 利用 T0 定时，通过 P0.5 输出 1ms 的时钟脉冲，利用 T2 的捕获功能测量第 10 个下降沿到第 11 个下降沿的计数值，并且利用 P0.6 输出指示。对应的电路如图 5-11 所示。

**解**：参照第 3 章介绍的方法，将 sc95f861x_timerx.c 文件和 sc95f861x_timer0.c 文件加入到 FWLib 组中。由于用到对 GPIO 的设置，因此，同时将 sc95f861x_gpio.c 文件加入到 FWLib 组中。为了设置系统时钟频率，需要调用设置系统时钟频率固件库函数，将 sc95f861x_option.c 文件加入到 FWLib 组中。实现代码如下：

```
#include "sc95f861x_gpio.h"
#include "sc95f861x_timer.h"
#include "sc95f861x_option.h"
#define Reload (65536 - 40000)
void main(void)
{
    //将 P0.5 和 P0.6 设置为强推挽输出模式
    GPIO_Init(GPIO0,GPIO_PIN_5|GPIO_PIN_6,GPIO_MODE_OUT_PP);
    OPTION_SYSCLK_Init(SYSCLK_PRESSEL_FOSC_D8); //设置系统时钟为高频时钟/8
    //T0 设置
    TIM0_DeInit();                              //复位 T0 相关寄存器
    TIM0_TimeBaseInit(TIM_PRESSEL_FSYS_D1,TIM_MODE_TIMER);
    TIM0_WorkMode1Config(Reload);               //T0 工作模式 1 设置
    TIM0_ITConfig(ENABLE,LOW);                  //T0 中断设置
    TIM0_Cmd(ENABLE);                           //启动 T0
    //T2 设置
    TIMX_DeInit(TIMX_TIMER2);                   //复位与 TIMX 相关的寄存器
    TIMX_TimerSelect(TIMX_TIMER2);              //选择 TIMER2
    //T2 模式 0（捕获模式）配置,用于定时器
    TIM2_WorkMode0Config(TIM2_MODE0CAPTURE,0x0);
    //T2 基本设置, 递增设置
    TIM2_TimeBaseInit(TIM_MODE_TIMER,TIM2_COUNTDIRECTION_UP);
    TIMX_PrescalerSelection(TIMX_TIMER2,TIM_PRESSEL_FSYS_D1);
                                                //选择时钟为 fsys
    TIMX_ITConfig(TIMX_TIMER2,ENABLE,LOW);      //T2 中断设置
    TIMX_Cmd(TIMX_TIMER2,ENABLE);               //启动 T2
    EnableInterrupts();                         //开放 CPU 中断
```

```
        while(1);
    }
    void T0_ISR() interrupt T0_vector              //T0 中断服务函数
    {
        static unsigned char status=0;

        TIM0_Mode1SetReloadCounter(Reload);        //重新装载初值
        status=1-status;
        if (status==1)
            GPIO_WriteHigh(GPIO0, GPIO_PIN_5);
        else
            GPIO_WriteLow(GPIO0, GPIO_PIN_5);
    }
    void T2_ISR(void) interrupt T2_vector              //T2 中断服务函数
    {
        unsigned int count = 0;
        unsigned int count1=0,count2=0;
        static unsigned char flag=0;

        if (TIMX_GetFlagStatus(TIMX_TIMER2,TIMX_FLAG_EXFX)==SET)
        {
            P06 = ~P06;
            TIMX_ClearFlag(TIMX_TIMER2,TIMX_FLAG_EXFX);      //清除标志位
            if(++flag >= 12)
            {
                flag = 0;
                TIM2_Mode0SetReloadCounter(0x0);       //重新装载初值
            }
            if(flag == 10)
            {
                count1 = ((unsigned int)(RCAPXH << 8) + RCAPXL);
            }
            if(flag == 11)
            {
                count2 = ((unsigned int)(RCAPXH << 8) + RCAPXL);
                count = count2 - count1;//第 10 个下降沿到第 11 个下降沿的值
            }
        }
    }
```

## 5.4 低频时钟定时器

### 5.4.1 低频时钟定时器的结构及相关寄存器

#### 1. 低频时钟定时器的结构

除 T0～T4 外，SC95F8617 单片机还集成了一个低频时钟定时器（Base Timer，也称为基

本定时器）。低频时钟定时器的结构如图 5-12 所示。

低频时钟定时器的时钟源有 2 种选择：单片机内部的频率为 32kHz 的 LRC 或者外部 32kHz 晶体振荡电路。外部 32kHz 晶振电路的连接方式如图 5-13 所示。

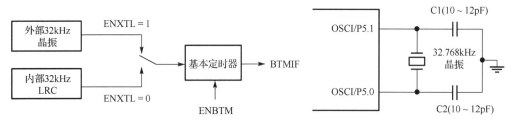

图 5-12　低频时钟定时器的结构　　　　图 5-13　外部 32kHz 晶振电路的连接方式

### 2. 低频时钟定时器的特殊功能寄存器

（1）低频时钟定时器控制寄存器 BTMCON（地址为 FBH）

BTMCON 的复位值为 00xx0000b，其各位定义如下：

| 位　　号 | 7 | 6 | 5 | 4 | 3 | 2 | 1 | 0 |
|---|---|---|---|---|---|---|---|---|
| 符　　号 | ENBTM | BTMIF | – | – | BTMFS[3:0] | | | |

① ENBTM：低频时钟定时器启动控制位。

0：低频时钟定时器及其时钟源不启动；1：低频时钟定时器及其时钟源启动。

② BTMIF：低频时钟定时器中断申请标志位。

当 CPU 接收到低频时钟定时器的中断后，此标志位会被硬件自动清除。

③ BTMFS[3:0]：低频时钟中断频率选择位。

0000：每 15.625ms 产生一个中断；　　0001：每 31.25ms 产生一个中断。

0010：每 62.5ms 产生一个中断；　　0011：每 125ms 产生一个中断。

0100：每 0.25s 产生一个中断；　　0101：每 0.5s 产生一个中断。

0110：每 1.0s 产生一个中断；　　0111：每 2.0s 产生一个中断。

1000：每 4.0s 产生一个中断；　　1001：每 8.0s 产生一个中断。

1010：每 16.0s 产生一个中断；　　1011：每 32.0s 产生一个中断。

1100～1111：保留。

（2）Code Option 寄存器 OP_CTM0（地址为 C1H）

Code Option 寄存器 OP_CTM0 的各位定义如下：

| 位　　号 | 7 | 6 | 5 | 4 | 3 | 2 | 1 | 0 |
|---|---|---|---|---|---|---|---|---|
| 符　　号 | ENWDT | ENXTL | SCLKS[1:0] | | DISRST | DISLVR | LVRS[1:0] | |

ENXTL：32kHz 晶振选择位。

0：选择内部 32kHz 晶振，P5.0、P5.1 可以作为 I/O 口线使用；

1：选择外部 32kHz 晶振，内部 LRC 无效，P5.0、P5.1 不能再作为 I/O 口线使用。

该位可以在烧录信息设置窗口中进行设置，如图 5-14 所示。

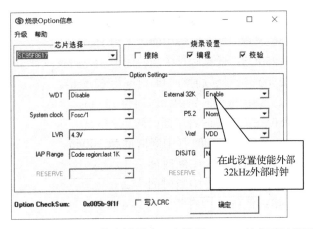

图 5-14　在烧录 Option 信息设置窗口中设置 32kHz 外部时钟是否有效

## 5.4.2　低频时钟定时器的应用举例

低频时钟定时器的应用编程主要有两点：一是正确初始化；二是中断服务程序的编写，即在中断服务程序中编写实现需要定时完成的任务代码。

### 1. 通过 C 语言操作寄存器的方法使用低频时钟定时器

【例 5-9】要求使用低频时钟定时器实现如下功能：每隔 1s 将 P0.6 连接的指示灯状态取反。

**解：** 程序代码如下：

```
#include "sc95.h"
void main(void)
{
    P0CON=0x40;                  //将 P0.6 口线设置为强推挽输出模式
    BTMCON = 0x86;               //每隔 1s 产生一个中断
    IE1 |= 0x04;                 //开启 BTM 中断
    EA = 1;                      //开启总中断
    while(1);
}
void BTM_ISR(void) interrupt BTM_vector
{
    if(!(BTMCON&0x40))           //中断标志位判断
    {
        P06 = ~P06;
    }
}
```

### 2. 通过固件库函数的方法使用低频时钟定时器

与低频时钟定时器相关的固件库函数如下：

（1）函数 BTM_DeInit：将低频时钟定时器的寄存器复位为默认值。

函数原型：void BTM_DeInit(void)。

（2）低频时钟定时器初始化函数 BTM_Init

函数原型：void BTM_Init(BTM_Timebase_TypeDef BTM_Timebase)。

输入参数 BTM_TimeBase：BTM 中断时间选择，可取如下值：

BTM_TIMEBASE_15625US：低频时钟中断时间为 15.625ms。

BTM_TIMEBASE_31250US：低频时钟中断时间为 31.25 ms。

BTM_TIMEBASE_62500US：低频时钟中断时间为 62.5 ms。

BTM_TIMEBASE_125MS：低频时钟中断时间为 125 ms。

BTM_TIMEBASE_250MS：低频时钟中断时间为 250 ms。

BTM_TIMEBASE_500MS：低频时钟中断时间为 500 ms。

BTM_TIMEBASE_1S：低频时钟中断时间为 1 s。

BTM_TIMEBASE_2S：低频时钟中断时间为 2 s。

BTM_TIMEBASE_4S：低频时钟中断时间为 4 s。

BTM_TIMEBASE_8S：低频时钟中断时间为 8 s。

BTM_TIMEBASE_16S：低频时钟中断时间为 16 s。

BTM_TIMEBASE_32S：低频时钟中断时间为 32 s。

（3）使能或者失能 BTM 函数 BTM_Cmd

函数原型：void BTM_Cmd(FunctionalState NewState)。

输入参数 NewState：BTM 使能或失能，可取值 ENABLE 或 DISABLE。

（4）使能或者失能 BTM 中断函数 BTM_ITConfig

函数原型：void BTM_ITConfig(FunctionalState NewState, PriorityStatus Priority)。

输入参数 NewState：BTM 中断使能或失能，可取值 ENABLE 或 DISABLE。

输入参数 Priority：BTM 中断优先级设置，可取值 HIGH 或 LOW。

（5）获得 BTM 中断标志位函数 BTM_GetFlagStatus

函数原型：FlagStatus BTM_GetFlagStatus(void)。

（6）清除 BTM 中断标志位函数 BTM_ClearFlag

函数原型：void BTM_ClearFlag(void)。

【例 5-10】利用固件库函数实现如下功能：低频时钟定时器定时每隔 0.5s，将 P0.6 连接的指示灯状态取反。

**解：**参照第 3 章介绍的方法，将 sc95f861x_btm.c 文件加入到 FWLib 组中。由于用到对 GPIO 的设置，因此，同时将 sc95f861x_gpio.c 文件加入到 FWLib 组中。实现代码如下：

```
#include "sc95f861x_gpio.h"
#include "sc95f861x_btm.h"
void main(void)
{
    GPIO_Init(GPIO0,GPIO_PIN_6,GPIO_MODE_OUT_PP); //将P0.6设置为强推挽输出模式
    //BTM 设置
    BTM_DeInit();                           //复位与 BTM 相关的寄存器
    BTM_Init(BTM_TIMEBASE_500MS);           //选择低频时钟中断时间为 500ms
    BTM_ITConfig(ENABLE, LOW);              //BTM 中断设置
    BTM_Cmd(ENABLE);
    EnableInterrupts();                     //开放 CPU 中断
    while(1);
}
```

```
void BTM_ISR() interrupt BTM_vector      //BTM 中断服务函数
{
    static unsigned char status=0;

    status=1-status;
    if (status==1)
        GPIO_WriteHigh(GPIO0, GPIO_PIN_6);
    else
        GPIO_WriteLow(GPIO0, GPIO_PIN_6);
}
```

## 5.5 习题 5

1．简述 SC95F8617 单片机的定时/计数器的工作方式及特点。

2．SC95F8617 单片机的定时器是如何进行定时时钟选择的？是如何对定时器的定时范围进行扩展的？

3．分别使用 T0、T1、T2、T3 和 T4 设计程序，实现从 P0.2 输出周期为 2s 的方波。

4．使用 T3，在 P0.6 引脚上输出周期为 300ms 的方波，输出 500 个方波后停止。

5．使用 SC95F8617 单片机的定时器设计程序，要求实现 24 小时制的钟表功能，并实现闹钟功能，即每天上午 9 点钟，在 P0.6 输出周期为 500ms 的高低电平比为 1：1 的方波，输出 5 个方波后停止输出，在 P0.6 保持为高电平。

6．已知某十字路口的东西方向车流量较小，南北方向车流量较大。要求东西方向上的绿灯亮 30s，南北方向上的绿灯亮 40s，黄灯亮 5s 且闪烁，红灯在最后 5s 闪烁。图 5-15 为十字路口交通信号灯示意图。虽然十字路口有 12 个交通信号灯，但同一个方向上的同色灯（如灯 1 与灯 7）同时动作，可作为一个输出，所以共有 6 个输出。由于同一个方向上绿灯或黄灯亮时，另一个方向上肯定红灯亮，所以红灯亮可以不作为一个单独的时间状态。根据所述功能要求，画出电路原理图，并设计十字路口交通信号灯的控制程序。

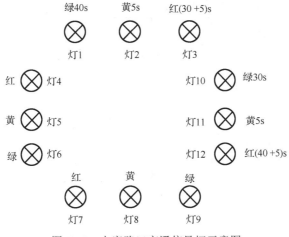

图 5-15　十字路口交通信号灯示意图

# 第 6 章
# 串 行 通 信

随着物联网的发展，通信功能显得越来越重要。由于串行通信是在一根或两根传输线上一位一位地传送信息，所用的传输线少，因此，特别适合于远距离传输。SC95F8617 单片机集成了 1 个异步串行通信接口（UART0）和 3 个 UART/SPI/TWI 三选一 USCI 通信口。本章介绍 SC95F8617 单片机的串行通信接口的结构及应用。

## 6.1  通信的一般概念

在实际应用中，计算机的 CPU 与外部设备之间常常要进行信息交换，计算机之间也需要交换信息，所有这些信息的交换均称为通信。通信又分为并行通信和串行通信。

### 6.1.1  并行通信与串行通信

通信的基本方式可分为并行通信和串行通信两种，如图 6-1 所示。

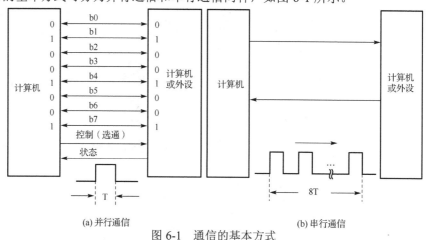

(a) 并行通信　　　　　　　　　　(b) 串行通信

图 6-1  通信的基本方式

在并行通信中，数据的各位同时进行传送，其特点是传输速率快，但当传输距离较远、位数较多时，通信线路复杂且成本高，如图 6-1(a)所示。串行通信是指外设和计算机之间使用一根或几根数据信号线相连，同一时刻，数据在一根数据信号线上一位一位地顺序传送的通信方式，每位数据都占据一个固定的时间长度。其特点是通信线路简单，只要一对传输线就可以实现通信，从而大大降低了成本，特别适用于远距离通信，但传输速率慢，如图 6-1(b)所示。

### 6.1.2  串行通信的基本方式及数据传输方向

串行通信本身又分为异步传输和同步传输两种基本方式。

#### 1．异步传输

在异步传输中，接收器和发送器有各自的时钟，它们的工作是非同步的。每个字符都要用起始位和停止位作为字符开始和结束的标志，以字符为单位一个一个地发送和接收。典型异步通信的格式如图 6-2 所示。

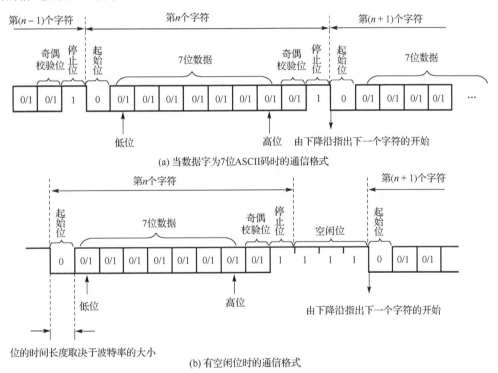

(a) 当数据字为7位ASCII码时的通信格式

(b) 有空闲位时的通信格式

图 6-2  典型异步通信的格式

异步传输时，每个字符的组成格式如下：首先是由一个起始位表示字符的开始；后面紧跟着的是字符的数据字，数据字可以是 7 位或 8 位，在数据字中可根据需要加入奇偶校验位；最后是停止位，其长度可以是 1 位或 2 位。串行传输的数据字节加上成帧信号起始位和停止位就形成一个字符串行传送的帧。起始位用逻辑"0"低电平表示，停止位用逻辑"1"高电平表示。图 6-2(a)中的数据字是 7 位的 ASCII 码，其中第 8 位是奇偶校验位，加上起始位和停止位，一个字符由 10 位组成。这样形成帧信号后，字符便可以一个接一个地进行传送了。在异步传输中，字符间隔不固定，在停止位后可以加空闲位，空闲位用高电平表示，用于等待发送。这样，接收和发送可以随时或间断地进行，而不受时间的限制。图 6-2(b)为有空闲位时的通信格式。

在异步数据传输中，CPU 与外设之间事先必须约定好以下内容。

（1）字符格式。双方要约定好字符的编码形式、奇偶校验形式，以及起始位和停止位的规定。

（2）波特率（Baud Rate）。波特率是衡量数据传送速率的指标，单位是 bit/s（位/秒），简写为 bps（bit per second）。要求发送方和接收方都要以相同的数据传输速率工作。

假设数据串行的速率是 120 字符/s，而每个字符的传送需要 10bit 二进制数，则其传送的波特率为 10bit/字符×120 字符/s=1200bit/s。

简而言之，"波特率"就是每秒传送多少位。例如，当波特率为 1200bps 时，意味着每秒可以传送 1200bit。而每位的传送时间 $T_d$ 就是波特率的倒数。在上例中，每位的传送时间为

$$T_d = \frac{1}{1200} \, \text{s} \approx 0.833\text{ms}$$

### 2. 串行通信中数据的传输方向

一般情况下，串行数据传输是在两个通信端之间进行的，其数据传输的方式有如图 6-3 所示的几种情况。由于通信是在两个站之间进行的，因此这种通信方式也称为点-点串行通信方式。图 6-3(a)为单工通信方式，A 为发送站，B 为接收站，数据仅能从 A 发送到 B。图 6-3(b)为半双工通信方式，数据可以从 A 发送到 B，也可以由 B 发送到 A，但是同一时间只能进行一个方向的传输，其传输方式由收/发控制开关 K 来控制。图 6-3(c)为全双工通信方式，A 和 B 既可同时发送，又可同时接收。

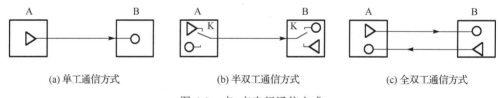

(a) 单工通信方式　　　　　(b) 半双工通信方式　　　　　(c) 全双工通信方式

图 6-3　点-点串行通信方式

图 6-4 为主从多终端通信方式。在该通信方式中，A 可以向多个终端（B、C、D…）发出信息。在 A 允许的条件下，可以控制、管理 B、C、D 等在不同的时间向 A 发出信息。根据数据传送的方向又分为多终端半双工通信方式（见图 6-4(a)）和多终端全双工通信方式（见图 6-4(b)）。

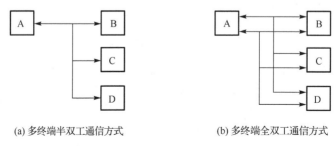

(a) 多终端半双工通信方式　　　　　(b) 多终端全双工通信方式

图 6-4　主从多终端通信方式

## 6.2 单片机的异步串行接口 UART0

SC95F8617 单片机集成了一个全双工的串行口 UART0,可方便用于与其他器件或者设备的连接。UART0 的功能及特性如下。

(1)三种工作模式可选:工作模式 0、工作模式 1 和工作模式 3。

(2)可以选择 T1 或 T2 作为波特率发生器。

(3)发送和接收完成可产生中断 RI/TI,该中断标志需要软件清除。

### 6.2.1 UART0 的工作模式及工作波形

#### 1. 工作模式 0

当使用软件将 SCON 的 SM0、SM1 设置为 00b 时,UART0 工作于工作模式 0,串行通信接口工作在同步移位寄存器模式,RX0 为串行通信的数据引脚,TX0 为同步移位脉冲输出引脚,发送、接收的是 8 位数据,且低位在先。当 SM2=0 时,波特率为 $f_{SYS}/12$;当 SM2=1 时,波特率为 $f_{SYS}/4$。其中,$f_{SYS}$ 为系统时钟频率。

工作模式 0 的发送过程:当单片机将数据写入发送缓冲器 SBUF 时,启动发送,UART0 将 8 位数据从 RX0 引脚输出(从低位到高位),从 TX0 引脚输出同步移位脉冲信号,当一帧(8 位)数据发送完毕时,TI 被置 1,呈中断申请状态。再次发送数据前,必须用软件将 TI 清零。UART0 工作模式 0 的发送数据时序如图 6-5 所示。

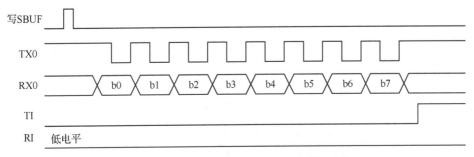

图 6-5 UART0 工作模式 0 的发送数据时序

工作模式 0 的接收过程:将接收中断请求标志位 RI 清零,并且置位允许接收控制位 REN 时,启动工作模式 0 的接收过程。启动接收过程后,RX0 为串行数据输入端,TX0 为同步脉冲输出端。当接收完成一帧数据(8 位)后,中断标志位 RI 被置 1,呈中断申请状态。必须通过软件将 RI 清零。UART0 工作模式 0 的接收数据时序图如图 6-6 所示。

#### 2. 工作模式 1

当使用软件将 SCON 的 SM0、SM1 设置为 01b 时,UART0 工作于工作模式 1。此模式为 8 位 UART 格式,一帧信息包括 10 位:1 位起始位、8 位数据位(低位在前)和 1 位停止位。UART0 工作模式 1 的帧格式如图 6-7 所示。

起始位和停止位都是在发送时自动插入的。接收时,停止位进入 SCON 的 RB8 位。波特率可根据需要进行设置。TX0 为数据发送引脚，RX0 为数据接收引脚，工作模式 1 提供异步全双工通信，适合于点到点的通信。

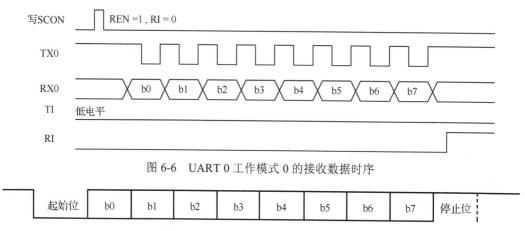

图 6-6　UART 0 工作模式 0 的接收数据时序

| 起始位 | b0 | b1 | b2 | b3 | b4 | b5 | b6 | b7 | 停止位 |

图 6-7　UART0 工作模式 1 的帧格式

UART0 工作模式 1 的功能结构示意图如图 6-8 所示。

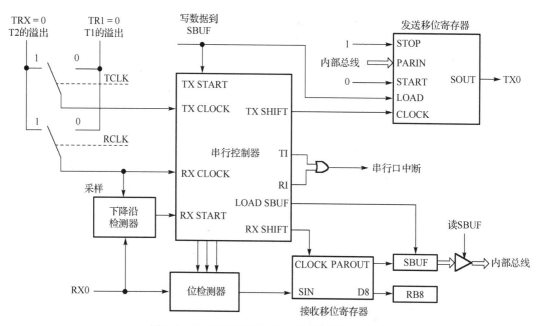

图 6-8　UART0 工作模式 1 的功能结构示意图

向 SBUF 写入数据后将启动一次发送动作，在起始位被送到 TX0 引脚后，串行数据的第一位被送到 TX0 引脚，然后顺序进行发送。在发送完 8 位数据后，发送停止位。在停止位输出到 TX0 引脚后，TI 会被置位。

REN=1 时接收使能，当 RX0 引脚上接收到 1-0 跳变时就启动接收器。位检测器一直监视 RX0，并进行 16 倍于波特率的速率采样。1 个位的接收时间被均分为 16 等份，位检测器分别在第 8、第 9、第 10 个状态检测 RX0 脚的状态，经"三中取二"后的值作为本次所接收的值，即 3 次采样至少 2 次相同的值，以此消除干扰影响，提高可靠性。在检测到 RX0 上的下降沿后，若 RX0 不为 0，则起始位无效，复位接收电路，当再次接收到一个由 1-0 的跳变时，重新启动接收器。若接收值为 0，则起始位有效，接收器开始接收本帧的其余信息。这样做是为了改善串口的噪声抑制特性。在接收了 8 位数据以后，还将接收一个停止位，进入 RB8，之后 RI 置位。然而在 RI 置 1 前必须设置相应的条件，即 RI=0 且 SM2=0 或接收到的停止位为 1。若条件满足，则停止位进入 RB8，8 位数据进入 SBUF，RI 置位，否则丢弃接收到的帧数据。在停止位的中间，接收器重启，开始新的一次接收。

UART0 工作模式 1 的波特率是可变的，由 T1 或 T2 的溢出率决定。

分别置 TCLK（TXCON.4）和 RCLK（TXCON.5）均为 1，选择 T2 作为 TX 和 RX 的波特时钟源（详见第 5 章）。无论 TCLK 还是 RCLK 为逻辑 1，T2 都为波特率发生器方式。若 TCLK 和 RCLK 为逻辑 0，则 T1 作为 TX 和 RX 的波特时钟源。

当用 T1 作为波特率发生器时，T1 必须停止计数，即 TR1=0，否则会启动定时器功能，与波特率发生器功能冲突。波特率的计算公式为

$$波特率 = f_{SYS}/[TH1, TL1] \tag{6-1}$$

其中，$f_{SYS}$ 为系统时钟频率，[TH1,TL1]是 T1 的 16 位计数器寄存器，并且[TH1,TL1]必须大于 0x0010。

当用 T2 作为波特率发生器时，波特率的计算公式为

$$波特率 = f_{SYS}/[RCAPXH, RCAPXL] \tag{6-2}$$

其中，$f_{SYS}$ 为系统时钟频率，[RCAPXH,RCAPXL]是 T2 的 16 位重载寄存器，并且[RCAPXH,RCAPXL]必须大于 0x0010。

当一帧数据（一个字符数据）发送结束时，将串行控制寄存器 SCON 中的 TI 置 1，通知 CPU 数据发送已经结束，可以发送下一帧数据。注意，必须使用软件将 TI 清零。

在一帧数据接收完毕后，若 REN 处于允许接收状态，则将 SCON 中的 RI 置 1，通知 CPU 从 SBUF 取走接收到的数据。注意，必须使用软件将 RI 清零。

### 3．工作模式 3

当使用软件将 SCON 的 SM0、SM1 设置为 11b 时，UART0 工作于工作模式 3。串行数据通过 TX0 发送，RX0 接收。每帧数据均为 11 位，包括 1 位起始位，8 位数据位（最低位在前），1 位可编程为 1 或 0 的第 9 位及 1 位停止位。UART0 工作模式 3 的数据帧格式如图 6-9 所示。

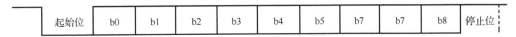

| 起始位 | b0 | b1 | b2 | b3 | b4 | b5 | b7 | b7 | b8 | 停止位 |

图 6-9　UART0 工作模式 3 的数据帧格式

UART0 工作模式 3 的功能结构示意图如图 6-10 所示。

UART0 工作模式 3 波特率的计算方法与 UART0 工作模式 1 波特率的计算方法相同。

UART0 工作模式 3 的发送过程和接收过程与 UART0 工作模式 1 的类似，其区别在于：发送数据时，发送完第 9 位数据（TB8）后才发送停止位。接收数据时，在接收了 9 位数据后，才接收停止位，之后 RI 置位，接收到的第 9 位数据进入 RB8。

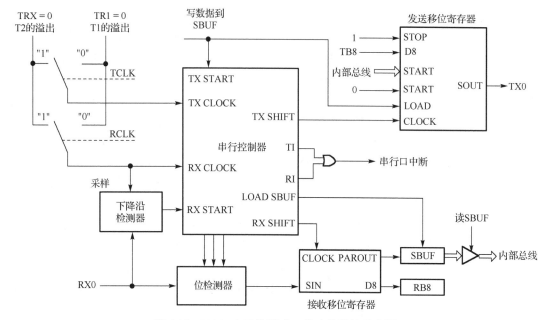

图 6-10　UART0 工作模式 3 的功能结构示意图

## 6.2.2　UART0 的应用

### 1．UART0 的特殊功能寄存器

（1）串口控制寄存器 SCON（地址为 98H）

SCON 的复位值为 0x00，各位的定义如下：

| 位　号 | 7 | 6 | 5 | 4 | 3 | 2 | 1 | 0 |
|---|---|---|---|---|---|---|---|---|
| 符　号 | SM0 | SM1 | SM2 | REN | TB8 | RB8 | TI | RI |

① SM0、SM1：串行通信模式控制位 0~1。

00：工作模式 0，8 位半双工同步通信模式，在 RX 引脚上收发串行数据。TX 引脚用作发送移位时钟。每帧收发 8 位，低位先接收或发送。

01：工作模式 1，10 位全双工异步通信，由 1 个起始位、8 个数据位和 1 个停止位组成，通信波特率可变。

10：保留；

11：工作模式 3，11 位全双工异步通信，由 1 个起始位、8 个数据位、一个可编程的第 9 位和 1 个停止位组成，通信波特率可变。

② SM2：串行通信模式控制位 2。

对于工作模式 3 而言，该位用于多机通信的控制位。

0：每收到一个完整的数据帧就置位 RI，产生中断请求；

1：若收到一个完整的数据帧，则只有当 RB8=1 时，才会置位 RI，产生中断请求。

对于工作模式 0 而言，该位用于波特率倍率设置位。

0：串行口的波特率为 $f_{SYS}/12$；　　1：串行口的波特率为 $f_{SYS}/4$。

③ REN：接收允许控制位。

0：不允许接收数据；　　　　　　　　　　1：允许接收数据。

④ TB8：只对工作模式 3 有效，是发送数据的第 9 位。

⑤ RB8：只对工作模式 3 有效，是接收数据的第 9 位。

⑥ TI：发送中断标志位。需要用户使用软件将该位清零。

⑦ RI：接收中断标志位。需要用户使用软件将该位清零。

当一个串行数据帧发送完成时，发送中断标志位 TI 被置位，接着发生串行口中断，进入串行口中断服务程序。当接收到一个串行数据帧时，接收中断标志位 RI 被置位，也发生串行口中断，进入串行口中断服务程序。但 CPU 事先并不能分辨是 TI 还是 RI 的中断请求，因此，必须在中断服务程序中加以判别。TI 与 RI 均不能自动复位，必须在中断服务程序中将中断标志位清零，撤销中断请求状态，否则原来的中断标志位状态又将表示有中断请求。

（2）串口数据缓冲寄存器 SBUF

SBUF 的地址为 99H，复位值为 0x00。SBUF 是 UART0 用来存放发送数据和接收数据的两个独立的缓冲寄存器。当 CPU 执行为 SBUF 赋值的语句时，便启动 UART0 发送数据，然后经 TX0 引脚一位一位地发送数据，发送完成后 TI=1。在 CPU 允许接收串行数据时，外部串行数据经 RX0 引脚送入 SBUF，电路自动启动接收，第 9 位则装入 SCON 寄存器的 RB8 位，直至完成一帧数据传输后，将 RI 置 1，当串口接收缓冲器接收到一帧数据时，可以通过读取 SBUF 中内容的语句来读取串口数据，如 rxbuffer=SBUF。

**2．多机通信**

当串口控制寄存器 SCON 中的 SM2 在工作模式 3 时，UART0 用于多机通信控制。多机通信方式一般为"一台主机，多台从机"系统，主机发送的信息可被各从机接收，而从机只能与主机通信，从机间互相不能直接通信。

设有一个由主机（单片机或其他具有串行接口的设备，如计算机）和 3 个 SC95F8617 单片机组成的多机系统，则该多机通信系统电路连接示意图如图 6-11 所示。

在多机通信中，要保证主机与所选择的从机实现可靠地通信，必须保证串行口具有识别功能。SCON 的 SM2 就是为满足这一条件而设置的多机通信控制位。多机通信的实现主要依靠主机与从机之间正确地设置与判断多机通信控制位 SM2 和发送或接收的第 9 数据位（b8）。

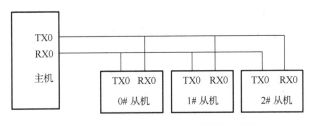

图 6-11　多机通信系统电路连接示意图

当进行主从式通信时，在初始化程序中将串行口置成工作模式 3，各个从机都应置 SM2=1，REN=1。主机发出的第一帧信息是地址帧信息（数据帧的第 9 数据位为 1）。当各从机接收到主机发出的地址帧信息后，自动将第 9 数据位状态"1"送到 SCON 控制寄存器的 RB8 中，并将中断标志位 RI 置 1，进而产生中断。各 CPU 响应中断后均进入中断服务程序，在中断服务程序中把主机送来的地址与从机的地址相比较，若地址相等，则使本机的 SM2 置"0"，为接收从主机继续发送来的数据帧（第 9 数据位为 0）做准备。而地址不符的其他从机仍然维持 SM2=1 的状态，对主机以后发出的数据帧信息不予理睬，且不产生中断标志位 RI，从而实现了主机、从机一对一通信（点-点通信）。由此看出，在多机通信时，控制位 SM2 起着极为重要的作用。

实现多机通信的过程如下。

（1）将主机和从机均初始化为工作模式 3，即置 SM2=1，REN=1，允许中断。

（2）主机置 TB8=1，发送要寻址的从机地址。

（3）所有从机均接收主机发送的地址，并将地址进行比较。

（4）被寻址的从机确认地址后，置本机 SM2=0，此时可向主机返回地址，供主机核对。

（5）核对无误后，主机向被寻址的从机发送命令，通知从机接收或发送数据。

（6）通信只能在主机和从机之间进行，两个从机之间的通信需要通过主机作为中介。

（7）本次通信结束后，主机和从机重置 SM2=1，主机可再对其他从机进行寻址。

在实际工程应用中，常用 RS-485 实现多机通信。RS-485 是一种多发送器的电路标准，它允许双导线上一个发送器驱动最多 256 个负载设备（不同的芯片驱动负载设备的数量不同）。RS-485 为半双工接口，在某一时刻，一端发送数据另一端接收数据。在电路设计上，平衡连接电缆两端要有终端电阻。常用的 RS-485 芯片是 MAX1487，其包含一个驱动器和一个接收器，适合于 RS-485 通信标准的低功率收发，其详细信息及使用方法，请参见相关手册。

### 3．UART0 的应用举例

在工程应用中，串行通信一般以中断方式实现。使用中断方式时，SC95F8617 单片机 UART0 串口通信程序的编程要点如下。

①将 TX0 和 RX0 引脚均设置为带上拉电阻的输入模式。TX0 需要空闲为高电平，才能保证起始位正常，否则接收方会判断起始位异常，所以需要将 TX0 和 RX0 引脚均设置为带上拉电阻的输入模式或者是高阻输入模式。UART 在不发送数据时，其口线是 I/O 功能，只有在为 SBUF 赋值时，口线才切换到 UART 功能。

②选定正确的控制字，以保证对串行口功能的初始化（设置 SCON 的内容）。

③设置合适的波特率。

④开放串行口中断（EUART=1）。

⑤开放总的中断（EA=1）。

⑥编写串行中断服务程序，在串行中断服务程序中要将中断标志位清零。

（1）通过 C 语言直接操作寄存器的方法使用 UART0

【例 6-1】使用 T1 作为波特率发生器，实现从 UART0 发送字符串"1234567890"到计算机，在计算机中可以使用串口助手观察接收到的数据。假设通信波特率为 9600bps。

**解**：目前，一般计算机中没有传统的串行接口，可以使用 USB 总线转接芯片，通过 USB 接口收发数据。常见的 USB 总线的转接芯片有 PL2303、CH340 等。在第一章设计的最小系统中已包含了 CH340 电路，如图 1-11(c)所示。本例实现代码如下。

```c
#include "sc95.h"
void Uart0_Init(unsigned int Fsys,unsigned long baud);
                                        //UART0 初始化函数声明
unsigned char DataToSend[]="1234567890";    //要发送的测试数据
```

```
unsigned char SendCnt=0;                          //发送数据计数
void main(void)
{
    P0CON=0xff;                        //将 P0 口所有口线均设置为强推挽输出模式
    P0=0xff;
    Uart0_Init(32,9600);
    P06=0;
    EUART = 1;                         //开启 Uart 中断
    EA = 1;                            //开启 CPU 中断
    SBUF=DataToSend[SendCnt];
    while(1);
}
//Uart0 初始化函数,参数: Fsys-系统主频(MHz),baud-波特率
//选择 T1 作为波特率信号发生器
void Uart0_Init(unsigned int Fsys,unsigned long int baud)
{
    P2CON &= 0xfc;                     //将 TX/RX 均设置为带上拉电阻的输入模式
    P2PH  |= 0x03;
    SCON  |= 0x50;                     //设置通信方式为工作模式 1,允许接收数据
    TMCON |= 0x02;                     //T1 频率源为 fsys
    TH1 = (Fsys*1000000/baud)>>8;      //波特率为 T1 的溢出时间;
    TL1 = Fsys*1000000/baud;
    TR1 = 0;
    ET1 = 0;
}
void Uart0_ISR(void) interrupt  UART0_vector    //UART0 中断服务函数
{
    if(TI)                                        //发送中断
    {
        TI = 0;
        SendCnt++;
        if(SendCnt==10)
        {
            P06=1;                       //发送结束,点亮连接 P0.6 的指示灯
        }
        else
            SBUF=DataToSend[SendCnt];
    }
    else                                 //接收中断
    {
        RI = 0;
    }
}
```

【例 6-2】使用 T2 作为波特率发生器,实现从 UART0 发送单片机的唯一 ID 到计算机,在计算机中可以使用串口助手观察接收到的数据。假设通信波特率为 9600bps。

解：实现代码如下：

```c
#include "sc95.h"
void Uart0_Init(unsigned int Fsys,unsigned long baud);   //UART0 初始化函数声明
unsigned char CPUID[12];          //存放 UniqueID
unsigned char SendCnt=0;          //发送数据计数
void main(void)
{
    unsigned char code * POINT =0x0260;
    unsigned char i;

    P0CON=0xff;                   //将 P0 口所有口线均设置为强推挽输出模式
    P0=0xff;
    EA = 0;                       //关闭总中断
    IAPADE = 0x01;                //拓展地址 0x01，选择 Unique ID 区域
    for(i=0;i<12;i++)
        CPUID[i]= *( POINT+i);    //读取 Unique ID 的值
    IAPADE = 0x00;                //拓展地址 0x00，返回 Code 区域
    Uart0_Init(32,9600);
    P06=1;
    EUART = 1;                    //开启 Uart 中断
    EA = 1;                       //开启 CPU 中断
    SBUF=CPUID[SendCnt];
    while(1);
}
//Uart0 初始化函数，参数：Fsys-系统主频(MHz)，baud-波特率
//选择 T2 作为波特率信号发生器
void Uart0_Init(unsigned int Fsys,unsigned long int baud)
{
    P2CON &= 0xfc;                //将 TX/RX 设置为带上拉电阻的输入模式
    P2PH  |= 0x03;
    SCON  |= 0x50;                //设置通信方式为工作模式 1，允许接收数据
    TXINX = 0x02;
    TMCON |= 0x04;
    TXMOD = 0x00;
    TXCON = 0x30;
    RCAPXH = Fsys*1000000/baud/256;
    RCAPXL = Fsys*1000000/baud%256;
    TRX = 0;
    ET2 = 0;
}
void UART0_ISR(void) interrupt  UART0_vector    //UART0 中断服务函数
{
    if(TI)                        //发送中断
    {
        TI = 0;
```

```
        SendCnt++;
        if(SendCnt==12)
        {
            P06=0;                  //发送结束，点亮连接 P0.6 的指示灯
        }
        else
            SBUF=CPUID[SendCnt];
    }
    else                            //接收中断
    {
        RI = 0;
    }
}
```

【例 6-3】多机通信编程举例。现用简单实例说明多机串行通信中从机的基本工作过程。而实际应用中还需要考虑通信的规范协议。假设通信波特率为 9600bps。

主机：先向从机发送一帧地址信息，接收到从机的响应后，向从机发送 10 个数据信息。

从机：接收主机发送来的地址帧信息，并与本机的地址号相比较，若不相等，仍保持 SM2=1 不变；若相等，则将 SM2 清零，向主机发送应答信息 0x5a，然后准备接收后续的数据信息，直至接收完 10 个数据信息。

解：多机通信的主机程序流程如图 6-12 所示，多机通信的从机程序流程如图 6-13 所示。

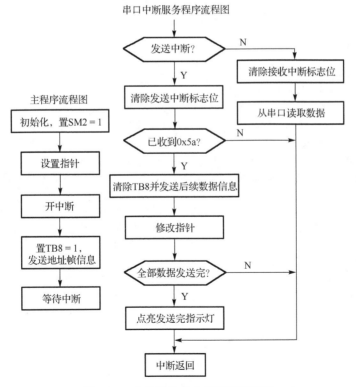

图 6-12 多机通信的主机程序流程图

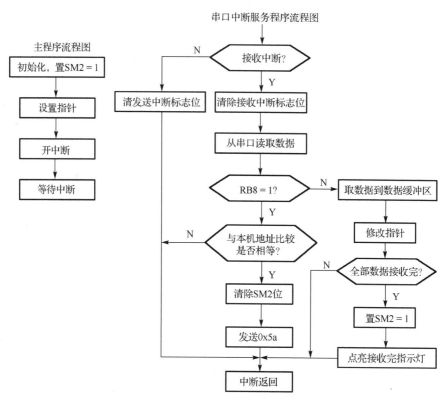

图 6-13  多机通信的从机程序流程图

主机的程序代码如下。

```
#include "sc95.h"
//UART0 初始化函数声明
void Uart0_Init(unsigned int Fsys,unsigned long baud);
unsigned char DataToSend[]="1234567890";    //要发送的测试数据
unsigned char SendCnt;                      //发送数据计数
unsigned char SlaveAddr=1;                  //从机地址
unsigned char SlaveResponse=0;              //从机响应数据
void main(void)
{
    P0CON=0xff;                 //将 P0 口所有口线均设置为强推挽输出模式
    Uart0_Init(32,9600);
    P06=1;
    EUART = 1;                  //开启 Uart 中断
    EA = 1;                     //开启 CPU 中断
    SendCnt=0;
    SBUF=SlaveAddr;
    while(1);
}
//Uart0 初始化函数,参数:Fsys-系统主频(MHz),baud-波特率
//选择 T1 作为波特率信号发生器
```

```
void Uart0_Init(unsigned int Fsys,unsigned long int baud)
{
    P2CON &= 0xfc;               //将 TX/RX 设置为带上拉电阻的输入模式
    P2PH  |= 0x03;
    SCON  |= 0xf8;               //设置通信方式为工作模式 3, SM2=1, 允许接收, TB8=1
    TMCON |= 0x02;
    TH1 = (Fsys*1000000/baud)>>8;              //波特率为 T1 的溢出时间
    TL1 = Fsys*1000000/baud;
    TR1 = 0;
    ET1 = 0;
}
void UART0_ISR(void) interrupt UART0_vector      //UART0 中断服务函数
{
    if(TI)                                       //发送中断
    {
        TI = 0;
        if(SlaveResponse==0x5a)
        {
            TB8=0;
            SBUF=DataToSend[SendCnt];
            SendCnt++;
            if(SendCnt>=10)
            {
                P06=0;           //发送结束，点亮连接 P0.6 的指示灯
            }
        }
    }
    else                         //接收中断
    {
        RI = 0;
        SlaveResponse=SBUF;               //接收从机的响应信息
    }
}
```

从机的程序代码如下。

```
#include "sc95.h"
//UART0 初始化函数声明
void Uart0_Init(unsigned int Fsys,unsigned long baud);
unsigned char DataRecieved[10];      //保存接收到的数据
unsigned char ReceiveCnt;            //接收数据计数
unsigned char SlaveAddr=1;           //从机地址
void main(void)
{
    P0CON=0xff;                      //将 P0 口所有口线均设置为强推挽输出模式
    Uart0_Init(32,9600);
```

```
            P06=1;
            EUART = 1;                        //开启 Uart 中断
            EA = 1;                           //开启 CPU 中断
            ReceiveCnt=0;
            while(1);
}
//Uart0 初始化函数，参数：Fsys-系统主频(MHz)，baud-波特率
//选择 T1 作为波特率信号发生器
void Uart0_Init(unsigned int Fsys,unsigned long int baud)
{
            P2CON &= 0xfc;            //TX/RX 设置为带上拉电阻的输入模式
            P2PH  |= 0x03;
            SCON  |= 0xf8;            //设置通信方式为工作模式 3，SM2=1，允许接收，TB8=1
            TMCON |= 0x02;
            TH1 = (Fsys*1000000/baud)>>8;   //波特率为 T1 的溢出时间
            TL1 = Fsys*1000000/baud;
            TR1 = 0;
            ET1 = 0;
}
void UART0_ISR(void) interrupt  UART0_vector    //UART0 中断服务函数
{
            unsigned char RecData;

            if(TI)                            //发送中断
            {
                TI = 0;
            }
            else                              //接收中断
            {
                RI = 0;
                RecData=SBUF;
                if(RB8)
                {
                    if(RecData==SlaveAddr)
                    {
                        SM2=0;
                        SBUF=0x5a;
                    }
                }
                else
                {
                    DataRecieved[ReceiveCnt]=RecData;
                    ReceiveCnt++;
```

```
            if(ReceiveCnt>=10)
            {
                SM2=1;
                P06=0;              //发送结束，点亮连接 P0.6 的指示灯
            }
        }
    }
}
```

**注意**：在进行多机通信时，只有在从机启动后，且处于接收状态，主机才能开始发送信息。

（2）通过固件库函数的方法使用 UART0

UART0 的相关固件库函数介绍如下：

① 函数 UART0_DeInit：将 UART0 寄存器设置为默认值。

函数原型：void UART0_DeInit(void)。

② UART0 初始化配置函数 UART0_Init

函数原型：void UART0_Init(uint32_t Uart0Fsys, uint32_t BaudRate, UART0_Mode_Typedef Mode, UART0_Clock_Typedef ClockMode, UART0_RX_Typedef RxMode)。

输入参数 Uart0Fsys：系统主频，单位为 Hz。

输入参数 BaudRate：波特率。

输入参数 Mode：工作模式，可取如下值。

UART0_Mode_8B：UART0 选为 8 位工作模式。

UART0_Mode_10B：UART0 选为 10 位工作模式。

UART0_Mode_11B：UART0 选为 11 位工作模式。

输入参数 ClockMode：时钟源选择，可取如下值。

UART0_CLOCK_TIMER1：T1 作为 UART0 时钟源。

UART0_CLOCK_TIMER2：T2 作为 UART0 时钟源。

输入参数 RxMode：RX 使能开关，可取如下值。

UART0_RX_ENABLE：允许 UART0 接收。

UART0_RX_DISABLE：禁止 UART0 接收。

③ 获得 SBUF 中的值函数 UART0_ReceiveData8

函数原型：uint8_t UART0_ReceiveData8(void)。

④ 获得 SBUF 中的值及第 9 位的值函数 UART0_ReceiveData9

函数原型 uint16_t UART0_ReceiveData9(void)。

⑤ 发送 8 位数据函数 UART0_SendData8

函数原型：void UART0_SendData8(uint8_t Data)。

输入参数 Data：要发送的数据。

⑥ 发送 9 位数据函数 UART0_SendData9

函数原型：void UART0_SendData9(uint16_t Data)。

输入参数 Data：要发送的 8 位数据及第 9 位数据。

⑦ 使能或关闭 UART0 中断函数 UART0_ITConfig

函数原型：void UART0_ITConfig(FunctionalState NewState, PriorityStatus Priority)。

输入参数 NewState：中断使能或关闭，可取 ENABLE 或 DISABLE。

输入参数 Priority：优先级设置，可取 LOW 或 HIGH。

⑧ 清除 UART0 中断标志位函数 UART0_ClearFlag

函数原型：void UART0_ClearFlag(UART0_Flag_TypeDef UART0_FLAG)。

输入参数 UART0_FLAG：UART0 中断标志位，可取如下值。

UART0_FLAG_TI：选择发送完成标志位。

UART0_FLAG_RI：选择接收完成标志位。

⑨ 获取 UART0 中断标志状态函数 UART0_GetFlagStatus

函数原型：FlagStatus UART0_GetFlagStatus(UART0_Flag_Typedef UART0_Flag)。

输入参数 UART0_FLAG：UART0 中断标志位，可取值与 UART0_ClearFlag 中的取值相同。

返回值：SET 或者 RESET。

【例 6-4】利用固件库函数实现以下功能：使用 T1 作为波特率发生器，从 UART0 发送字符串"1234567890"到计算机，在计算机中可以使用串口助手观察接收到的数据。假设通信波特率为 9600bps。

**解：**参照第 3 章介绍的方法，将 sc95f861x_uart0.c 文件加入到 FWLib 组中。由于用到对 GPIO 的设置，因此，同时将 sc95f861x_gpio.c 文件加入到 FWLib 组中。为了设置系统时钟频率，将 sc95f861x_option.c 文件加入到 FWLib 组中。实现代码如下：

```
#include "sc95f861x_gpio.h"
#include "sc95f861x_uart0.h"
#include "sc95f861x_option.h"
unsigned char DataToSend[]="1234567890";      //要发送的测试数据
unsigned char SendCnt=0;                       //发送数据计数
void main(void)
{
    GPIO_Init(GPIO0, GPIO_PIN_6,GPIO_MODE_OUT_PP);  //将 P0.6 设置为强推挽输出模式
    GPIO_WriteHigh(GPIO0, GPIO_PIN_6);
     //设置系统时钟为高频时钟/1
     OPTION_SYSCLK_Init(SYSCLK_PRESSEL_FOSC_D1);
    UART0_DeInit();                                 //复位 UART0 相关寄存器
    UART0_Init(32000000,9600,UART0_Mode_10B,UART0_CLOCK_TIMER1,
        UART0_RX_ENABLE);                           //UART0 基本设置
    UART0_ITConfig(ENABLE,LOW);                     //UART0 中断设置
    EnableInterrupts();                             //开放 CPU 中断
    UART0_SendData8(DataToSend[SendCnt]);
    while(1);
}
void UART0_ISR(void) interrupt  UART0_vector     //UART0 中断服务函数
{
    if(UART0_GetFlagStatus(UART0_FLAG_TI))
    {
```

```
            UART0_ClearFlag(UART0_FLAG_TI);
            SendCnt++;
            if(SendCnt==10)
            {
                SendCnt=0;
                //发送结束，点亮连接 P0.6 的指示灯
                GPIO_WriteLow(GPIO0, GPIO_PIN_6);
            }
            else
                SBUF=DataToSend[SendCnt];
        }
        else
        {
            UART0_ClearFlag(UART0_FLAG_RI);
        }
    }
```

## 6.3 三选一通用串行接口 USCI

### 6.3.1 USCI 简介

SC95F8617 单片机内部集成了 3 个三选一通用串行接口（Universal Serial Communication Interface，USCI），可方便 MCU 与不同接口的器件或者设备进行连接。用户可通过配置寄存器 OTCON 的 USMD1[1:0]、USMD0[1:0]，以及 TMCON 的 USMD2[1:0]将 USCI 接口配置为串行外设接口 SPI、TWI（一种兼容 I²C 总线的双线数据通信接口）和异步串行通信口 UART 中任意一种通信模式。USCI 的特点如下。

（1）SPI 模式可配置为主模式（或称为主机模式）或从模式（或称为从机模式），具备 8 位或 16 位传输模式。

（2）TWI 模式通信可配置为主模式或从模式。

（3）UART 模式有以下三种。

① 工作模式 0：8 位半双工同步通信。

② 工作模式 1：10 位全双工异步通信。

③ 工作模式 3：11 位全双工异步通信。

设置 USCI 功能的寄存器包括输出控制寄存器 OTCON 和定时器频率控制寄存器 TMCON。

**1. 输出控制寄存器 OTCON（地址为 8FH）**

OTCON 的复位值为 0x00，各位的定义如下：

| 位　　号 | 7 | 6 | 5 | 4 | 3 | 2 | 1 | 0 |
|---|---|---|---|---|---|---|---|---|
| 符　　号 | USMD1[1:0] | | USMD0[1:0] | | VOIRS[1:0] | | SCS | BIAS |

其中，VOIRS[1:0]、SCS 和 BIAS 与 LCD/LED 驱动有关。详细介绍请参考第 8 章的相关内容。

（1）USMD1[1:0]：USCI1 通信模式控制位。

00：USCI1 关闭；　　　　　　　　　　01：将 USCI1 设置为 SPI 通信模式；

10：将 USCI1 设置为 TWI 通信模式；　　11：将 USCI1 设置为 UART 通信模式。

（2）USMD0[1:0]：USCI0 通信模式控制位。

00：USCI0 关闭；　　　　　　　　　　01：将 USCI0 设置为 SPI 通信模式；

10：将 USCI0 设置为 TWI 通信模式；　　11：将 USCI0 设置为 UART 通信模式。

### 2．定时器频率控制寄存器 TMCON（地址为 8EH）

TMCON 的复位值为 00xxxx00b，各位的定义如下：

| 位　　号 | 7 | 6 | 5 | 4 | 3 | 2 | 1 | 0 |
|---|---|---|---|---|---|---|---|---|
| 符　　号 | USMD2[1:0] | | – | – | – | – | T1FD | T0FD |

其中，T1FD 和 T0FD 为 T1 和 T0 的频率控制位。详细介绍请参考第 5 章的相关内容。

USMD2[1:0]：USCI2 通信模式控制位。

00：USCI2 关闭；　　　　　　　　　　01：将 USCI2 设置为 SPI 通信模式；

10：将 USCI2 设置为 TWI 通信模式；　　11：将 USCI2 设置为 UART 通信模式。

## 6.3.2　SPI 接口方式及其应用

串行外部设备接口（Serial Peripheral Interface，SPI）是一种高速串行通信接口，允许 MCU 与外围设备（包括其他 MCU）同步接收和传送数据，是一种全双工串行总线。其速度比 UART 串行接口的速度快。SPI 支持在同一总线上将多个从机连接到一个主机上。

当 USMD$n$[1:0]=01（$n$=0,1,2）时，将 SC95F8617 单片机的三选一串行接口 USCI 配置为 SPI 接口方式。SPI 既可以与其他微处理器进行通信，又可以与具有 SPI 兼容接口的器件（如存储器、AD 转换器、DA 转换器、LED 或 LCD 驱动器等）进行同步通信。SPI 有两种操作模式：主模式和从模式。

### 1．SPI 的结构

SPI 的结构框图如图 6-14 所示。

SPI 的核心是一个 8 位/16 位移位寄存器和数据缓冲器，数据可以同时发送和接收。移位寄存器的位数由 SPI 状态寄存器 US$n$CON1 中的 SPMD 位确定，当 SPMD=0 时，为 8 位模式；当 SPMD=1 时，为 16 位模式。在 SPI 数据的传输过程中，发送和接收的数据都存储在缓冲器中。

SPI 状态寄存器 US$n$CON1 中的 DORD 位用于设定数据传输的顺序，当 DORD=0 时，先传输最高位；当 DORD=1 时，先传输最低位。

当发送缓冲器为空时，TXE 将被置 1。当数据传输完成时，TBIE 和 SPIF 用于触发 SPI 中断。

SPI 控制寄存器 US$n$CON0 中的 SPR[2:0]用于在主模式下设定 SPI 的时钟速率，SPI 时钟对于主机而言是输出，对于从机而言是输入。SPEN 用于使能 SPI。MSTR 用于设定为主模式。CPOL 和 CPHA 分别用于设定 SPI 时钟的极性和相位。

对于主模式，只需将数据写到数据寄存器 SPD 中即可启动数据发送过程。

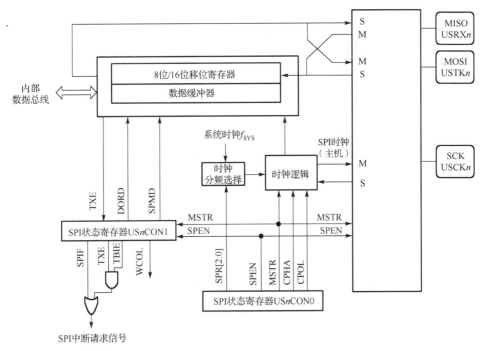

图 6-14　SPI 的结构框图

### 2．SPI 的数据通信方式

三线制的 SPI 由 MOSI、MISO 和 SCK 三个信号线构成。

（1）MOSI（Master Out Slave In，主出从入）：主机输出和从机输入。该信号线用于主机到从机的串行数据传输。在 SPI 规范中，要求多个从机共享一根 MOSI 信号线。

（2）MISO（Master In Slave Out，主入从出）：从机的输出和主机的输入。该信号线用于实现从机到主机的数据传输。在 SPI 规范中，要求一个主机可连接多个从机，因此，主机的 MISO 信号线会连接到多个从机上，或者说，多个从机共享一根 MISO 信号线。当主机与一个从机通信时，将其他 SPI 配置为未选中的从机的 MISO 引脚处于高阻状态。

（3）SCK（SPI Clock，串行时钟信号）：SCK 时钟信号是主机的输出和从机的输入，用于同步主机和从机之间在 MOSI 和 MISO 线上的串行数据传输。每 8 个时钟周期线上传送 1 字节。当主机启动一次数据传输时，自动产生 SCK 时钟周期信号给从机。在 SCK 的每个跳变处（上升沿或下降沿）移出一位数据。若从机未被选中，则 SCK 信号被该从机忽略。SCK 信号在主模式时为输出，在从模式时为输入。

当 SC95F8617 单片机三选一串行接口 USCI 用于 SPI 方式时，USTX*n*（*n*=0,1,2）作为 MOSI 信号；USRX*n*（*n*=0,1,2）作为 MISO 信号；USCK*n*（*n*=0,1,2）作为 SCK 信号。

有些设备的 SPI 会引出 $\overline{SS}$ 引脚（从机选择引脚，低电平有效），与 SC95F8617 单片机的 SPI 通信时，SPI 总线上其他设备 $\overline{SS}$ 引脚的连接方式需要根据不同的通信模式进行连接。数据通信方式主要有 2 种：单主机-单从机方式和单主机-多从机方式。

在 SC95F8617 单片机的 SPI 不同通信模式下，SPI 总线上其他设备 $\overline{SS}$ 引脚的连接方式如表 6-1 所示。

表 6-1 SPI 总线上其他设备 $\overline{SS}$ 引脚的连接方式

| 单片机 SPI | 其他 SPI 设备 | 模式 | 从机的 $\overline{SS}$ 引脚（从机选择引脚） |
|---|---|---|---|
| 主模式 | 从模式 | 一主一从 | 拉低 |
| | | 一主多从 | 单片机的多根 I/O 口线分别接至从机的 $\overline{SS}$ 引脚 |
| 从模式 | 主模式 | 一主一从 | 拉高 |

（1）单主机-单从机连接方式

单主机-单从机连接方式如图 6-15 所示。其中，从机的 $\overline{SS}$ 引脚用于选择从机，该引脚可以直接接地。主机 SPI 与从机 SPI 的移位寄存器连接成一个循环移位寄存器。当主机向 SPI 数据缓冲器写入数据时，立即启动一个连续的移位通信过程，即主机的 SCK 引脚向从机的 SCK 引脚发出一串脉冲，在这串脉冲的驱动下，主机 SPI 移位寄存器中的数据移到了从机 SPI 的移位寄存器中。与此同时，从机 SPI 移位寄存器中的数据移到了主机 SPI 的移位寄存器中。

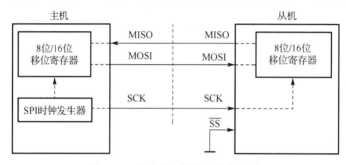

图 6-15 单主机-单从机连接方式

（2）单主机-多从机连接方式

在这种连接方式中，多个设备相连，其中一个设备固定作为主机，其他设备固定作为从机，其连接方式如图 6-16 所示。其中，单片机的多根 I/O 口线分别接至从机的 $\overline{SS}$ 引脚。在数据传送之前，要进行数据传输的从机的 $\overline{SS}$ 引脚必须被置为低电平。

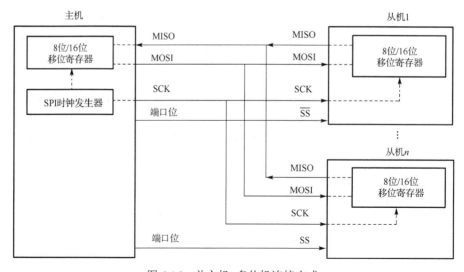

图 6-16 单主机-多从机连接方式

### 3. SPI 相关寄存器

（1）SPI 控制寄存器 US$n$CON0（$n$=0,1,2，下同）

SPI0 控制寄存器 US0CON0 的地址为 95H，SPI1 控制寄存器 US1CON0 的地址为 A4H，SPI2 控制寄存器 US2CON0 的地址为 C4H。这 3 个控制寄存器的复位值均为 0x000000b，各位的定义如下：

| 位 号 | 7 | 6 | 5 | 4 | 3 | 2 | 1 | 0 |
|---|---|---|---|---|---|---|---|---|
| 符 号 | SPEN | – | MSTR | CPOL | CPHA | SPR2 | SPR1 | SPR0 |

① SPEN：SPI 使能控制位。0：关闭 SPI；1：打开 SPI。

② MSTR：SPI 主从选择位。0：SPI 为从机；1：SPI 为主机。

③ CPOL：时钟极性控制位。0：SCK 在空闲状态下为低电平；1：SCK 在空闲状态下为高电平。

④ CPHA：时钟相位控制位。0：SCK 周期的第一沿采集数据；1：SCK 周期的第二沿采集数据。

⑤ SPR[2:0]：SPI 时钟速率选择位。

000：$f_{SYS}$；　　001：$f_{SYS}/2$；　010：$f_{SYS}/4$；　011：$f_{SYS}/8$；

100：$f_{SYS}/16$；101：$f_{SYS}/32$；110：$f_{SYS}/64$；　111：$f_{SYS}/128$。

其中，$f_{SYS}$ 是系统时钟频率。SPI 时钟速率最高可达到 16MHz，但是当通信口线上的负载增大时，端口输出的波形会产生畸变，进而引起通信时序的异常。因此，当 SPI 时钟速率超过 10MHz 时，用户需要考虑口线上的负载大小以保证正常通信。

（2）SPI 状态寄存器 US$n$CON1

SPI0 状态寄存器 US0CON1 的地址为 9DH，SPI1 状态寄存器 US1CON1 的地址为 A5H，SPI2 状态寄存器 US2CON1 的地址为 C5H。这 3 个状态寄存器的复位值均为 00xx0000b，各位的定义如下：

| 位 号 | 7 | 6 | 5 | 4 | 3 | 2 | 1 | 0 |
|---|---|---|---|---|---|---|---|---|
| 符 号 | SPIF | WCOL | – | – | TXE | DORD | SPMD | TBIE |

① SPIF：SPI 数据传输完成标志位。

0：表明未发生 SPI 数据传输或者 SPI 数据传输未完成；

1：表明已完成数据传输，由硬件置 1，由软件清零。

② WCOL：写入冲突标志位。

0：表明未发生写入冲突或者已处理写入冲突；

1：表明检测到一个冲突，由硬件置 1，由软件清零。

③ TXE：发送缓存器空标志位。

0：发送缓存器不空；1：发送缓存器为空，必须由软件清零。

④ DORD：传输方向选择位。

0：最高位（MSB）优先发送；1：最低位（LSB）优先发送。

⑤ SPMD：SPI 传输位数模式选择位。0：8 位模式；1：16 位模式。

⑥ TBIE：发送缓存器中断允许控制位。

0：不允许发送中断；1：允许发送中断，当中断标志位 SPIF=1 时，将产生 SPI 中断。

**注意**：在 SPI 传输数据时，需要经过两个阶段。首先，发送缓存器为空，即 TXE 为 1；其次，完成数据传输，即 SPIF 为 1。因此，在 SPI 中断函数中，当由 TXE 引起中断时，要把 TXE 标志位清零；当由 SPIF 引起中断时，要把 SPIF 位清零。

（3）SPI 数据寄存器低字节 US*n*CON2（SPDL）

SPI0 数据寄存器低字节 US0CON2 的地址为 9EH，SPI1 数据寄存器低字节 US1CON2 的地址为 A6H，SPI2 数据寄存器低字节 US2CON2 的地址为 C6H，它们的复位值均为 0x00，用于存放 SPI 传输数据的低字节。

（4）SPI 数据寄存器高字节 US*n*CON3（SPDH）

SPI0 数据寄存器高字节 US0CON3 的地址为 9FH，SPI1 数据寄存器高字节 US1CON3 的地址为 A7H，SPI2 数据寄存器高字节 US2CON3 的地址为 C76H，它们的复位值均为 0x00，用于存放 SPI 传输数据的高字节。

**注意**：当将 SPI 设置为 16 位模式时，必须先写入高字节，后写入低字节，在低字节写入后，立刻对其进行发送。

### 4．SPI 的工作模式

可将 SPI 模块配置为主模式或从模式。SPI 模块的初始化通过设置 SPI 控制寄存器 US*n*CON0 和 SPI 状态寄存器 US*n*CON1 来完成。配置完成后，通过设置 SPI 数据寄存器 US*n*CON2 和 US*n*CON3（以下简称 SPD）来完成数据的传输。

在 SPI 通信期间，数据同步地被串行移进移出。串行时钟线（SCK）使得两条串行数据线（MOSI 和 MISO）上的数据移动保持同步。没有被选中的从机不参与 SPI 总线上的通信。

当 SPI 主机通过 MOSI 线传输数据到从机时，从机通过 MISO 线发送数据到主机，实现了在同一时钟下数据发送和接收的同步全双工传输。发送移位寄存器和接收移位寄存器使用相同的特殊功能器地址，对 SPI 数据寄存器 SPD 进行写操作时，就是将数据写入发送移位寄存器；对 SPD 进行读操作时，将获得接收移位寄存器的数据。

（1）主模式

SPI 主机控制 SPI 总线上所有数据传输的启动。当 SPI 控制寄存器 US*n*CON0 中的 MSTR 位置 1 时，SPI 在主模式下运行，此时只有一个主机可以启动传送。

发送过程：在 SPI 主模式下，对 SPI 数据寄存器 SPD 进行以下操作：在 8 位模式下，写 1 个字节数据到 SPDL 或在 16 位模式下先将高字节写入 SPDH，再将低字节写入 SPDL，数据将会写入发送移位缓冲器。如果此时发送移位寄存器为空，那么主机立即按照 SCK 上的 SPI 时钟频率串行地移出发送移位寄存器中的数据到 MOSI 线上。传输完毕后，SPI 状态寄存器 US*n*CON1 中的 SPIF 位被置 1。若 SPI 中断被允许，则当 SPIF 置 1 时，将产生中断。

如果此时发送移位寄存器已经存在一个数据，那么 SPI 主机将产生一个写冲突 WCOL 信号以表明写入速度太快。但是在发送移位寄存器中的数据不会受到影响，发送也不会中断。实际应用中，在向 SPI 数据寄存器写入数据前，应先对 SPI 的状态进行检测判断，只有 SPI 空闲或者上一次发送数据结束时才写入新的数据，因此，这种情况基本不会发生。

接收过程：当主机通过 MOSI 线传输数据给从机时，相对应的从机同时也通过 MISO 线将其发送移位寄存器的内容传送给主机的接收移位寄存器，实现全双工操作。SPIF 标志位置 1

表示传送完成也表示接收数据完成，处理器可以通过读 SPD 获得该数据。

（2）从模式

当 SPI 控制寄存器 USnCON0 中的 MSTR 位清零时，SPI 在从模式下运行。

从模式下的发送过程与接收过程：按照主机控制的 SCK 信号，数据通过 MOSI 引脚移入，MISO 引脚移出。位计数器记录 SCK 的边沿数，当接收移位寄存器移入 8 位/16 位数据，同时，发送移位寄存器移出 8 位/16 位数据后，SPIF 标志位被置 1，若 SPI 中断被允许，则将会产生中断。数据可以通过读取 SPD 寄存器获得。此时接收移位寄存器保持现有数据并且 SPIF 位置 1，这样 SPI 从机将不会接收任何数据直到 SPIF 清零。SPI 从机必须在主机开始一次新的数据传送之前将要传送的数据写入发送移位寄存器中。若在开始发送前未写入数据，则从机将数据 0x00 传给主机。若写 SPD 操作发生在传送过程中，则 SPI 从机的 WCOL 标志位置 1，即若传送移位寄存器已经含有数据，则 SPI 从机的 WCOL 位置 1，表示写 SPD 冲突。但是移位寄存器的数据不受影响，传送也不会被中断。

### 5．SPI 数据传输格式

通过软件设置 SPI 控制寄存器 USnCON0 的 CPOL 和 CPHA，用户可以选择 SPI 时钟极性和相位的 4 种组合方式。CPOL 位定义时钟的极性，即空闲时的电平状态，对 SPI 传输格式影响不大。CPHA 位定义时钟的相位，即定义允许数据采样移位的时钟信号的边沿。在主从通信的两个设备中，时钟极性、相位的设置均应一致。

当 CPHA=0 时，主机在 SCK 的第一个沿捕获数据，从机必须在 SCK 的第一个沿之前将数据准备好。当 CPHA=0 时的数据传输波形如图 6-17 所示。

当 CPHA=1 时，主机在 SCK 的第一个沿将数据输出到 MOSI 线上，从机把 SCK 的第一个沿作为开始发送信号，SCK 的第二个沿开始捕获数据，因此用户必须在第一个 SCK 的两个沿内完成写 SPD 的操作。这种数据传输形式是一个主机与一个从机之间通信的首选形式。当 CPHA=1 时的数据传输波形如图 6-18 所示。

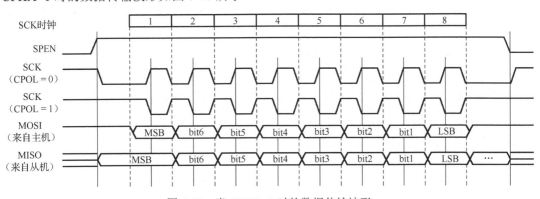

图 6-17　当 CPHA=0 时的数据传输波形

### 6．写冲突检测

在发送数据序列期间，再向 SPI 数据寄存器 SPD 写入数据时会引起写冲突，将 SPI 状态寄存器 USnCON1 中的 WCOL 置 1。将 WCOL 置 1 不会引起中断，发送也不会中止。WCOL 需要由软件清零。

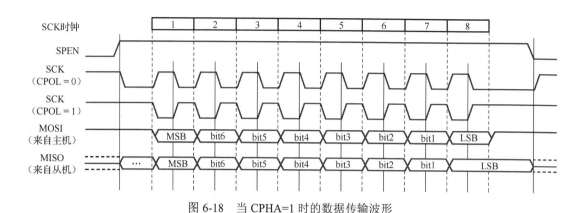

图 6-18　当 CPHA=1 时的数据传输波形

### 7. SPI 应用

在使用 SPI 时，首先需要对 SC95F8617 单片机集成的三选一串行接口 USCI 进行设置，其设置步骤如下：

（1）将 USMD*n*[1:0]配置为 01b，选择 SPI 模式（对于 USCI0 和 USCI1，分别设置 OTCON寄存器中的 USMD0[1:0]和 USMD1[1:0]；对于 USCI2，设置 TMCON 中的 USMD2[1:0]）；

（2）通过 SPI 控制寄存器 US*n*CON0 设置 SPI 的模式，选择 SCK 空闲时间的电平（SPI时钟极性），选择采集数据的时钟信号边沿（SPI 时钟相位），以及设定 SPI 时钟频率；

（3）通过 SPI 状态寄存器 US*n*CON1 设置数据传送的位顺序，数据传输的位数，以及是否允许发送中断；

（4）通过设置 SPI 控制寄存器 US*n*CON0 中的 SPEN 位使能 SPI；

（5）开放相关中断（USCI0 设置 IE1 寄存器，USCI1 和 USCI2 设置 IE2 寄存器）；

（6）开放 CPU 中断（EA=1）。

（7）编写中断服务程序，注意在中断服务程序中，将相关中断标志位清零。

【例 6-5】利用三选一串行口 USCI0 的 SPI 模式，不断输出 0x59，利用示波器观察数据波形。

**解：** 根据 SPI 的使用步骤，编写代码如下。

```
#include "sc95.h"
void SPI0_Init(void);          //USCI0 的初始化函数
bit SPI0Flag = 0;              //SPI0 数据传输完成标志位
void main(void)
{
    SPI0_Init();
    IE1 |= 0x01;               //允许 USCI0 中断
    EA = 1;                    //开启 CPU 中断
    while(1)
    {
        US0CON2 = 0x59;
        while(!SPI0Flag);
        SPI0Flag = 0;
    }
}
```

```
}
//USCI0 的 SPI 初始化函数
void SPI0_Init(void)
{
    OTCON |= 0x10;              //选择 SPI 模式
    US0CON0 = 0x3f;            //设置 SPI0 为主机，SCK 在空闲状态时为高电平
     //由 CPOL 和 CPHA 确定采集数据时刻，时钟速率为 fsys/128
    US0CON1 = 0x01;            //MSB 优先发送，8 位传输，允许发送中断
    US0CON0 |= 0x80;           //开启 SPI0
}
void SPI0_ISR(void) interrupt USCI0_vector  //USCI0_SPI 中断函数
{
    if(US0CON1&0x08)           //判断发送缓存器空标志位
    {
        US0CON1 &= 0xf7;       //将 TXE 清零
    }
    if(US0CON1&0x80)           //判断数据传输标志位
    {
        US0CON1 &= 0x7f;       //将 SPIF 清零
        SPI0Flag = 1;
    }
}
```

【例 6-6】利用三选一串行口 USCI2 的 SPI 模式，不断输出 0x85，利用示波器观察数据波形。

**解：**根据 SPI 的使用步骤，编写代码如下。

```
#include "sc95.h"
void SPI2_Init(void);          //USCI2 的 SPI 初始化函数
bit SPI2Flag = 0;              //SPI2 数据传输完成标志位
void main(void)
{
    SPI2_Init();
    IE2 |= 0x02;               //允许 USCI2 中断
    EA = 1;                    //开启 CPU 中断
    while(1)
    {
        US2CON2 = 0x85;
        while(!SPI2Flag);
        SPI2Flag = 0;
    }
}
//USCI2 的 SPI 初始化函数
void SPI2_Init(void)
{
```

```
        TMCON |= 0x40;        //选择 SPI 模式
        US2CON0 = 0x3f;       //设置 SPI2 为主机, SCK 空闲时间为高电平,
    //由 CPOL 和 CPHA 确定采集数据时刻, 时钟速率为 fsys/128
        US2CON1 = 0x01;       //MSB 优先发送, 8 位传输, 允许发送中断
        US2CON0 |= 0x80;      //开启 SPI2
}
void SPI2_ISR(void) interrupt USCI2_vector    // USCI2 的 SPI 中断函数
{
        if(US2CON1&0x08)      //判断发送缓存器空标志位
        {
            US2CON1 &= 0xf7;
        }
        if(US2CON1&0x80)      //判断数据传输标志位
        {
            US2CON1 &= 0x7f;
            SPI2Flag = 1;     //设置发送完成标志位
        }
}
```

## 6.3.3　TWI 的接口方式及其应用

TWI（Two-Wire serial Interface）是对 $I^2C$ 总线接口的继承和发展, 完全兼容 $I^2C$ 总线的功能, 具有硬件实现简单、软件设计方便、运行可靠和成本低廉等优点。TWI 由一根时钟线和一根传输数据线组成, 以字节为单位进行数据传输。

当 USMD$n$[1:0]=10b（$n$=0,1,2）时, 将三选一串行接口 USCI 配置为 TWI。通过 TWI 可以操作具有 $I^2C$ 总线兼容接口的器件, 如日历芯片 PCF8563、存储器芯片 24C64 等。TWI 有两种操作模式: 主模式和从模式。

### 1. TWI 的信号描述

TWI_SCL 和 TWI_SDA 是 TWI 总线的信号线, SDA 是双向数据线, SCL 是时钟线。在 TWI 总线上传输数据时, 先发送最高位。首先由主机发出启动信号, 即 SDA 在 SCL 高电平期间由高电平跳变为低电平, 然后由主机发送 1 字节的数据。数据传输完毕后, 由主机发出停止信号, 即 SDA 在 SCL 高电平期间由低电平跳变为高电平。TWI 的信号引脚具体介绍如下。

TWI 时钟信号线 USCK$n$（$n$=0,1,2）（SCL）: 该时钟信号由主机发出, 连接到所有的从机。每 9 个时钟周期传送 1 字节数据。前 8 个周期进行数据的传输, 最后一个时钟作为接收方应答时钟。空闲时, 时钟信号应为高电平, 由 SCL 线上的上拉电阻拉高。

TWI 数据信号线 USTX$n$（$n$=0,1,2）（SDA）: SDA 是双向信号线, 空闲时, 时钟信号应为高电平, 由 SDA 线上的上拉电阻拉高。

### 2. TWI 的相关寄存器

TWI 的寄存器与 SPI 的寄存器是一一对应的, 其地址也是对应的, 在描述中省略每个寄存器的地址说明。

（1）TWI 控制寄存器 US*n*CON0（*n*=0,1,2）

TWI 控制寄存器 US*n*CON0 的复位值均为 0x00，各位的定义如下：

| 位　号 | 7 | 6 | 5 | 4 | 3 | 2 | 1 | 0 |
|---|---|---|---|---|---|---|---|---|
| 符　号 | TWEN | TWIF | MSTR | GCA | AA | STATE[2:0] | | |

① TWEN：TWI 使能控制位。0：关闭 TWI；1：打开 TWI。

② TWIF：TWI 中断标志位。在下列条件下，中断标志位由硬件置 1。

在主模式下，发送启动信号，发送完地址帧，接收完或发送完数据帧。在从模式下，第一帧地址匹配成功，成功接收或发送 8 位数据，接收到重复起始条件，从机收到停止信号。注意，TWEN 必须由软件清零。

③ MSTR：主从模式设置位。0：设置为从模式；1：设置为主模式。

说明：当 TWI 向总线发出起始条件后，会自动切换为主模式，同时硬件将该位置位；当总线上检测到一个停止条件时，由硬件清除该位。

④ GCA：通用地址响应标志位。

0：非通用地址响应；

1：当 US*n*CON2 中的 GC 位为 1，且通用地址匹配时，该位由硬件置 1，自动清零。

⑤ AA：应答使能位。

0：无应答，返回 UACK（应答位为高电平）；

1：在接收到一个匹配的地址或数据后，返回一个应答 ACK。

⑥ STATE[2:0]：状态机，状态标志位。

从模式：

000：从机处于空闲状态，等待 TWEN 位置 1，检测 TWI 启动信号。当从机接收到停止条件后，会跳转到此状态；

001：从机正在接收第一帧地址和读/写位（第 8 位为读/写位，1 为读，0 为写）。从机接收到起始条件后，会跳转到此状态；

010：从机接收数据状态；

011：从机发送数据状态；

100：在从机发送数据状态中，当主机回 UACK 时跳转到此状态，等待重新启动信号或停止信号；

101：从机处于发送状态时，将 AA 写 0 会进入此状态，等待重新启动信号或停止信号；

110：从机地址与主机发送的地址不匹配会跳转到此状态，等待新的起始条件或停止条件。

主模式：

000：状态机为空闲状态；

001：主机发送起始条件或主机正在发送从机地址；

010：主机发送数据；

011：主机接收数据；

100：主机发送停止条件或接收到从机的 UACK 信号。

（2）TWI 控制寄存器 US*n*CON1（*n*=0,1,2）

TWI 控制寄存器 US*n*CON1 的复位值均为 0x00，各位的定义如下：

| 位　号 | 7 | 6 | 5 | 4 | 3 | 2 | 1 | 0 |
|---|---|---|---|---|---|---|---|---|
| 符　号 | TXnF/RXnF | STRETCH | STA | STO | TWCK[3:0] | | | |

① TXnF/RXnF：发送/接收完成标志位。当具有以下情况时，TXnF/RXnF 被置 1。

主模式：

- 主机发送地址帧（写），且接收到从机 ACK；
- 主机发送完数据，且接收到从机 ACK；
- 主机接收到数据，且主机回从机 ACK。

从模式：

- 从机接收地址帧（读），且与从机地址（TWA）匹配；
- 从机接收到数据，且从机回主机 ACK；
- 从机发送完数据，且接收到主机 ACK（AA=1）。

**注意**：对 TWIDAT 进行读/写操作，会清除此标志位。

② STRETCH：允许时钟延长（从模式）控制位。

0：禁止时钟延长；1：允许时钟延长，主机需要支持时钟延长功能。

说明：在数据传输完成后，且 ACK 为 0 时，将发生时钟延长。

③ STA：起始位。该位置 1 产生起始条件，TWI 将切换为主模式。软件可以设置或清除该位，或当起始条件发出后，由硬件清除。

④ STO：主模式停止位。主模式下，将该位置 1，在当前字节传输或起始条件发出后，产生停止条件。软件可以设置或清除该位，或当检测到停止条件时，由硬件清除该位。

⑤ TWCK[3:0]：主模式下，TWI 的通信速率设定如下：

0000：$f_{HRC}/1024$；　　0001：$f_{HRC}/512$；　　0010：$f_{HRC}/256$；　　0011：$f_{HRC}/128$；

0100：$f_{HRC}/64$；　　0101：$f_{HRC}/32$；　　0110：$f_{HRC}/16$；　　其他：保留。

**注意**：TWI 的时钟源固定为 $f_{HRC}=32MHz$。时钟频率最高为 400kHz。在从模式下，对该位设定是无效的。

（3）TWI 地址寄存器 USnCON2（n=0,1,2）

TWI 地址寄存器 USnCON2 的复位值均为 0x00，各位的定义如下：

| 位　号 | 7 | 6 | 5 | 4 | 3 | 2 | 1 | 0 |
|---|---|---|---|---|---|---|---|---|
| 符　号 | TWA[6:0] | | | | | | | GC |

① TWA[6:0]：TWI 地址寄存器。TWA[6:0]不能写为全 0，00H 为通用地址寻址专用。主模式下对该位设定无效。

② GC：TWI 通用地址使能。0：禁止响应通用地址 00H；1：允许响应通用地址 00H。

（4）TWI 数据缓存寄存器 USnCON3（n=0,1,2）

TWI 数据缓存寄存器 USnCON3 的复位值均为 0x00，用于保存 TWI 的通信数据。TWI 数据缓存寄存器也描述为 TWIDAT。

### 3．TWI 的工作模式

（1）主机工作模式

当 TWI 向总线发出起始条件后，会自动切换为主模式，同时硬件将 MSTR 位置 1。主机状态位 STATE[2:0]从 000 切换到 001，同时中断条件 TWIF 被置 1。

① TWI 主机发送模式。在主机发送模式下，主机发送的第一帧数据包括 7 位地址位（被选中的从机地址）和 1 位读/写位（该位为 0，写命令），TWI 总线上的所有从机都会接收到主机发送来的第一帧数据。主机发送完第一帧数据后，释放 SDA 信号线。被选中的从机在 SCL 的第 9 个时钟周期向主机发送一个应答信号，之后会释放总线并进入到从机接收状态，等待接收主机发送的数据。主机每发送 8 位数据，都要释放一次总线，然后等待第 9 个周期从机的应答信号。

若从机应答低电平，则主机可以继续发送数据，也可以重新发送启动信号。从机应答低电平时的数据传输波形图如图 6-19 所示。

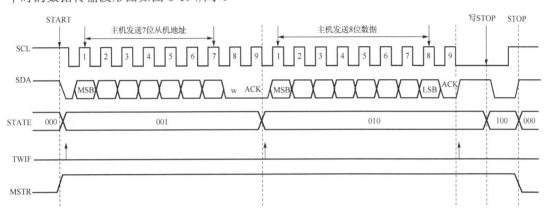

图 6-19　从机应答低电平时的数据传输波形图

若从机应答高电平，则表示当前字节传输完毕后，从机会主动结束本次传输，不再接收主机发送来的数据，主机 STATE[2:0]从发送数据状态 010 切换为 100。从机应答高电平时的数据传输波形图如图 6-20 所示。

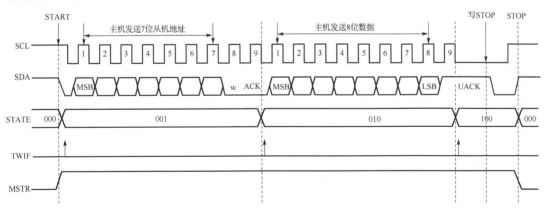

图 6-20　从机应答高电平时的数据传输波形图

② TWI 主机接收模式。在主接收模式下，主机发送的第一帧数据包括 7 位地址位（被选中的从机地址）和 1 位读/写位（该位为 1，读命令），TWI 总线上的所有从机都会接收到主机发送来的第一帧数据。主机发送完第一帧数据后，释放 SDA 信号线。被选中的从机在 SCL 的第 9 个时钟周期向主机发送一个应答信号，之后会占用总线，向主机发送数据。每发送 8 位数

据，从机就释放一次总线，等待主机的应答。主机接收到从机地址匹配成功后的应答信号 ACK，并开始接收从机数据（STATE=011）。

若主机应答位使能（AA=1），则主机每接收到 1 字节数据，就回复应答信号 ACK，TWIF 被置位；在接收最后一个字节数据前，若主机应答使能位关闭（AA=0），则主机接收完最后一个字节数据后回复 UACK，然后主机可以发送停止信号。

在主机接收模式下，主动释放总线方式的数据传输波形图如图 6-21 所示。

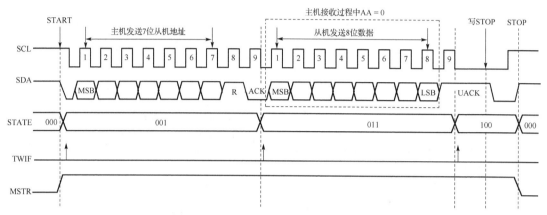

图 6-21　在主机接收模式下，主动释放总线方式的数据传输波形图

③ 主模式的操作步骤如下。

- 配置 USMD$n$[1:0] 为 10b，选择 TWI 模式。
- 配置 TWI$n$ 控制寄存器 US$n$CON0：TWEN = 1，使能 TWI。
- 配置 TWI$n$ 控制寄存器 US$n$CON1：配置 TWI 通信速率（TWCK[3:0]），将起始位 STA 置1。
- 配置 TWI$n$ 地址寄存器 US$n$CON3：将"从机地址+读/写位"写入 TWIDAT，并在总线上发出地址帧。
- 若主机接收数据，则等待 US$n$CON0 中的中断标志位 TWIF 置 1。主机每接收 8 位数据，中断标志位就会被置一次 1。中断标志位需手动清零。
- 若主机发送数据，则要将待发送的数据写进 TWIDAT 中，TWI 会自动将数据发送出去。主机每发送 8 位数据，中断标志位 TWIF 就会被置一次 1。
- 数据接收发送完成后，主机可发送停止条件（STOP=1），状态切换为 000。或重新发送起始信号，开始新一轮的数据传输。

注意：主机产生 STOP 后，其 TWIF 位不会被置位。

（2）从机工作模式

当 TWI 使能控制位打开（TWEN=1），且接收到主机发送的启动信号时，从模式启动。

从机从空闲模式（STATE[2:0]=000）进入接收第一帧地址（STATE[2:0]=001）状态后，等待接收主机的第一帧数据。第一帧数据由主机发送，包括了位地址位和 1 位读/写位。TWI 总线上的所有从机都会接收到主机的第一帧数据。主机发送完第一帧数据后，释放 SDA 信号线。若主机发送的地址与某个从机自身地址寄存器中的值相同，则说明该从机被选中。判断被选中从机接收到的第 8 位，即数据读/写位（若该位为 1，则为读命令；若该位为 0，则为写命令），然后占用 SDA 信号线，在 SCL 的第 9 个时钟周期向主机发送一个低电平的应答信号，之后会释放总线。从机被选中后，会根据读/写位的不同而进入不同的状态。

① 非通用地址的响应

**从机接收模式**。若第一帧接收到的读/写位是 0（写），则从机进入从机接收状态（STATE[2:0]=010）等待接收主机发送来的数据。主机每发送 8 位数据，都要释放一次总线，等待第 9 个周期从机的应答信号。

若从机的应答信号是低电平，则主机的通信方式有以下三种。

● 继续发送数据。

● 重新发送启动信号（START），此时从机重新进入接收第一帧地址（STATE[2:0]=001）状态。

● 发送停止信号，表示本次传输结束，从机回到空闲状态，等待主机下一次的启动信号。

从机应答低电平时的数据传输波形图如图 6-22 所示。

若从机应答的是高电平（在接收过程中，将从机寄存器中的 AA 值改写为 0），则表示在当前字节传输完后，从机会主动结束本次传输，并回到空闲状态（STATE[2:0]=000），而不再接收主机发送来的数据。从机应答高电平时的数据传输波形图如图 6-23 所示。

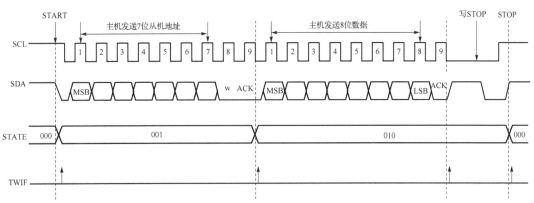

图 6-22　从机应答低电平时的数据传输波形图

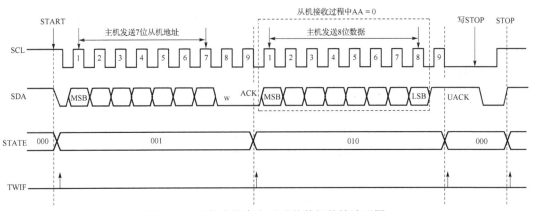

图 6-23　从机应答高电平时的数据传输波形图

**从机发送模式**。若第一帧接收到的读/写位是 1（读），则从机会占用总线，向主机发送数据。每发送 8 位数据，从机都要释放一次总线，并等待主机的应答。

若主机应答的是低电平，则从机继续后主机发送数据。在发送数据过程中，若从机寄存器中的 AA 值被改写为 0，则传输完当前字节后，从机会主动结束传输并释放总线，等待主机的停止信号或重新启动信号（STATE[2:0]= 101）。主机应答低电平时的数据传输波形图如图 6-24 所示。

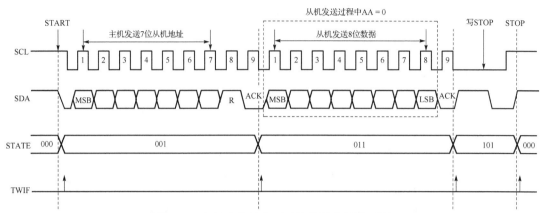

图 6-24　主机应答低电平时的数据传输波形图

若主机应答的是高电平，则从机 STATE[2:0]=100，并且等待主机的停止信号或重新启动信号。主机应答高电平时的数据传输波形图如图 6-25 所示。

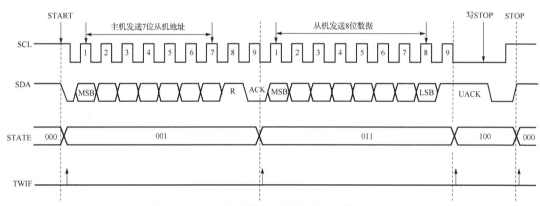

图 6-25　主机应答高电平时的数据传输波形图

② 通用地址的响应

当 GC=1 时，使用通用地址。从机进入到接收第一帧地址（STATE[2:0]=001）状态，从机接收的第一帧数据中的地址位数据为 0x00，此时所有从机均响应主机。主机发送的读/写位必须是 0（写），所有从机接收到该位后均进入接收数据（STATE[2:0]=010）状态。主机每发送 8 位数据就释放一次 SDA 线，并读取 SDA 线上的状态。

通用地址模式下，有从机应答时的数据传输波形图如图 6-26 所示。

若有从机应答，则主机的通信方式可以有以下三种。

● 继续发送数据。

● 重新启动。

● 发送停止信号，结束本次通信。

若无从机应答，则 SDA 位为空闲状态。

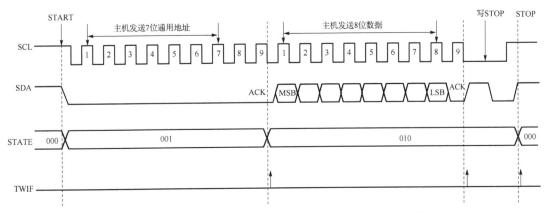

图 6-26 通用地址模式下，有从机应答时的数据传输波形图

**注意：** 在"一主多从"模式下使用通用地址时，主机发送的读/写位不能为 1（读）状态，否则除发送数据的设备外，总线上的其他设备均会响应。

③ 从模式操作步骤如下。

● 将 USMD$n$[1:0]配置为 10b，选择 TWI 模式（对于 USCI0 和 USCI1，分别设置 OTCON 寄存器中的 USMD0[1:0]和 USMD1[1:0]；对于 USCI2，设置 TMCON 中的 USMD2[1:0]）。

● 配置 TWI$n$ 控制寄存器 US$n$CON0 和 US$n$CON1。

● 配置 TWI$n$ 地址寄存器 US$n$CON2。

● 若从机接收数据，则等待 US$n$CON0 中的中断标志位 TWIF 置 1。从机每接收到 8 位数据，TWIF 就会被置一次 1。TWIF 需手动清零。

● 若从机发送数据，则要将待发送的数据写进 TWIDAT 中，TWI 会自动将数据发送出去。每发送 8 位数据，TWIF 就会被置一次 1。

**4．TWI 的应用举例**

当三选一串行口 USCI 用于 TWI 模式时，首先需要对其进行初始化，然后编写中断服务程序，其相关步骤如下。

（1）选择 TWI 模式（设定 OTCON 和 TMCON 寄存器中的相应位）。

（2）通过 TWI 控制寄存器 US$n$CON0 设置 TWI 的模式是主模式还是从模式，并设置应答标志位。

（3）通过 TWI 状态寄存器 US$n$CON1 设置 TWI 时钟频率。

（4）使能 TWI 中断（USCI0，设置 IE1 寄存器；USCI1 和 USCI2，设置 IE2 寄存器）。

（5）开放 CPU 中断（EA=1）。

（6）编写中断服务程序，注意在中断服务程序中，将相关中断标志位清零。

**【例 6-7】** 利用三选一串行口 USCI0 的 TWI 模式，不断发出地址读命令和地址写命令，以地址 0x08 为例，利用示波器观察数据波形。

解：根据 USCI 的 TWI 模式的设置步骤，编写代码如下。

```
#include "sc95.h"
void TWI0_Init(void);              //USCI0 的 TWI 初始化函数
bit TWI0Flag = 0;                  //TWI0 数据传输完成标志位
```

```
void delay(unsigned long delaycnt)
{
    while(delaycnt--);
}
void main(void)
{
    TWI0_Init();
    IE1 |= 0x01;                    //允许 USCI0 中断
    EA = 1;                         //开启 CPU 中断
    while(1)
    {
        US0CON1 |= 0x20;            //产生起始条件
        while(!TWI0Flag);
        TWI0Flag = 0;
        US0CON3 = 0x09;            //发送地址及读命令
        while(!TWI0Flag);
        TWI0Flag = 0;
        US0CON3 = 0x08;            //发送地址及写命令
        while(!TWI0Flag);
        TWI0Flag = 0;
        Delay(100);
        US0CON1 |= 0x10;           //产生停止条件
        Delay(100);
    }
}
//USCI0 的 TWI 初始化函数
void TWI0_Init(void)
{
    OTCON |= 0x20;                 //选择 TWI 模式
    US0CON0 = 0x80;                //主模式，使能应答标志位
    US0CON1 = 0x05;                //设置时钟速率
}
void TWI0_Int(void) interrupt USCI0_vector      // USCI0 的 TWI 中断函数
{
    if(US0CON0&0x40)
    {
        US0CON0 &= 0xbf;           //中断清零
        TWI0Flag = 1;
    }
}
```

【例 6-8】利用三选一串行口 USCI1 的 TWI 模式，连接日历芯片 PCF8563，设置其秒寄存器的内容，然后再读出秒寄存器的内容。

解：（1）PCF8563 芯片

PCF8563 是 PHILIPS 公司推出的一款工业级内含 $I^2C$ 总线接口功能的具有极低功耗的多功能时钟/日历芯片。PCF8563 的多种报警功能、定时器功能、时钟输出功能及中断输出功能可以完成各种复杂的定时服务，甚至可为单片机提供看门狗功能。内部时钟电路、内

部振荡电路、内部低电压检测电路及两线制 I²C 总线通信方式，不但使外围电路极其简洁，而且也提高了芯片的可靠性。PCF8563 每次读/写数据后，内嵌的字地址寄存器会自动产生增量。因此，PCF8563 是一款性价比极高的时钟芯片，已被广泛用于电表、水表、气表、电话、传真机、便携式仪器及电池供电的仪器仪表等产品领域中。PCF8563 具有以下主要特性。

- 包含世纪标志。
- 工作电压范围为 1.0V～5.5V。
- 最大总线速度为 400kHz 的 I²C 总线接口。
- 可编程时钟输出频率为 32.768kHz、1024Hz、32Hz、1Hz。
- 内部集成报警和定时器。
- 内部集成掉电检测器。
- 内部集成振荡器电容。
- 片内电源复位功能。
- I²C 总线从机地址：读时为 0A3H，写时为 0A2H。
- 开漏中断引脚。
- 有三种封装形式：DIP8（PCF8563P）、SO8（PCF8563T）和 TSSOP8（PCF8563TS）。

PCF8563 内部结构框图如图 6-27 所示。

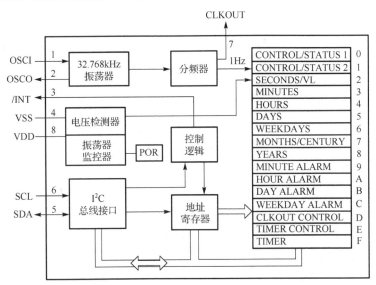

图 6-27　PCF8563 内部结构框图

（2）引脚描述

PCF8563 引脚描述如表 6-2 所示。

表 6-2　PCF8563 引脚描述

| 引 脚 号 | 符 号 | 描 述 |
|---|---|---|
| 1 | OSCI | 振荡器输入 |
| 2 | OSCO | 振荡器输出 |

续表

| 引 脚 号 | 符 号 | 描 述 |
|---------|-------|-------|
| 3 | /INT | 中断输出（开漏，低电平有效） |
| 4 | VSS | 地 |
| 5 | SDA | 串行数据 I/O |
| 6 | SCL | 串行时钟输入 |
| 7 | CLKOUT | 时钟输出（开漏） |
| 8 | VDD | 正电源 |

（3）功能描述

PCF8563 有 16 个 8 位寄存器：一个可自动增量的地址寄存器、一个内置 32.768kHz 的振荡器（带有一个内部集成的电容）、一个分频器（用于给实时时钟 RTC 提供源时钟）、一个可编程时钟输出、一个定时器、一个报警器、一个掉电检测器和一个 400kHz 的 $I^2C$ 总线接口。

所有寄存器均为可寻址的 8 位并行寄存器，但不是所有位都有用。前两个寄存器（内存地址 00H 和 01H）用作控制寄存器和状态寄存器，内存地址 02H～08H 用作时钟计数器（秒～年计数器），地址 09H～0CH 用作报警寄存器（定义报警条件），地址 0DH 用于控制 CLKOUT 引脚的输出频率，地址 0EH 和 0FH 分别用作定时器控制寄存器和定时器寄存器。秒寄存器、分钟寄存器、小时寄存器、日寄存器、月寄存器、年寄存器、分钟报警寄存器、小时报警寄存器、日报警寄存器的编码格式均为 BCD，星期寄存器和星期报警寄存器不以 BCD 格式编码。

读一个寄存器时，所有计数器的内容均被锁存。因此，在传送条件下，可以禁止对时钟/日历芯片的错读。

PCF8563 的具体功能描述请参见其数据手册。

（4）寄存器结构

PCF8563 寄存器的概况如表 6-3 所示。标记为"–"的位表示无效，标记为"0"的位应设置为逻辑 0。

表 6-3　PCF8563 寄存器的概况

| 地址 | 寄存器名称 | b7 | b6 | b5 | b4 | b3 | b2 | b1 | b0 |
|------|-----------|-----|-----|-----|-----|-----|-----|-----|-----|
| 00H | 控制/状态寄存器 1 | TEST | 0 | STOP | 0 | TESTC | 0 | 0 | 0 |
| 01H | 控制/状态寄存器 2 | 0 | 0 | 0 | TI/TP | AF | TF | AIE | TIE |
| 02H | 秒寄存器 | VL | 00～59 BCD 码格式数 | | | | | | |
| 03H | 分钟寄存器 | – | 00～59 BCD 码格式数 | | | | | | |
| 04H | 小时寄存器 | – | – | 00～59 BCD 码格式数 | | | | | |
| 05H | 日寄存器 | – | – | 01～31 BCD 码格式数 | | | | | |
| 06H | 星期寄存器 | – | – | – | – | – | 0～6 | | |

续表

| 地址 | 寄存器名称 | b7 | b6 | b5 | b4 | b3 | b2 | b1 | b0 |
|------|------------|-----|-----|-----|-----|-----|-----|-----|-----|
| 07H | 月/世纪寄存器 | C | – | – | 01～12 BCD 码格式数 | | | | |
| 08H | 年寄存器 | 00～99 BCD 码格式数 | | | | | | | |
| 09H | 分钟报警寄存器 | AE | 00～59 BCD 码格式数 | | | | | | |
| 0AH | 小时报警寄存器 | AE | – | 00～23 BCD 码格式数 | | | | | |
| 0BH | 日报警寄存器 | AE | – | 01～31 BCD 码格式数 | | | | | |
| 0CH | 星期报警寄存器 | AE | – | – | – | – | 0～6 | | |
| 0DH | CLKOUT 频率寄存器 | FE | – | – | – | – | – | FD1 | FD0 |
| 0EH | 定时器控制寄存器 | TE | – | – | – | – | – | TD1 | TD0 |
| 0FH | 定时器倒计时数值寄存器 | 定时器倒计时数值 | | | | | | | |

① 控制/状态寄存器 1（地址：00H）

TEST1：TEST1=0，普通模式；TEST1=1，EXT_CLK 测试模式。

STOP：STOP=0，芯片时钟运行；STOP=1，所有芯片分频器异步设置为逻辑 0，芯片时钟停止运行（CLKOUT 在 32.768kHz 时可用）。

TESTC：TESTC=0，电源复位功能失效（普通模式时，设置为逻辑 0）；TESTC=1，电源复位功能有效。

② 控制/状态寄存器 2（地址：01H）

TI/TF：若 TI/TP=0，则当 TF 有效时，INT 有效（取决于 TIE 的状态）；若 TI/TP=1，则 INT 脉冲有效（取决于 TIE 的状态）。若 AF 和 AIE 都有效，则 INT 一直有效。

AF、TF：当报警发生时，AF 被置 1；在定时器倒计数结束时，TF 被置 1。AF 与 TF 在被软件重写前一直保持原有值。若定时器和报警中断同时发出请求，则中断源由 AF 和 TF 决定。若要清除一个标志位而防止另一个标志位被重写，则运用逻辑指令 AND。

读 AF 标志位时，若 AF=0，则报警标志位无效；若 AF=1，则报警标志位有效。

写 AF 标志位时，若 AF=0，则报警标志位被清除；若 AF=1，则报警标志位保持不变。

读 TF 标志位时，若 TF=0，则定时器标志位无效；若 TF=1，则定时器标志位有效。

写 TF 标志位时，若 TF=0，则定时器标志位被清除；若 TF=1，则定时器标志位保持不变。

AIE、TIE：AIE 和 TIE 用于设置中断的请求有效或无效。当 AF 或 TF 中有一个为 1 时，中断是 AIE 和 TIE 都置 1 时的逻辑或。

若 AIE=0，则报警中断位无效；若 AIE=1，则报警中断位有效。若 TIE=0，则定时器中断位无效；若 TIE=1，则定时器中断位有效。

③ 秒/VL 寄存器（地址：02H）

VL：若 VL=0，则保证准确的时钟/日历数据；若 VL=1，则不保证准确的时钟/日历数据。低 7 位表示 BCD 格式的当前秒数值，其值为 00～99。如<秒> 1011001 代表 59 秒。

④ 分钟寄存器（地址：03H）

低 7 位表示 BCD 格式的当前分钟数值，其值为 00～59。

⑤ 小时寄存器（地址：04H）

低 7 位表示 BCD 格式的当前小时数，其值为 00～23。

⑥ 日寄存器（地址：05H）

低 6 位表示 BCD 格式的当前天数，其值为 01～31。当年计数器的值是闰年时，PCF8563 自动为二月增加一个值，使其成为 29 天。

⑦ 星期寄存器（地址：06H）

低 3 位表示当前星期数为 0～6。这些位也可由用户重新分配，以下为其中一种分配方式。

000：星期日；　　001：星期一；　　010：星期二；　　011：星期三；

100：星期四；　　101：星期五；　　110：星期六

⑧ 月/世纪寄存器（地址：07H）

C 为世纪位。若 C=0，则指定世纪数为 20\*\*；若 C=1，则指定世纪数为 19\*\*。\*\*为年寄存器中的值。当年寄存器中的值由 99 变为 00 时，世纪位会发生改变。

低 5 位表示 BCD 格式的当前月份，其值为 01～12。

00001：一月；00010：二月；00011：三月；00100：四月；00101：五月；00110：六月

00111：七月；01000：八月；01001：九月；10000：十月；10001：十一月；10010：十二月。

⑨ 年寄存器（地址：08H）

表示 BCD 格式的当前年数，其值为 00～99。

⑩ 报警寄存器

当一个或多个报警寄存器写入合法的分钟、小时、日或星期数并且它们相应的 AE（Alarm Enable）位均为逻辑 0，以及这些数值与当前的分钟、小时、日或星期数值相等时，标志位 AF（Alarm Flag）被设置，AF 保存设置值直到被软件清除为止，AF 被清除后，只有在时间增量与报警条件再次相匹配时才可再被设置。报警寄存器在其相应位 AE 置为逻辑 1 时将被忽略。即若 AE=0，则报警有效；若 AE=1，则报警无效。

各个报警寄存器的详细描述从略。

⑪ CLKOUT 频率寄存器（地址：0DH）

FE：若 FE=0，则 CLKOUT 输出被禁止并将其设成高阻抗；若 FE=1，则 CLKOUT 输出有效。频率由 FD1 和 FD0 两位共同设定。

FD1、FD0：CLKOUT 引脚输出频率设置。其中，

00：32.768kHz；01：1024Hz；10：32Hz；11：1Hz。

其他寄存器的描述请参阅相关数据手册。

（5）SC95F8617 单片机和 PCF8563 使用举例

在使用 I$^2$C 总线传输数据前，从机应先标明地址，在 I$^2$C 总线启动后，这个地址与第一个传送字节一起被传送。PCF8563 可以作为一个从机，这时时钟信号线 SCL 只能是输入信号线，数据信号线 SDA 是一条双向信号线。PCF8563 的从机地址为：

| 1 | 0 | 1 | 0 | 0 | 0 | A0 | R/$\overline{\text{W}}$ |
|---|---|---|---|---|---|----|------|

利用 TWI2 操作 PCF8563，其电路原理图如图 6-28 所示。

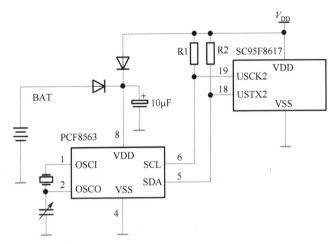

图 6-28　SC95F8617 单片机与 PCF8563 的连接电路图

本例测试代码如下。

```
#include "sc95.h"
#include "stdio.h"
#define     True            1
#define     False           0
#define     Enable          1
#define     Disable         0
void delay(unsigned int some_times);
void TWI0_int(void);
void Uart0_Init(unsigned int Fsys,unsigned long int baud);
void Uart_SendByte(unsigned char byte);
void pcf_WriteOneByte(unsigned char WriteAddr,unsigned char DataToWrite);
unsigned char pcf_ReadOneByte(unsigned char ReadAddr);
void time_init(void);
void pcf_init(void);
unsigned char bcd_dec(unsigned char bat);
bit UartSendFlag = 0;          //发送中断标志位
bit UartReceiveFlag = 0;       //接收中断标志位
bit TWI0Flag = 0;              //TWI0 中断标志位
extern unsigned int iic_cnt;
bit IIFLAG=0;
unsigned char iic_data_read;
void main(void)
{
    unsigned char sec,min,hour,sec1,min1,hour1;
                //PCF8563 读出的变量和转换成的十进制数变量
    TWI0_int();
    Uart0_Init(32,9600);
    EA = 1;
    pcf_WriteOneByte(0x00,0x20);
```

```
        delay(1300);
        time_init();
        pcf_init();
        delay(1300);
        while(1)
        {
            WDTCON |= 0x10;
            sec=0x7f&pcf_ReadOneByte(0x02);        //读取秒
            min=0x7f&pcf_ReadOneByte(0x03);        //读取分钟
            hour=0x3f&pcf_ReadOneByte(0x04);       //读取小时
            sec1=bcd_dec(sec);  //将读取的 BCD 码（秒）转换成十进制数以便运算
            min1=bcd_dec(min);
            hour1=bcd_dec(hour);
            Uart_SendByte(hour1);
            Uart_SendByte(min1);
            Uart_SendByte(sec1);
            WDTCON |= 0x10;
        }
}
//----------------延时函数- ----------
void delay(unsigned int delaycnt)
{
   while(delaycnt--);
}
//----------------BCD 码转换成十进制数-----------
unsigned char bcd_dec(unsigned char bat)
{
    unsigned char temp1,temp2,tol;
    temp1=bat&0x0f;
    temp2=(bat&0xf0)>>4;
    tol=temp2*10+temp1;
    return tol;
}
//--------UART0 相关函数-----------------------------
void Uart0_Init(unsigned int Fsys,unsigned long int baud)
                    //选择 T1 作为波特率信号发生器
{
    P2CON &= 0xFC;          //将 TX/RX 设置为带上拉电阻的输入模式
    P2PH  |= 0x03;

    SCON  |= 0x50;                      //设置通信方式为工作模式 1，允许接收
    TMCON |= 0x02;
    TH1 = (Fsys*1000000/baud)>>8;     //波特率为 T1 的溢出时间
    TL1 = Fsys*1000000/baud;
    TR1 = 0;
    ET1 = 0;
```

```
    EUART = 1;                                      //开启 Uart0 中断
}
void UART0_ISR(void) interrupt UART0_vector
{
    if(TI)
    {
        TI = 0;
        UartSendFlag = 1;
    }
    if(RI)
    {
        RI = 0;
        UartReceiveFlag = 1;
    }
}
void Uart_SendByte(unsigned char byte)
{
    SBUF =  byte;
    while(!UartSendFlag);
    UartSendFlag = 0;
}
//------TWI0 相关函数---------------------------------
void TWI0_int(void)
{
    P0CON &= ~(0x30);   //P04 IIC_SCL
    P0CON |= 0x30;      //P05 IIC_SDA
    OTCON |= 0x20;      //选择 TWI 模式
    US0CON0 = 0x80;     //主模式，使能应答标志位
    US0CON1 = 0x00;     //设置时钟速率
    IE1 |= 0x01;
}
void TWI0_Start(void)
{
    unsigned int i=10000;
    US0CON1 |= 0x20;            //产生起始条件
    while(!TWI0Flag)
    {
        i--;
        if(i==0) break;
    }
    TWI0Flag = 0;
    delay(200);
}
void TWI0_Stop(void)
{
    US0CON1 |= 0x10;
```

```
        delay(1300);
}
void TWI0_NoAck(void)
{
    US0CON0 &= ~(0x08);
    delay(1300);
}
unsigned char TWI0_WaitAck(void)
{
    if(~(US0CON1&0x80))
        return False;
    else
        return True;
}
void TWI0_SendByte(unsigned char SendByte)
{
    unsigned int i=10000
    US0CON3 = SendByte;
    while(!TWI0Flag)
    {
        i--;
        if(i==0) break;
    }
    TWI0Flag = 0;
}
unsigned char TWI0_ReceiveByte(void)
{
    unsigned char ReceiveByte=0;
    unsigned int i=10000;

    while(!TWI0Flag)
    {
        i--;
        if(i==0) break;
    }
    TWI0Flag = 0;
    ReceiveByte = US0CON3;
    return ReceiveByte;
}
void TWI0_ISR(void) interrupt USCI0_vector      //TWI0中断函数
{
    if(US0CON0&0x40)
    {
        US0CON0 &= 0xbf;                //中断清零
        TWI0Flag = 1;
    }
```

```
}
//---------PCF8653 相关函数---------------------------------
unsigned char pcf_ReadOneByte(unsigned char ReadAddr)
{
    unsigned char temp=0;
    TWI0_Start();
    TWI0_SendByte(0xa2);                //发送器件地址 0xa2,写数据
    TWI0_WaitAck();
    delay(1300);
    TWI0_SendByte(ReadAddr);            //发送低地址
    TWI0_WaitAck();
    delay(1300);

    TWI0_Start();
    TWI0_SendByte(0xa3);                //进入接收模式
    TWI0_WaitAck();
    temp=TWI0_ReceiveByte();
    TWI0_NoAck();

    TWI0_Stop();                        //产生一个停止条件
    return temp;
}
void pcf_WriteOneByte(unsigned char WriteAddr,unsigned char DataToWrite)
{
    TWI0_Start();

    TWI0_SendByte(0xa2);                //发送器件地址 0xa2,写数据
    TWI0_WaitAck();
    delay(1300);

    TWI0_SendByte(WriteAddr);           //发送低地址
    TWI0_WaitAck();
    delay(1300);

    TWI0_SendByte(DataToWrite);         //发送字节
    TWI0_WaitAck();
    delay(1300);

    TWI0_Stop();                        //产生一个停止条件
}
void time_init(void)
{
  pcf_WriteOneByte(0x02,0x50);
  pcf_WriteOneByte(0x03,0x59);
  pcf_WriteOneByte(0x04,0x23);
}
```

```
void pcf_init(void)
{
    pcf_WriteOneByte(0x00,0x00);  //启动时钟
}
```

## 6.3.4 UART 接口方式及其应用

当 USMD$n$[1:0]=11（$n$=0,1,2，下同）时，将三选一串行接口 USCI 配置为 UART 接口。可方便用于和其他具有 UART 通信接口的器件或者设备连接。UART 接口的功能及特性如下。

（1）三种通信模式可选：模式 0、模式 1 和模式 3。

（2）具有独立波特率发生器。

（3）发送和接收完成可产生中断标志位 RI/TI，中断标志位需要用户通过软件清除。

将 USCI 配置为 UART 接口时，USTX$n$ 作为 TX 信号，USRX$n$ 作为 RX 信号。

### 1. UART 接口方式的相关寄存器

UART 接口的寄存器和 SPI 的寄存器是一一对应的，两者的地址也是对应的，在描述中省略每个寄存器的地址说明。

（1）串口控制寄存器 US$n$CON0（$n$=0,1,2）

串口控制寄存器 US$n$CON0 的复位值均为 0x00，各位的定义如下：

| 位　号 | 7 | 6 | 5 | 4 | 3 | 2 | 1 | 0 |
|---|---|---|---|---|---|---|---|---|
| 符　号 | SM0 | SM1 | SM2 | REN | TB8 | RB8 | TI | RI |

上述各位的作用与 SCON 寄存器各位的作用相同，在此不再赘述。

（2）串口波特率控制寄存器低位 US$n$CON1（$n$=0,1,2）（BAUD1L）

波特率控制寄存器低位 US$n$CON1（$n$=0,1,2）的复位值均为 0x00。波特率控制寄存器低位（BAUD1L）与波特率控制寄存器高位（BAUD1H）共同确定串口的波特率。

（3）串口波特率控制寄存器高位 US$n$CON2（$n$=0,1,2）（BAUD1H）

波特率控制寄存器高位 US$n$CON2（$n$=0,1,2）的复位值均为 0x00。

USCI 串口波特率计算公式为

$$波特率 = \frac{f_{SYS}}{[BAUD1H,BAUD1L]} \tag{6-3}$$

**注意**：[BAUD1H,BAUD1L] 必须大于 0x0010。

（4）串口数据缓存寄存器 US$n$CON3（$n$=0,1,2）（SBUF1）

串口数据缓存寄存器 US$n$CON3（$n$=0,1,2）的复位值均为 0x00。SBUF1 也称为串口数据缓冲器，其作用是保存发送到串口的数据和从串口收到的数据。SBUF1 实质上是两个寄存器：一个发送缓冲器和一个接收缓冲器，写入 SBUF1 的数据将送至发送缓冲器，并启动发送流程；读 SBUF1 将返回接收缓冲器中的内容。

### 2. UART 接口方式的应用

当三选一串行口 USCI 用于 UART 模式时，首先需要对 UART 进行初始化，然后编写中断服务程序，其相关步骤如下。

（1）设置相应的 TX/RX 引脚工作方式为带上拉电阻的输入模式。

（2）将 USMD*n*[1:0]配置为 11b，选择 UART 模式（对于 USCI0 和 USCI1，分别设置 OTCON 寄存器中的 USMD0[1:0]和 USMD1[1:0]；对于 USCI2，设置 TMCON 中的 USMD2[1:0]。）。

（3）通过 UART 控制寄存器 US*n*CON0 设置 UART 通信模式，并设置是否允许接收数据。

（4）通过 UART 波特率控制寄存器 US*n*CON1 和 US*n*CON2 设置波特率。

（5）使能 UART 中断（USCI0，设置 IE1 寄存器；USCI1 和 USCI2，设置 IE2 寄存器）。

（6）开放 CPU 中断（EA=1）。

（7）编写中断服务程序，注意在中断服务程序中，将相关中断标志位清零。

【例 6-9】利用三选一串口 USCI2 的 UART 方式，将 SC95F8617 单片机的唯一 ID 发送到计算机中，串口波特率为 9600bps。

**解**：参考第 3 章中的例题，读出 CPU 的 ID 保存到数组中，然后对 USCI2 进行设置，包括 UART 方式的设置和波特率的设置。编写中断服务函数，实现 CPU 唯一 ID 的连续发送，直到发送结束。

在下载程序时，将系统时钟设置为 Fosc/1，本例参考代码如下。

```c
#include "sc95.h"
void Uart2_Init(unsigned int Fsys,unsigned long baud);
unsigned char UniqueID [12];        //存放 UniqueID
unsigned char SendCnt=0;
void main(void)
{
    unsigned char code * POINT =0x0260;
    unsigned char i;
    EA = 0;                         //关闭总中断
    IAPADE = 0x01;                  //拓展地址 0x01,选择 UniqueID 区域
    for(i=0;i<12;i++)
    {
        UniqueID [i]= *( POINT+i);  //读取 UniqueID 的值
    }
    IAPADE = 0x00;                  //拓展地址 0x00,返回 Code 区域

    Uart2_Init(32,9600);
    IE2 |= 0x02;                    //开启 USCI2 中断
    EA = 1;                         //允许 CPU 中断
    SendCnt=0;
    US2CON3 = UniqueID[SendCnt];
    while(1);
}
//USCI2 的 UART 初始化函数
void Uart2_Init(unsigned int Fsys,unsigned long baud)
{
    P4CON &= 0xcf;                  //将 TX/RX 设置为带上拉电阻的输入模式
    P4PH  |= 0x30;

    TMCON |= 0xc0;                  //串行接口 USCI2 选择 UART 方式
    US2CON0 = 0x50;                 //设置通信方式为模式 1,允许接收数据
```

```
        US2CON1 = Fsys*1000000/baud;              //波特率低位控制
        US2CON2 = (Fsys*1000000/baud)>>8;         //波特率高位控制
    }
    void Uart2_ISR(void) interrupt USCI2_vector        //Uart2 中断函数
    {
        if(US2CON0&0x02)              //发送标志位判断
        {
            US2CON0 &= 0xfd;
            SendCnt++;
            if(SendCnt<12)
                US2CON3 = UniqueID[SendCnt];
        }
        if((US2CON0&0x01))            //接收标志位判断
        {
            US2CON0 &= 0xfe;
        }
    }
```

## 6.3.5  利用固件库函数的方法使用 USCI

三个 USCI（USCI0～USCI2）的结构和固件库函数类似，在此以 USCI0 为例进行介绍，USCI1 和 USCI2 固件库函数可以参照 USCI0 固件库函数进行学习，或者参考《赛元 SC95F861x 固件库使用手册》。

### 1．USCI0 相关固件库函数

USCI0 固件库函数列表如表 6-4 所示。

表 6-4  USCI0 固件库函数列表

| 函　数　名 | 描　　述 |
| --- | --- |
| USCI0_DeInit | USCI0 相关寄存器复位至默认值 |
| USCI0_SPI_Init | SPI 初始化配置函数 |
| USCI0_SPI_Cmd | SPI 功能开关函数 |
| USCI0_SPI_SendData_8 | SPI 发送 8 位数据 |
| USCI0_SPI_SendData_16 | SPI 发送 16 位数据 |
| USCI0_SPI_ReceiveData_8 | SPI 接收 8 位数据（US0CON3 中的值） |
| USCI0_SPI_ReceiveData_16 | SPI 接收 16 位数据（US0CON3 和 US0CON2 中的值） |
| USCI0_TWI_Slave_Init | TWI 从机初始化配置函数 |
| USCI0_TWI_MasterRate | TWI 主机初始化配置函数 |
| USCI0_TWI_Start | TWI 起始位 |
| USCI0_TWI_MasterModeStop | TWI 主模式停止位 |
| USCI0_TWI_SlaveClockExtension | TWI 从模式时钟延长功能位 |

续表

| 函 数 名 | 描 述 |
|---------|------|
| USCI0_TWI_AcknowledgeConfig | TWI 接收应答使能函数 |
| USCI0_TWI_GeneralCallCmd | TWI 通用地址响应使能函数 |
| USCI0_TWI_Cmd | TWI 功能开关函数 |
| USCI0_TWI_SendData | TWI 发送数据 |
| USCI0_TWI_ReceiveData | 获得 US0CON3 中的值 |
| USCI0_UART_Init | UART 初始化配置函数 |
| USCI0_UART_SendData8 | UART 发送 8 位数据 |
| USCI0_UART_ReceiveData8 | 获得 US0CON3 中的值 |
| USCI0_UART_SendData9 | UART 发送 9 位数据 |
| USCI0_UART_ReceiveData9 | 获得 US0CON3 中的值及第 9 位的值 |
| USCI0_ITConfig | USCI0 中断初始化 |
| USCI0_GetFlagStatus | 获得 USCI0 中断标志位 |
| USCI0_ClearFlag | 清除 USCI0 标志位 |

（1）函数 USCI0_DeInit

函数原型：void USCI0_DeInit(void)。

功能：将 USCI0 相关寄存器复位至默认值。

（2）SPI 初始化配置函数 USCI0_SPI_Init

函数原型：void USCI0_SPI_Init(USCI_SPI_FirstBit_TypeDef FirstBit, USCI_SPI_BaudRatePrescaler_TypeDef BaudRatePrescaler, USCI_SPI_Mode_TypeDef Mode, USCI_SPI_ClockPolarity_TypeDef ClockPolarity, USCI_SPI_ClockPhase_TypeDef ClockPhase, USCI_SPI_TXE_INT_TypeDef SPI_TXE_INT,USCI_TransmissionMode_TypeDef TransmissionMode)。

输入参数 FirstBit：优先传送位选择（MSB/LSB），可取如下值：

USCI_SPI_FIRSTBIT_MSB：MSB 优先发送。

USCI_SPI_FIRSTBIT_LSB：LSB 优先发送。

输入参数 BaudRatePrescaler：SPI 时钟频率选择，可取如下值：

USCI_SPI_BAUDRATEPRESCALER_1：SPI 时钟速率为系统时钟除以 1。

USCI_SPI_BAUDRATEPRESCALER_2：SPI 时钟速率为系统时钟除以 2。

USCI_SPI_BAUDRATEPRESCALER_4：SPI 时钟速率为系统时钟除以 4。

USCI_SPI_BAUDRATEPRESCALER_8：SPI 时钟速率为系统时钟除以 8。

USCI_SPI_BAUDRATEPRESCALER_16：SPI 时钟速率为系统时钟除以 16。

USCI_SPI_BAUDRATEPRESCALER_32：SPI 时钟速率为系统时钟除以 32。

USCI_SPI_BAUDRATEPRESCALER_64：SPI 时钟速率为系统时钟除以 64。

USCI_SPI_BAUDRATEPRESCALER_128：SPI 时钟速率为系统时钟除以 128。

输入参数 Mode：SPI 工作模式选择，可取如下值：

USCI_SPI_MODE_MASTER：SPI 为主机。

USCI_SPI_MODE_SLAVE：SPI 为从机。

输入参数 ClockPolarity：SPI 时钟极性选择，可取如下值：

USCI_SPI_CLOCKPOLARITY_LOW：SCK 在空闲状态下为低电平。

USCI_SPI_CLOCKPOLARITY_HIGH：SCK 在空闲状态下为高电平。

输入参数 ClockPhase：SPI 时钟相位选择，可取如下值：

USCI_SPI_CLOCKPHASE_1EDGE：SCK 的第一个沿采集数据。

USCI_SPI_CLOCKPHASE_2EDGE：SCK 的第二个沿采集数据。

输入参数 SPI_TXE_INT：发送缓存器中断允许控制，可取如下值：

USCI_SPI_TXE_DISINT：TXE 为 1 时不允许发送中断。

USCI_SPI_TXE_ENINT：TXE 为 1 时允许发送中断。

输入参数 TransmissionMode：SPI 传输模式选择 8/16 位，可取值如下：

USCI_SPI_DATA8：8 位传输模式。

USCI_SPI_DATA16：16 位传输模式。

（3）SPI 功能开关函数 USCI0_SPI_Cmd

函数原型：void USCI0_SPI_Cmd(FunctionalState NewState)。

输入参数 NewState：使能或关闭，可取 ENABLE 或 DISABLE。

（4）SPI 发送 8 位数据函数 USCI0_SPI_SendData_8

函数原型：void USCI0_SPI_SendData(uint8_t Data)。

输入参数 Data：要发送的 8 位数据。

（5）SPI 发送 16 位数据函数 USCI0_SPI_SendData_16

函数原型：void USCI0_SPI_SendData_16(uint16_t Data)。

输入参数 Data：要发送的 16 位数据。

（6）SPI 接收 8 位数据函数 USCI0_SPI_ReceiveData_8

函数原型：uint8_t USCI0_SPI_ReceiveData_8(void)。

返回值：返回 US0CON3 中的值。

（7）SPI 接收 16 位数据函数 USCI0_SPI_ReceiveData_16

函数原型：uint16_t USCI0_SPI_ReceiveData_16(void)。

返回值：US0CON3 和 US0CON2 中的值。

（8）TWI 初始化配置函数 USCI0_TWI_Slave_Init

函数原型：void USCI0_TWI_Slave_Init(uint8_t TWI_Address)。

输入参数 TWI_Address：7 位从机地址配置。

（9）TWI 主模式下通信速率设定函数 USCI0_TWI_MasterRate

函数原型：void USCI0_TWI_MasterRate(USCI_TWI_MasterRate_TypeDef TWI0_MasterRate)。

输入参数 TWI_MasterRate：TWI 主模式下的通信速率，可取如下值：

USCI0_TWI_1024：TWI 通信速率为 $f_{HRC}$/1024。

USCI0_TWI_512：TWI 通信速率为 $f_{HRC}$/512。

USCI0_TWI_256：TWI 通信速率为 $f_{HRC}$/256。

USCI0_TWI_128：TWI 通信速率为 $f_{HRC}$/128。

USCI0_TWI_64：TWI 通信速率为 $f_{HRC}$/64。

USCI0_TWI_32：TWI 通信速率为 $f_{HRC}$/32。

USCI0_TWI_16：TWI 通信速率为 $f_{HRC}/16$。

（10）TWI 发送起始位函数 USCI0_TWI_Start

函数原型：void USCI0_TWI_Start(void)。

（11）TWI 主模式发送停止位函数 USCI0_TWI_MasterModeStop

函数原型：void USCI0_TWI_MasterModeStop (void)。

（12）TWI 从模式时钟延长函数 USCI0_TWI_SlaveClockExtension

函数原型：void USCI0_TWI_SlaveClockExtension (void)。

（13）TWI 接收应答使能函数 USCI0_TWI_AcknowledgeConfig

函数原型：void USCI0_TWI_AcknowledgeConfig(FunctionalState NewState)。

输入参数 NewState：使能或关闭，可取 ENABLE 或 DISABLE。

（14）TWI 通用地址响应使能函数 USCI0_TWI_GeneralCallCmd

函数原型：void USCI0_TWI_GeneralCallCmd(FunctionalState NewState)。

输入参数 NewState：使能或关闭，可取 ENABLE 或 DISABLE。

（15）TWI 功能开关函数 USCI0_TWI_Cmd

函数原型：void USCI0_TWI_Cmd(FunctionalState NewState)。

输入参数 NewState：使能或关闭，可取 ENABLE 或 DISABLE。

（16）TWI 发送数据函数 USCI0_TWI_SendData

函数原型：void USCI0_TWI_SendData(uint8_t Data)。

输入参数 Data：要发送的数据。

（17）TWI 接收数据函数 USCI0_TWI_ReceiveData

函数原型：uint8_t USCI0_TWI_ReceiveData(void)。

返回值：US0CON3 中的值。

（18）USCI0_UART 初始化函数 USCI0_UART_Init

函数原型：void USCI0_UART_Init(uint32_t UARTFsys, uint32_t BaudRate, UART_Mode_TypeDef Mode, UART_RX_TypeDef RxMode)。

输入参数 UARTFsys：系统时钟频率（单位为 MHz）。

输入参数 BaudRate：波特率。

输入参数 Mode：UART 工作模式，可取如下值：

UART_Mode_10B：UART 选为 10 位模式。

UART_Mode_11B：UART 选为 11 位模式。

输入参数 RxMode：接收允许选择，可取如下值：

UART_RX_ENABLE：允许 UART 接收。

UART_RX_DISABLE：禁止 UART 接收。

（19）UART 发送 8 位数据函数 USCI0_UART_SendData8

函数原型：void USCI0_UART_SendData8(uint8_t Data)。

输入参数 Data：要发送的数据。

（20）UART 接收 8 位数据函数 USCI0_UART_ReceiveData8

函数原型：uint8_t USCI0_UART_ReceiveData8(void)。

返回值：US0CON3 中的值。

（21）UART 发送 9 位数据函数 USCI0_UART_SendData9

函数原型：void USCI0_UART_SendData9(uint16_t Data)。

输入参数 Data：要发送的数据。

（22）UART 接收 9 位数据函数 USCI0_UART_ReceiveData9

函数原型：uint16_t USCI0_UART_ReceiveData9(void)。

返回值：US0CON3 中的值及第 9 位的值。

（23）USCI0 中断初始化函数 USCI0_ITConfig

函数原型：void USCI0_ITConfig(FunctionalState NewState, PriorityStatus Priority)。

输入参数 NewState：使能或关闭，可取 ENABLE 或 DISABLE。

输入参数 Priority：优先级，可取 LOW 或 HIGH。

（24）获得 USCI0 中断标志状态函数 USCI0_GetFlagStatus

函数原型：FlagStatus USCI0_GetFlagStatus(USCI_Flag_TypeDef USCI0_FLAG)。

输入参数 USCI0_FLAG：所需获取的标志位，可取如下值：

USCI_SPI_FLAG_SPIF：SPI 数据传送标志位 SPIF。

USCI_SPI_FLAG_WCOL：SPI 写入冲突标志位 WCOL。

USCI_SPI_FLAG_TXE：SPI 发送缓存器空标志位 TXE。

USCI_TWI_FLAG_GCA：TWI 通用地址响应标志位 GCA。

USCI_TWI_FLAG_MSTR：TWI 主从标志位 MSTR。

USCI_UART_FLAG_TI：UART 发送中断标志位 TI。

USCI_UART_FLAG_RI：UART 接收中断标志位 RI。

返回值：USCI0 中断标志状态，可取 SET 或者 RESET。

（25）清除 USCI0 标志函数 USCI0_ClearFlag

函数原型：void USCI0_ClearFlag(USCI_Flag_TypeDef USCI0_FLAG)。

输入参数 USCI0_FLAG：需要清除的标志位。

**2. 利用固件库函数的方法使用 USCI 接口**

【例 6-10】利用固件库函数实现，三选一串行口 USCI0 的 SPI 模式不断输出 0x69，利用示波器观察数据波形。

**解：**参照第 3 章介绍的方法，将 sc95f861x_usci0.c 文件加入到 FWLib 组中。实现代码如下：

```
#include "sc95f861x_usci.h"
bit SPI0Flag = 0;          //SPI0 数据传输完成标志位
void main(void)
{
    USCI0_SPI_Init(USCI_SPI_FIRSTBIT_MSB,  USCI_SPI_BAUDRATEPRESCALER_
128, USCI_SPI_MODE_MASTER, USCI_SPI_CLOCKPOLARITY_HIGH,USCI_SPI_CLOCKPHASE_
2EDGE, USCI_SPI_TXE_ENINT, USCI_SPI_DATA8);
        //MSB 优先发送,时钟速率为 f_sys/128,将 SPI0 设置为主机
        //SCK 空闲时间为高电平,SCK 周期第二沿采集数据,允许发送中断,8 位传输
    USCI0_SPI_Cmd(ENABLE);                //开启 SPI0
    USCI0_ITConfig(ENABLE,LOW);           //允许 USCI0 中断
    EnableInterrupts();                   //开放 CPU 中断
```

```
        while(1)
        {
            USCI0_SPI_SendData_8(0x69);
            while(!SPI0Flag);
            SPI0Flag = 0;
        }
    }
    void SPI0_ISR(void) interrupt USCI0_vector //USCI0_SPI 中断函数
    {
        //数据缓冲器空标志位判断
        if(USCI0_GetFlagStatus(USCI_SPI_FLAG_TXE)==SET)
            USCI0_ClearFlag(USCI_SPI_FLAG_TXE);
        //数据传输标志位判断
        if(USCI0_GetFlagStatus(USCI_SPI_FLAG_SPIF)==SET)
        {
            USCI0_ClearFlag(USCI_SPI_FLAG_SPIF);
            SPI0Flag = 1;
        }
    }
```

【例 6-11】利固件库函数实现使用 USCI2 的 UART 方式，将 SC95F8617 单片机的唯一 ID 发送到计算机中，串口波特率为 9600bps。

**解**：利用 IAP 固件库函数读取 ID 的方法是调用 IAP_ReadByte 函数，其函数的函数原型如下。

uint8_t IAP_ReadByte(uint16_t Address,IAP_MemType_TypeDef IAP_MemType)

该函数的功能是 IAP 读 1 字节。

输入参数 Address：IAP 操作地址。

输入参数 IAP_MemType：IAP 操作对象，可取值如下：

IAP_MEMTYPE_ROM：IAP 操作区域为 ROM。

IAP_MEMTYPE_IFB：IAP 操作区域为唯一 ID 区域。

返回值：读到的字节数据。

参照第 3 章介绍的方法，将 sc95f861x_usci2.c 文件加入到 FWLib 组中。由于要使用 IAP 相关固件库函数进行 ID 的读操作，因此，需要把 sc95f861x_iap.c 文件加入到 FWLib 组中。

在下载程序时，将系统时钟设置为 Fosc/1，实现代码如下：

```
    #include "sc95f861x_usci.h"
    #include "sc95f861x_iap.h"
    unsigned char UniqueID[12];//存放 UniqueID
    unsigned char SendCnt=0;
    void main(void)
    {
        unsigned int IDAddress =0x0260;
        unsigned char i;

        //读取 UniqueID 的值
        for(i=0;i<12;i++)
        {
```

```
            UniqueID[i]= IAP_ReadByte((IDAddress+i),IAP_MEMTYPE_IFB);
        }
        USCI2_UART_Init(32, 9600, USCI_UART_Mode_10B, USCI_UART_RX_ENABLE);
                //时钟速率为 32MHz,波特率为 9600bps,10 位模式,允许接收
        USCI2_ITConfig(ENABLE,LOW);             //允许 USCI2 中断
        EnableInterrupts();                     //开放 CPU 中断
        SendCnt=0;
        USCI2_UART_SendData8(UniqueID[SendCnt]);
        while(1);
    }
    void Uart2_ISR(void) interrupt USCI2_vector         //Uart2 中断函数
    {
        if(USCI2_GetFlagStatus(USCI_UART_FLAG_TI)==SET)     //发送标志位
        {
            USCI2_ClearFlag(USCI_UART_FLAG_TI);
            SendCnt++;
            if(SendCnt<12)
                USCI2_UART_SendData8(UniqueID[SendCnt]);
        }
        if(USCI2_GetFlagStatus(USCI_UART_FLAG_RI)==SET)     //接收标志位
        {
            USCI2_ClearFlag(USCI_UART_FLAG_RI);
        }
    }
```

## 6.4　习题 6

1．通信的基本方式有哪几种？各有什么特点？

2．简述典型异步通信的数据帧格式。

3．简述 SC95F8617 单片机串行口 UART0 的工作方式。

4．UART0 中的 SM2 作用是什么？

5．设置串行口 UART0 工作于工作模式 3，波特率为 9600bps，允许接收数据，串行口开中断，试写出实现上述要求的串口初始化代码。

6．利用 SC95F8617 单片机设计应答方式的通信程序。通信参数分别为：9600，n，8，1。通信过程为：主机将内存单元中的 50 个数据发送给从机，并将数据块校验值（将各个数据进行异或操作，取最后的异或值作为校验值）发给从机。从机接收数据并进行数据块的校验，若校验正确，则从机发送 00H 给主机；否则发送 0FFH 给主机，主机重新发送数据。

7．利用三选一串行口 USCI0 的 UART 接口模式，不断发送 0x5a。通信参数分别为：9600，n，8，1。利用计算机串口助手观察接收到的数据。

8．利用三选一串行口 USCI2 的 SPI 模式，不断输出 0x85，利用示波器观察数据波形。

9．利用固件库函数，使用三选一串行口 USCI2 的 TWI 模式操作 PCF8563。

# 第 7 章
# 模拟量模块

    SC95F8617 单片机集成有 17 路 12 位高精度高速模数转换器，速度最快可达 1M（每秒可进行 100 万次模数转换），可用于温度检测、压力检测、电池电压检测、频谱检测等。SC95F8617 单片机还集成了一个模拟比较器，可用于报警器、电源电压监测、过零检测等电路。本章介绍 SC95F8617 单片机集成的模数转换器的结构及应用、模拟比较器的结构及应用，以及 TLC5615 数模转换器与 SC95F8617 单片机的接口方法及编程应用。

## 7.1 模拟量处理系统的一般结构

    自然形态下的物理量多以非电类的模拟量形式存在，如温度、湿度、压力、流量、速度等，当单片机要处理这些物理量时，应首先将其转换为电信号（通常所说的模拟信号），然后再将电信号转换成数字信号。当单片机处理完这些数字信号后，又需要将它们转换成模拟信号，再输出或者控制相关对象。实现模拟量转换成数字量的器件称为模数转换器（Analog-to-Digital Converter，ADC，也称为 A/D 转换器），实现数字量转换成模拟量的器件称为数模转换器（Digital-to-Analog Converter，DAC，也称为 D/A 转换器）。具有模拟量输入/输出的单片机应用系统结构如图 7-1 所示。

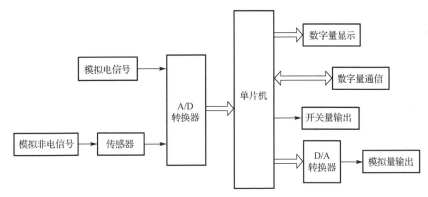

图 7-1　具有模拟量输入/输出的单片机应用系统结构

　　传感器是一种把非电量转换成电信号的器件，而检测仪表在模拟电子技术条件下，一般包括传感器、检测点取样设备及放大器（进行抗干扰处理及信号传输），当然还有电源及现场显示部分（可选择）。电信号一般分为连续量和离散量两种，实际上还可分为模拟量、开关量、脉冲量等，模拟信号常采用 4～20 mA DC（直流）的标准信号传输。在数字化过程中，常常把传感器和微处理器及通信网络接口封装在一个器件（称为检测仪表）中，实现信息获取、处理、传输、存储等功能。在自动化仪表中，经常把检测仪表称为变送器，如温度变送器、压力变送器等。

　　A/D 转换器和 D/A 转换器的种类繁多，性能各异，使用方法也不尽相同。在设计数据采集系统时，首先遇到的问题就是如何选择合适的 A/D 转换器以满足系统设计的要求。选择 A/D 转换器需要综合考虑多项因素，如系统技术指标、成本、功耗、安装等。可以根据以下指标选择 A/D 转换器。

### 1．分辨率

　　分辨率是指 A/D 转换器能够分辨最小信号的能力，表示数字量变化一个相邻数码对应的输入模拟电压变化量。A/D 转换器的分辨率越高，转换时对输入模拟信号变化的反应就越灵敏。例如，8 位 A/D 转换器能够分辨出满刻度的 1/256，若满刻度输入电压为 5 V，则 8 位 A/D 转换器能够分辨出输入电压变化的最小值为 19.53125mV。

　　分辨率常用 A/D 转换器输出的二进制数表示。常见的 A/D 转换器有 8 位、10 位、12 位和 16 位等。一般把 8 位以下的 A/D 转换器归为低分辨率 A/D 转换器，9～12 位的 A/D 转换器称为中分辨率 A/D 转换器，13 位以上的 A/D 转换器称为高分辨率 A/D 转换器。10 位以下的 A/D 转换器误差较大。因此，目前 A/D 转换器一般为 10 位或 10 位以上。由于模拟信号先经过测量装置，再经 A/D 转换器转换后才进行处理，因此，总的误差是由测量误差和量化误差共同构成的。A/D 转换器的精度应与测量装置的精度相匹配。也就是说，一方面要求量化误差在总误差中所占的比例要小，使其不显著地扩大测量误差；另一方面必须根据目前测量装置的精度水平，对 A/D 转换器的位数提出恰当的要求。

### 2．通道

　　有的单片机内部含有多个 ADC 模块，可同时实现多路信号的转换；常见的多路 A/D 转换器只有一个公共的 ADC 模块，由一个多路转换开关实现分时转换。

### 3．基准电压

　　基准电压有内、外基准电压和单、双基准电压之分。

### 4．转换速率

　　A/D 转换器从启动转换到转换结束，输出稳定的数字量需要一定的时间，这个时间称为转换时间。转换时间的倒数就是每秒钟能完成的转换次数，称为转换速率。A/D 转换器的型号不同，其转换时间不同。逐次逼近式单片 A/D 转换器转换时间的典型值为 1.0～200 μs。

　　应根据输入信号的最高频率来确定 A/D 转换器的转换速率，要保证转换器的转换速率要高于系统要求的采样频率。在确定 A/D 转换器的转换速率时，应考虑系统的采样速率。例如，若采用转换时间为 100 μs 的 A/D 转换器，则其转换速率为 10 kHz。根据采样定理和实际需要，一个周期的波形需采样 10 个点，那么这样的 A/D 转换器最高也只能处理频率为 1 kHz 的模拟信号。对一般的单片机而言，在如此高的采样频率下，要在采样时间内完成除 A/D 转换外的工作，如读取数据、再启动、保存数据、循环计数等就比较困难了。

### 5．采样/保持器

采样/保持也称为跟踪/保持（Track/Hold，T/H）。原则上，在采集直流和变化非常缓慢的模拟信号时，可以不使用采样/保持器。对于其他模拟信号，一般都要使用采样/保持器。在使用高速 A/D 转换器时，如果信号频率不高，也可不用采样/保持器。

### 6．量程

量程是指 A/D 转换器所能转换的电压范围，如 0～2.5 V、0～5 V 和 0～10 V。

### 7．满刻度误差

满刻度输出时，对应的输入信号值与理想输入信号值之差称为满刻度误差。

### 8．线性度

实际 A/D 转换器的转移函数与理想直线的最大偏移称为线性度。

### 9．数字接口方式

根据转换的数据输出接口方式，A/D 转换器的接口方式可以分为并行接口方式和串行接口方式。并行接口方式一般在转换后可直接输出，具有明显的传输速率优势，但芯片的数据引脚比较多，适用于对转换速率要求较高的情况；串行接口方式所用芯片的引脚较少，封装体积较小，但需要软件处理才能得到所需要的数据。在单片机 I/O 引脚不多的情况下，使用串行器件可以节省 I/O 资源。

数值编码通常是二进制数，也有 BCD 码、双极性补码、偏移码等。

### 10．模拟信号类型

通常 A/D 转换器的模拟输入信号都是电压信号。同时根据信号是否过零，还分为单极性（Unipolar）信号和双极性（Bipolar）信号。

### 11．电源电压

电源电压有单电源、双电源和不同电压范围之分，早期的 A/D 转换器供电电源的电压为 +15 V 和 −15 V，若选用单电源（+5 V）的芯片，则可以使用单片机系统电源。

### 12．功耗

一般 CMOS 工艺的芯片功耗较低，对于电池供电的手持系统对功耗要求比较高的场合一定要注意功耗指标。

### 13．封装

常见的封装有双列直插（DIP）封装和表贴型（SO）封装。

## 7.2　SC95F8617 单片机集成的 A/D 转换器的结构及使用

　　SC95F8617 单片机集成有 17 路 12 位高精度高速 A/D 转换器，外部的 16 路 A/D 转换器和 I/O 口的其他功能复用，内部的一路可接至 1/4 $V_{DD}$，配合内部 2.048V 或 1.024V 参考电压用于测量 $V_{DD}$ 电压。对于 1MHz 超高速采样时钟，从启动采样到完成转换的总时间为 2μs。A/D 转换器可用于温度、压力、电池电压等模拟量的检测，也可用于按键扫描、频谱检测等。

### 7.2.1　A/D 转换器的结构及相关寄存器

　　A/D 转换器输入通道与 I/O 口的复用关系为：P1.4/AIN0、P1.5/AIN1、P1.6/AIN2、P1.7/AIN3、P2.0/AIN4、P2.1/AIN5、P2.2/AIN6、P2.3/AIN7、P3.4/AIN8、P3.5/AIN9、P3.6/AIN10、P3.7/AIN11、P4.0/AIN12、P4.1/AIN13、P4.2/AIN14、P4.3/AIN15。通过设置相关寄存器可以将上述任何一根 I/O 口线设置为 A/D 转换功能。

#### 1．A/D 转换器的结构

　　SC95F8617 单片机 A/D 转换器的结构如图 7-2 所示。

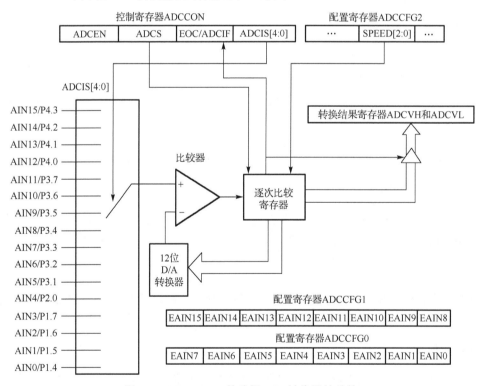

图 7-2　SC95F8617 单片机 A/D 转换器的结构

　　SC95F8617 单片机的 A/D 转换器由多路选择开关、比较器、逐次比较寄存器、12 位 D/A 转换器、转换结果寄存器（ADCVH 和 ADCVL）及控制寄存器 ADCCON、配置寄存器 ADCCFG0、ADCCFG1 和 ADCCFG2 构成。

SC95F8617 单片机的 A/D 转换器是逐次比较型 A/D 转换器。逐次比较型 A/D 转换器由一个比较器和 D/A 转换器构成，从最高位（MSB）开始，通过逐次逻辑比较，顺序地对每个输入电压与内置 D/A 转换器输出进行比较，经多次比较，使转换所得的数字量逐次逼近输入模拟量的对应值。逐次比较型 A/D 转换器具有速度高、功耗低等优点，低分辨率（<12 位）D/A 转换器的价格低廉，但高分辨率（>12 位）D/A 转换器的价格较高。

从图 7-2 中可以看出，通过模拟多路开关，将输入通道 AIN0～AIN15 的模拟量送给比较器。AIN0～AIN15 与 I/O 口复用，具体功能是模拟量输入功能还是 I/O 功能取决于配置寄存器 ADCCFG1 和 ADCCFG0 对应位的设置，只有将对应的位设置为 1 时，才作为模拟量输入。将上次转换的数字量经过 D/A 转换器转换为模拟量，与本次输入的模拟量通过比较器进行比较，将比较结果保存到逐次比较寄存器中，并通过逐次比较寄存器输出转换结果。A/D 转换结束后，将最终的转换结果保存在转换结果寄存器 ADCVH 和 ADCVL 中，同时，置位控制寄存器 ADCCON 中的转换结束标志位 EOC/ADCIF，用于程序查询或发出中断申请。模拟多路开关的选择控制由 ADCCON 中的 ADCIS[4:0]确定。A/D 转换器的转换速率控制由配置寄存器 ADCCFG2 中的 SPEED[2:0]确定。在使用 A/D 转换器前，应先给 A/D 转换器上电，也就是置位 ADCEN。

#### 2．参考电压源

SC95F8617 单片机的 ADC 参考电压可以有以下 3 种选择。

（1）VDD 引脚（内部的 VDD）。

（2）内部调节器输出的精准参考电压 2.048V。

（3）内部调节器输出的精准参考电压 1.024V。

#### 3．与 A/D 转换器有关的特殊功能寄存器

（1）控制寄存器 ADCCON（地址为 ADH）

控制寄存器 ADCCON 的复位值为 0x00，各位的定义如下：

| 位　号 | 7 | 6 | 5 | 4 | 3 | 2 | 1 | 0 |
|---|---|---|---|---|---|---|---|---|
| 符　号 | ADCEN | ADCS | EOC/ADCIF | ADCIS[4:0] | | | | |

① ADCEN：启动电源的控制位。

0：关闭模块电源；1：开启模块电源。

② ADCS：启动控制位（ADC Start）。该位是 A/D 转换的启动信号，写 1 时将启动一次 A/D 转换。该位只有写入 1 有效。

③ EOC/ADCIF：转换完成/中断请求标志位（End Of Conversion / ADC Interrupt Flag）。

0：转换尚未完成；1：转换完成。

转换结束标志位 EOC：当用户设定 ADCS 开始转换后，此位会被硬件自动清除 0；当转换完成后，此位会被硬件自动置 1。

中断请求标志位 ADCIF：此位同时也是 A/D 转换中断的中断请求标志位，若用户使能 A/D 转换中断，则在发生 A/D 转换中断后进入中断服务函数，该位必须由用户通过软件将其清零。

④ ADCIS[4:0]：输入通道选择位，如表 7-1 所示。

表 7-1　输入通道选择位

| ADCIS[4:0] | 通 道 选 择 | ADCIS[4:0] | 通 道 选 择 |
|---|---|---|---|
| 00000 | AIN0 | 01001 | AIN9 |
| 00001 | AIN1 | 01010 | AIN10 |
| 00010 | AIN2 | 01011 | AIN11 |
| 00011 | AIN3 | 01100 | AIN12 |
| 00100 | AIN4 | 01101 | AIN13 |
| 00101 | AIN5 | 01110 | AIN14 |
| 00110 | AIN6 | 01111 | AIN15 |
| 00111 | AIN7 | 10000～11110 | 保留 |
| 01000 | AIN8 | 11111 | 输入为 1/4 $V_{DD}$，可用于测量电源电压 |

（2）设置寄存器 0（ADCCFG0，地址为 ABH）

设置寄存器 0（ADCCFG0）的复位值为 0x00，各位的定义如下：

| 位　　号 | 7 | 6 | 5 | 4 | 3 | 2 | 1 | 0 |
|---|---|---|---|---|---|---|---|---|
| 符　　号 | EAIN7 | EAIN6 | EAIN5 | EAIN4 | EAIN3 | EAIN2 | EAIN1 | EAIN0 |

该寄存器与设置寄存器 1 共同设置用于 A/D 转换器的端口线。

（3）设置寄存器 1（ADCCFG1，地址为 ACH）

设置寄存器 1（ADCCFG1）的复位值为 0x00，各位的定义如下：

| 位　　号 | 7 | 6 | 5 | 4 | 3 | 2 | 1 | 0 |
|---|---|---|---|---|---|---|---|---|
| 符　　号 | EAIN15 | EAIN14 | EAIN13 | EAIN12 | EAIN11 | EAIN10 | EAIN9 | EAIN8 |

EAIN$n$（$n$=0～15，$n$ 为整数）：端口设置位。

0：设定 AIN$n$ 为 I/O 口；1：设定 AIN$n$ 为 A/D 转换器输入，并自动将上拉电阻移除。

（4）设置寄存器 2（ADCCFG2，地址为 B5H）

设置寄存器 2（ADCCFG2）用于设置 A/D 转换器的采样时间，复位值为 xxx000xxb，各位的定义如下：

| 位　　号 | 7 | 6 | 5 | 4 | 3 | 2 | 1 | 0 |
|---|---|---|---|---|---|---|---|---|
| 符　　号 | – | – | – | SPEED[2:0] | | | – | – |

SPEED[2:0]用于设置 A/D 转换器的采样时间，只有 4 种组合，其他组合保留。A/D 转换器的采样时间选择如表 7-2 所示。

表 7-2　A/D 转换器的采样时间选择

| SPEED[2:0] | 采 样 时 间 |
|---|---|
| 100 | 采样时间为 3 个系统时钟，（约 100ns，$f_{SYS}$ = 32MHz） |
| 101 | 采样时间约 6 个系统时钟，（约 200ns，$f_{SYS}$ = 32MHz） |
| 110 | 采样时间约 16 个系统时钟，（约 500ns，$f_{SYS}$ = 32MHz） |
| 111 | 采样时间约 32 个系统时钟，（约 1000ns，$f_{SYS}$ = 32MHz） |

A/D 转换器从采样到完成转换的总时间为

$$T_{ADC}= 采样时间 + 转换时间$$

其中，SC95F8617 的 A/D 转换时间固定为 950ns。

（5）Code Option 寄存器 1（OP_CTM1，地址为 C2H）

Code Option 寄存器 1（OP_CTM1）的各位定义如下：

| 位　　号 | 7 | 6 | 5 | 4 | 3 | 2 | 1 | 0 |
|---|---|---|---|---|---|---|---|---|
| 符　　号 | VREFS[1:0] | | − | DISJTG | IAPS[1:0] | | − | − |

VREFS[1:0]：参考电压选择位（初始值从 Code Option 调入，用户可修改相关设置）。

00：设定 VREF 为 VDD；

01：设定 VREF 为内部准确的 2.048V；

10：设定 VREF 为内部准确的 1.024V；

11：保留。

Option 相关特殊功能寄存器（SFR）的读/写操作由 OPINX 和 OPREG 两个寄存器共同进行控制，详见第 5 章中的相关描述。

（6）转换数值寄存器低位 ADCVL（地址为 AEH）

转换数值寄存器低位 ADCVL 的复位值为 0000xxxxb，各位的定义如下：

| 位　　号 | 7 | 6 | 5 | 4 | 3 | 2 | 1 | 0 |
|---|---|---|---|---|---|---|---|---|
| 符　　号 | ADCV[3:0] | | | | − | − | − | − |

该寄存器与转换数值寄存器高位共同存放 ADC 的转换结果。

（7）转换数值寄存器高位 ADCVH（地址为 AFH）

转换数值寄存器高位 ADCVH 的复位值为 0x00，各位的定义如下：

| 位　　号 | 7 | 6 | 5 | 4 | 3 | 2 | 1 | 0 |
|---|---|---|---|---|---|---|---|---|
| 符　　号 | ADCV[11:4] | | | | | | | |

ADCV[11:4]：ADC 转换值的高 8 位数值；ADCV[3:0]：ADC 转换值的低 4 位数值。

除上述寄存器外，还有与中断有关的寄存器，包括中断使能寄存器 IE 和中断优先级控制寄存器 IP，相关介绍请参见第 4 章。

## 7.2.2  A/D 转换器的应用

使用 SC95F8617 单片机的 A/D 转换器时,用户实际进行 A/D 转换时需要的操作步骤如下。

（1）设定输入引脚：设定 AINn 对应的位为 A/D 转换器的输入。

（2）设定参考电压 $V_{ref}$，设定 A/D 转换所用的频率。

（3）开启电源。

（4）选择输入通道（设置 ADCIS 位，选择 A/D 转换器的输入通道）。

（5）设置 ADCS 位，启动 A/D 转换。

（6）当 EOC/ADCIF=1 时，若 A/D 转换器中断使能，则会产生 A/D 转换器的中断，用户需要用软件将 EOC/ADCIF 位清零。

（7）从 ADCVH、ADCVL 获得 12 位数据，先高位后低位，一次转换完成。

（8）若不更换输入通道，则重复（5）～（7）的步骤，然后进行下一次转换。

**注意**：在设定中断允许寄存器 IE 中的 EADC 位之前，用户最好用软件先清除 EOC/ADCIF，并且在中断服务程序执行完时，也需要清除 EADC，以避免不断地产生中断。

### 1．利用 C 语言直接操作寄存器的方法使用 A/D 转换器

【**例 7-1**】利用热敏电阻测量环境温度，使用 A/D 转换器通道 14 进行 A/D 转换，其电路图如图 7-3 所示。试编写实现温度检测的 A/D 转换程序。

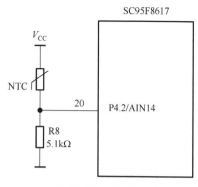

图 7-3　热敏电阻检测温度电路图

**解**：按照使用 A/D 转换器的步骤，编写 C 语言程序代码如下：

```
#include "sc95.h"
//ADC 通道枚举定义
enum Channel {AIN0=0,AIN1,AIN2,AIN3,AIN4,AIN5,AIN6,AIN7,AIN8,AIN9,
AIN10, AIN11,AIN12, AIN13,AIN14,AIN15,VDD4=31};
    bit AdcFlag = 0;                            //转换结束标志位
    void ADC_Init(unsigned char Channel);      //初始化函数声明
    void main(void)
    {
        unsigned int ADCValue = 0x0000;

        ADC_Init(AIN14);                        //通道 14 初始化
        EA = 1;                                 //开启 CPU 中断
        while(1)
        {
            ADCCON |= 0x40;                     //开始 A/D 转换
            while(!AdcFlag);                    //等待 A/D 转换完成
            AdcFlag = 0;
            ADCValue = (ADCVH<<4)+(ADCVL>>4);   //读取 A/D 转换结果
        }
    }
//ADC 初始化函数
    void ADC_Init(unsigned char Channel)
    {
        ADCCON = 0x80|Channel; //开启 A/D 转换，A/D 转换器采样频率为 2M
                               //选择 Channel 位采样口
        if(Channel<8)
        {
            ADCCFG0 = 1<<Channel;              //设置 Channel 作为采样口
        }
        else
```

```
    {
        ADCCFG1 = 1<<(Channel-8);              //设置 Channel 作为采样口
    }
    IE |= 0x40;                                //开启中断
}
//ADC 中断服务函数
void ADC_Interrupt(void) interrupt ADC_vector
{
    ADCCON &= ～(0x20);                        //清除中断标志位
    AdcFlag = 1;
}
```

### 2．利用固件库函数的方法应用 A/D 转换器

与 A/D 转换器有关的固件库函数如下：

（1）函数 ADC_DeInit：将相关寄存器复位至默认值。

函数原型：void ADC_DeInit(void)。

（2）初始化函数 ADC_Init

函数原型：void ADC_Init(ADC_Cycle_TypeDef ADC_Cycle)。

输入参数 ADC_Cycle：采样时钟周期选择，可取如下值。

ADC_Cycle_3Cycle：采样时间为 3 个系统时钟。

ADC_Cycle_6Cycle：采样时间为 6 个系统时钟。

ADC_Cycle_16Cycle：采样时间为 16 个系统时钟。

ADC_Cycle_32Cycle：采样时间为 32 个系统时钟。

（3）输入口配置函数 ADC_ChannelConfig

函数原型：void ADC_ChannelConfig(ADC_Channel_TypeDef ADC_Channel, FunctionalState NewState)。

输入参数 ADC_Channel：输入口选择，可取如下值。

ADC_CHANNEL_0：选择 AIN0 作为输入口。

ADC_CHANNEL_1：选择 AIN1 作为输入口。

ADC_CHANNEL_2：选择 AIN2 作为输入口。

ADC_CHANNEL_3：选择 AIN3 作为输入口。

ADC_CHANNEL_4：选择 AIN4 作为输入口。

ADC_CHANNEL_5：选择 AIN5 作为输入口。

ADC_CHANNEL_6：选择 AIN6 作为输入口。

ADC_CHANNEL_7：选择 AIN7 作为输入口。

ADC_CHANNEL_8：选择 AIN8 作为输入口。

ADC_CHANNEL_9：选择 AIN9 作为输入口。

ADC_CHANNEL_10：选择 AIN10 作为输入口。

ADC_CHANNEL_11：选择 AIN11 作为输入口。

ADC_CHANNEL_12：选择 AIN12 作为输入口。

ADC_CHANNEL_13：选择 AIN13 作为输入口。

ADC_CHANNEL_14：选择 AIN14 作为输入口。

ADC_CHANNEL_15：选择 AIN15 作为输入口。

ADC_CHANNEL_VDD_D4：选择 $1/4V_{DD}$ 作为输入口。

输入参数 NewState：输入口使能或关闭，可取 ENABLE 或者 DISABLE。

（4）ADC 功能开启控制函数 ADC_Cmd

函数原型：void ADC_Cmd(FunctionalState NewState)。

输入参数 NewState：功能开启控制，可取 ENABLE 或者 DISABLE。

（5）开始一次 A/D 转换函数 ADC_StartConversion

函数原型：void ADC_StartConversion(void)。

（6）获得 A/D 转换数据函数 ADC_GetConversionValue

函数原型：uint16_t ADC_GetConversionValue(void)。

返回值：A/D 转换的结果。

（7）使能或关闭中断函数 ADC_ITConfig

函数原型：void ADC_ITConfig(FunctionalState NewState, PriorityStatus Priority)。

输入参数 NewState：中断使能或关闭选择，可取 ENABLE 或者 DISABLE。

输入参数 Priority：中断优先级选择，可取 HIGH 或者 LOW。

（8）获得中断标志状态函数 ADC_GetFlagStatus

函数原型：FlagStatus ADC_GetFlagStatus(void)。

返回值 FlagStatus：中断标志状态，可取 SET 或者 RESET。

（9）清除中断标志函数 ADC_ClearFlag

函数原型：void ADC_ClearFlag(void)。

【例 7-2】利用固件库函数实现例 7-1 的功能。

**解：** 参照第 3 章的方法，将 sc95f861x_adc.c 加入到 FWLib 组中，并进行相应的设置。实现代码如下：

```
#include "sc95f861x_adc.h"
bit AdcFlag = 0;
void main(void)
{
    unsigned int ADCValue = 0x0000;

    ADC_Init(ADC_Cycle_3Cycle);              //采样时间为 3 个系统时钟
    ADC_ChannelConfig(ADC_CHANNEL_14,ENABLE); //选择 AIN14 作为输入口
    ADC_Cmd(ENABLE);                         //功能开启
    ADC_ITConfig(ENABLE,LOW);                //开启 A/D 转换器的中断
    EA = 1;                                  //开启 CPU 中断
    while(1)
    {
        ADC_StartConversion();               //开始 A/D 转换
        while(!AdcFlag);                     //等待 A/D 转换完成
        AdcFlag = 0;
        ADCValue = ADC_GetConversionValue(); //读取 A/D 转换的结果
```

```
    }
}
//中断服务函数
void ADC_Interrupt(void) interrupt ADC_vector
{
    ADC_ClearFlag();                              //清除中断标志位
    AdcFlag = 1;
}
```

## 7.3 模拟比较器及其使用

SC95F8617 单片机集成了一个模拟比较器，可用于报警器电路、电源电压监测电路、过零检测电路等。

### 7.3.1 模拟比较器的结构及相关寄存器

#### 1. 模拟比较器的结构

SC95F8617 单片机集成的模拟比较器的结构框图如图 7-4 所示。

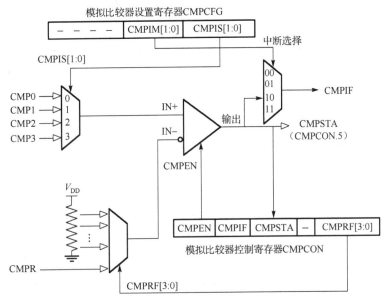

图 7-4 SC95F8617 单片机集成的模拟比较器的结构框图

SC95F8617 单片机集成的模拟比较器具有 4 个模拟信号正输入端：CMP0～CMP3，通过模拟比较器设置寄存器 CMPCFG 中的 CMPIS[1:0]切换选择。负输入端电压可通过模拟比较器控制寄存器 CMPCON 中的 CMPRF[3:0]切换为 CMPR 引脚上的外部电压或内部通过电源电压分压形成的 16 档比较电压中的一种。模拟比较器控制寄存器 CMPCON 中的 CMPEN 用于启动模拟比较器。模拟比较器的输出结果反映在 CMPCON 中的 CMPSTA 上。

通过 CMPCFG 中的 CMPIM[1:0]可以方便地设定模拟比较器的中断模式，当 CMPIM[1:0]

所设定的中断条件发生时，比较器中断标志位 CMPIF 会被置 1，该中断标志位需要用户通过软件清除。

**2．模拟比较器相关的特殊功能寄存器**

（1）模拟比较器控制寄存器 CMPCON（地址为 B7H）

模拟比较器控制寄存器 CMPCON 的复位值为 000x0000b，各位定义如下：

| 位　号 | 7 | 6 | 5 | 4 | 3 | 2 | 1 | 0 |
|---|---|---|---|---|---|---|---|---|
| 符　号 | CMPEN | CMPIF | CMPSTA | – | | CMPRF[3:0] | | |

① CMPEN：模拟比较器使能控制位。

0：关闭模拟比较器；1：使能模拟比较器。

② CMPIF：模拟比较器中断标志位。

0：模拟比较器的中断未被触发；1：当模拟比较器满足中断触发条件时，此位会被硬件自动设定成 1。若此时 IE1 中的 ECMP 位也被设定成 1，则模拟比较器产生中断。在模拟比较器中断发生后，硬件并不会自动将 ECMP 位清零，必须由用户通过软件将其清零。

③ CMPSTA：模拟比较器的输出状态。

0：正端电压小于负端电压；　　1：正端电压大于负端电压。

④ CMPRF[3:0]：模拟比较器的负端比较电压选择位，具体内容如表 7-3 所示。

表 7-3　模拟比较器的负端比较电压选择位

| CMPRF[3:0] | 模拟比较器的比较电压 | CMPRF[3:0] | 模拟比较器的比较电压 |
|---|---|---|---|
| 0000 | CMPR | 1000 | $8/16V_{DD}$ |
| 0001 | $1/16V_{DD}$ | 1001 | $9/16V_{DD}$ |
| 0010 | $2/16V_{DD}$ | 1010 | $10/16V_{DD}$ |
| 0011 | $3/16V_{DD}$ | 1011 | $11/16V_{DD}$ |
| 0100 | $4/16V_{DD}$ | 1100 | $12/16V_{DD}$ |
| 0101 | $5/16V_{DD}$ | 1101 | $13/16V_{DD}$ |
| 0110 | $6/16V_{DD}$ | 1110 | $14/16V_{DD}$ |
| 0111 | $7/16V_{DD}$ | 1111 | $15/16V_{DD}$ |

（2）模拟比较器设置寄存器 CMPCFG（地址为 B6H）

模拟比较器设置寄存器 CMPCFG 的复位值为 xxxx0000b，各位的定义如下：

| 位　号 | 7 | 6 | 5 | 4 | 3 | 2 | 1 | 0 |
|---|---|---|---|---|---|---|---|---|
| 符　号 | – | – | – | – | CMPIM[1:0] | | CMPIS[1:0] | |

① CMPIM[1:0]：模拟比较器中断模式选择控制位。

00：不产生中断；

01：上升沿中断，IN+从小于 IN−到大于 IN−后，产生中断；

10：下降沿中断，IN+从大于 IN−到小于 IN−后，产生中断；

11：双沿中断，IN+从小于 IN−到大于 IN−，或 IN+从大于 IN−到小于 IN−后，均产生中断。

② CMPIS[1:0]：模拟比较器正端输入通道选择位。

00：CMP0 为模拟比较器正端的输入；　01：CMP1 为模拟比较器正端的输入；

10：CMP2 为模拟比较器正端的输入；　11：CMP3 为模拟比较器正端的输入。

## 7.3.2　模拟比较器的应用

SC95F8617 单片机的模拟比较器的使用步骤如下。

（1）打开模拟比较器的电源。

（2）选择负端电压。

（3）正端输入通道选择。

（4）中断条件设置。

（5）编写中断服务函数。

### 1．利用 C 语言直接操作寄存器的方法进行模拟比较器的应用设计

【例 7-3】　模拟比较器测试电路如图 7-5 所示，利用模拟比较器的第 3 输入通道的 CMP3 和 CMPR 的输入进行比较，若 CMP3 的输入大于 CMPR 的输入，则点亮 LED1；否则，熄灭 LED1。

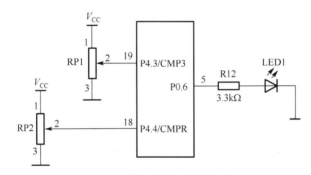

图 7-5　模拟比较器测试电路

**解**：根据模拟比较器的使用步骤，编写 C 语言程序如下：

```
#include "sc95.h"
//模拟比较器负端比较电压的选择
enum CMPRF {CMPRF=0,CMPRF1,CMPRF2,CMPRF3,CMPRF4,CMPRF5,CMPRF6,CMPRF7,
CMPRF8,CMPRF9,CMPRF10,CMPRF11,CMPRF12,CMPRF13,CMPRF14,CMPRF15};
//模拟比较器正端输入通道的选择
enum CMPIS {CMP0=0,CMP1,CMP2,CMP3};
void CMP_Init(unsigned char Cmpis, unsigned char Cmprf);
bit CMP_Flag = 0;
void main(void)
{
    P0CON|=0x40;              //将 P0.6 设置为推挽输出模式
    CMP_Init(CMP3,CMPRF);     //选择正端通道 3，负端电压选择 CMPR
    EA = 1;                   //开放 CPU 中断
    while(1)
    {
        if(CMP_Flag==0);
```

```
                CMP_Flag=0;
                if(CMPCON&0x20)          //判断模拟比较器的输出状态 CMPSTA
                {                        //V+ > V-
                    P06=1;
                }
                else
                {                        //V- > V+
                    P06=0;
                }
            }
        }
        //模拟比较器初始化函数
        void CMP_Init(unsigned char Cmpis, unsigned char Cmprf)
        {
            CMPCON = 0x80;               //开启模拟比较器电源
            CMPCON |= Cmprf;             //选择负端电压
            CMPCFG = 0x04;               //上升沿中断
            CMPCFG |= Cmpis;             //正端输入通道选择
            IE1 |= 0x20;                 //允许 CMP 中断
        }
        //模拟比较器中断服务函数
        void CMP_ISR(void) interrupt CMP_vector
        {
            CMPCON &= ~0x40;             //清除中断标志位
            CMP_Flag=1;
        }
```

**2. 利用固件库函数的方法进行模拟比较器的应用设计**

与模拟比较器相关的固件库函数介绍如下。

（1）函数 ACMP_DeInit：将 ACMP 相关寄存器复位至默认值。

函数原型：void ACMP_DeInit(void)。

（2）模拟比较器初始化函数 ACMP_Init

函数原型：void ACMP_Init(ACMP_Vref_Typedef ACMP_Vref, ACMP_Channel_TypeDef ACMP_Channel)。

输入参数 ACMP_Vref：ACMP 参考电压（负端电压）选择，可取如下值：

ACMP_VREF_EXTERNAL：选用 CMPR 为 ACMP 的比较电压。

ACMP_VREF_1D16VDD：选用 1/16VDD 为 ACMP 的比较电压。

ACMP_VREF_2D16VDD：选用 2/16VDD 为 ACMP 的比较电压。

ACMP_VREF_3D16VDD：选用 3/16VDD 为 ACMP 的比较电压。

ACMP_VREF_4D16VDD：选用 4/16VDD 为 ACMP 的比较电压。

ACMP_VREF_5D16VDD：选用 5/16VDD 为 ACMP 的比较电压。

ACMP_VREF_6D16VDD：选用 6/16VDD 为 ACMP 的比较电压。

ACMP_VREF_7D16VDD：选用 7/16VDD 为 ACMP 的比较电压。

ACMP_VREF_8D16VDD：选用 8/16VDD 为 ACMP 的比较电压。

ACMP_VREF_9D16VDD：选用 9/16VDD 为 ACMP 的比较电压。

ACMP_VREF_10D16VDD：选用 10/16VDD 为 ACMP 的比较电压。

ACMP_VREF_11D16VDD：选用 11/16VDD 为 ACMP 的比较电压。

ACMP_VREF_12D16VDD：选用 12/16VDD 为 ACMP 的比较电压。

ACMP_VREF_13D16VDD：选用 13/16VDD 为 ACMP 的比较电压。

ACMP_VREF_14D16VDD：选用 14/16VDD 为 ACMP 的比较电压。

ACMP_VREF_15D16VDD：选用 15/16VDD 为 ACMP 的比较电压。

输入参数 ACMP_Channel：ACMP 输入通道选择，可取如下值：

ACMP_CHANNEL_0：选择 CMP0 作为 ACMP 输入口。

ACMP_CHANNEL_1：选择 CMP1 作为 ACMP 输入口。

ACMP_CHANNEL_2：选择 CMP2 作为 ACMP 输入口。

ACMP_CHANNEL_3：选择 CMP3 作为 ACMP 输入口。

（3）中断触发方式配置函数 ACMP_SetTriggerMode

函数原型： void ACMP_SetTriggerMode(ACMP_TriggerMode_Typedef ACMP_Trigger Mode)。

输入参数 ACMP_TriggerMode：中断触发方式选择，可取如下值：

ACMP_TRIGGER_NO：不产生中断。

ACMP_TRIGGER_RISE_ONLY：模拟比较器触发方式为上升沿触发。

ACMP_TRIGGER_FALL_ONLY：模拟比较器触发方式为下降沿触发。

ACMP_TRIGGER_RISE_FALL：模拟比较器触发方式为上升沿与下降沿触发。

（4）功能开启函数 ACMP_Cmd

函数原型：void ACMP_Cmd(FunctionalState NewState)。

输入参数 NewState：使能或关闭，可取 ENABLE 或 DISABLE。

（5）中断初始化函数 ACMP_ITConfig

函数原型：void ACMP_ITConfig(FunctionalState NewState, PriorityStatus Priority)。

输入参数 NewState：使能或关闭，可取 ENABLE 或 DISABLE。

输入参数 Priority：优先级，可取值 LOW 或 HIGH。

（6）获得标志状态函数 ACMP_GetFlagStatus

函数原型：FlagStatus ACMP_GetFlagStatus(ACMP_Flag_TypeDef ACMP_Flag)。

输入参数 ACMP_Flag：标志位选择，可取 ACMP_FLAG_CMPSTA 或 ACMP_FLAG_CMPIF。

返回值：ACMP 标志状态，可取 SET 或者 RESET。

（7）清除 ACMP 标志函数　ACMP_ClearFlag

函数原型：void ACMP_ClearFlag(void)。

清除 ACMP_FLAG_CMPIF 的状态。

【例 7-4】利用固件库函数实现例 7-3 的要求功能。

解：参照第 3 章介绍的方法创建工程，将 sc95f861x_acmp.c 文件和 sc95f861x_gpio.c 文件加入到 FWLib 组中。程序代码如下：

```
#include "sc95f861x_acmp.h"
#include "sc95f861x_gpio.h"
```

```
void main(void)
{
    GPIO_Init(GPIO0,GPIO_PIN_6, GPIO_MODE_OUT_PP);
                                    //将 P0.6 设置为强推挽输出模式
    ACMP_Init(ACMP_VREF_EXTERNAL,ACMP_CHANNEL_3);
                                    //选择正端输入通道 CMP3, 负端输入为 CMPR
    ACMP_SetTriggerMode(ACMP_TRIGGER_RISE_ONLY);   //上升沿中断
    ACMP_ITConfig(ENABLE,LOW);                     //允许 CMP 中断
    ACMP_Cmd(ENABLE);                              //开启模拟比较器电源
    EnableInterrupts();                            //开放 CPU 中断
    while(1)
    {
        if(ACMP_GetFlagStatus(ACMP_FLAG_CMPSTA))//判断模拟比较器的输出状态
        {                                          //V+ > V-
            GPIO_WriteHigh(GPIO0, GPIO_PIN_6);     //P0.6 输出高电平
        }
        else
        {                                          //V- > V+
            GPIO_WriteLow(GPIO0, GPIO_PIN_6);      //P0.6 输出低电平
        }
    }
}
//模拟比较器中断服务函数
void CMP_ISR(void) interrupt CMP_vector
{
    ACMP_ClearFlag();                              //清除中断标志位
}
```

## 7.4　D/A 转换器及其与 SC95F8617 单片机的接口应用

由单片机处理后的信号先要将其转换成模拟信号才能进行模拟量输出或者控制相关对象。本节介绍串行 TLC5615D/A 转换器与 SC95F8617 单片机的接口及应用。

### 7.4.1　TLC5615 简介

TLC5615 是带有高阻抗缓冲基准输入的 10 位 CMOS 电压输出 D/A 转换器，具有基准电压 2 倍的输出电压范围，且 D/A 转换器在温度范围内是单调变化的。输出的最大电压为基准输入电压的 2 倍。TLC5615 转换速率快，更新率为 1.21MHz。TLC5615 使用简单，工作电源为 5V，且功耗低，最大功耗为 1.75mW，TLC5615 具有上电复位（Power-On-Reset）功能以确保自身可重复启动。

TLC5615 的数字控制通过 3 线（Three-Wire）串行总线，需要 16 位数据才能产生模拟量输出。数字输入端的特点是带有施密特（Schmitt）触发器，具有高噪声抑制能力。数字通信协议包括 SPI、QSPI、Microwire 总线标准。

### 1．引脚图

TLC5615 引脚图如图 7-6 所示，各引脚功能如下。

（1）DIN：串行数据输入。

（2）SCLK：串行时钟输入。

（3）CS：片选信号，低电平有效。

（4）DOUT：用于菊花链（Daisy Chaining）的串行数据输出。

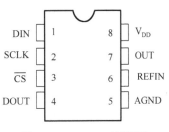

图 7-6　TLC5615 引脚图

注意：菊花链是指一种配线方案。即设备与设备之间单线相连，不会形成网状的拓扑结构，只有相邻的设备之间才能直接通信，不相邻的设备之间通信必须通过其他设备中转。因为这种配线方案的最后一个设备不会与第一个设备相连，所以该方案不会形成环路。菊花链能够用来传输电力信号、数字信号和模拟信号。

（1）AGND：模拟地。

（2）REFIN：参考电压（也称为基准电压）输入。

（3）OUT：模拟电压输出。

（4）$V_{DD}$：正电源。

### 2．内部结构

TLC5615 的内部结构如图 7-7 所示。

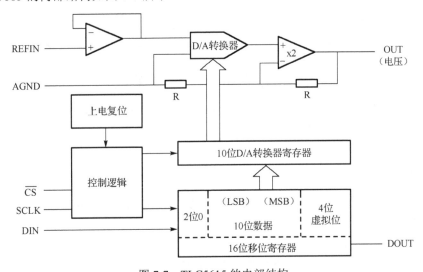

图 7-7　TLC5615 的内部结构

TLC5615 采用 SPI 模式，需要 16 位数据才能产生模拟量输出。在发送的 16 位数据中，最低 2 位必须为 0，最高 4 位为虚拟位（无效），中间的 10 位为有效数据，即为进行 D/A 转换的实际数据。TLC5615 先接收高位数据，发送时要设置相应的 SPI 寄存器。发送数据前，要把片选信号 CS 拉低。TLC5615 使用通过固定增益为 2 的运放缓冲的电阻串网络，把 10 位数字数据转换为模拟电压电平，输出极性与基准输入相同。上电时，内部电路把 D/A 转换器寄存器复位至全零。D/A 连接器的参考电压为 2.5V，由外部电源提供，该电压大小可通过电位器调节。

### 3．工作时序

TLC5615 的工作时序图如图 7-8 所示。由图 7-8 可以看出，只有当 $\overline{\text{CS}}$ 为低电平时，串行输入数据才能被移入 16 位移位寄存器中。当 $\overline{\text{CS}}$ 为低电平时，在每个 SCLK 时钟的上升沿将 DIN 的一位数据移入 16 位移位寄存器中。$\overline{\text{CS}}$ 的上升沿将 16 位移位寄存器的 10 位有效数据锁存在 10 位 D/A 转换器寄存器，供 D/A 转换器电路进行转换。当片选信号 $\overline{\text{CS}}$ 为高电平时，串行输入数据不能被移入 16 位移位寄存器。注意，$\overline{\text{CS}}$ 的上升沿和下降沿都必须发生在 SCLK 为低电平期间。由图 7-8 还可以看出，最大串行时钟速率为

$$f(\text{sclk})_{\max}=1/(t_{\text{W}}(\text{CH})+t_{\text{W}}(\text{CS}))\approx14\text{MHz} \tag{7-1}$$

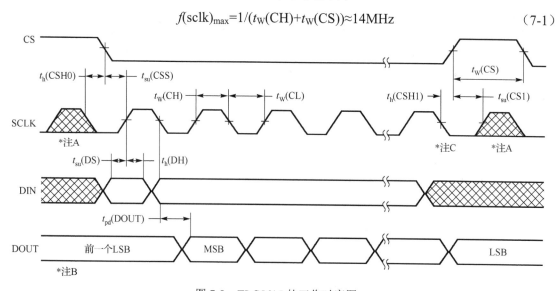

图 7-8　TLC5615 的工作时序图

注 A：为了使时钟馈通为最小，当 $\overline{\text{CS}}$ 为高电平时，加在 SCLK 端的输入时钟应当为低电平。

注 B：数据输入来自先前转换周期。

注 C：第 16 个 SCLK 下降

### 4．工作方式

TLC5615 的工作方式有两种：12 位数据序列方式和 16 位数据序列方式。

（1）12 位数据序列方式

在这种工作方式中，16 位移位寄存器分为高 4 位虚拟位、低 2 位填充位及 10 位有效位。单片 TLC5615 工作时，只需要向 16 位移位寄存器按顺序输入 10 位有效位和低 2 位填充位，低 2 位填充位的数据可以任意设置（可以设为 0）。

（2）16 位数据序列方式

16 位数据序列方式也称为级联工作方式。在这种工作方式中，可以将 TLC5615 的 DOUT 接到下一片 TLC5615 的 DIN，需要向 16 位移位寄存器按顺序输入高 4 位虚拟位、10 位有效位和低 2 位填充位。由于增加了高 4 位虚拟位，因此需要 16 个时钟脉冲。

无论采用哪种工作方式，输出电压均为

$$V_{\text{OUT}}=2V_{\text{REFIN}}\times\text{DATA}/1024$$

其中，$V_{\text{REFIN}}$ 为参考电压，DATA 为输入的二进制数据。

在不使用 D/A 转换器时，把 D/A 转换器寄存器设置为全 0，可以使功耗最小。TLC5615 的二进制数输入与模拟量输出对应码值如表 7-4 所示。

表 7-4 TLC5615 的二进制数输入与模拟量输出对应码值表

| 输　　入 | 输　　出 |
|---|---|
| 1111　1111　11（00） | 2（VREFIN）1023/1024 |
| ⋮ | ⋮ |
| 1000　0000　01（00） | 2（VREFIN）513/1024 |
| 1000　0000　00（00） | 2（VREFIN）512/1024=VREFIN |
| 0111　1111　11（00） | 2（VREFIN）511/1024 |
| ⋮ | ⋮ |
| 0000　0000　01（00） | 2（VREFIN）1/1024 |
| 0000　0000　00（00） | 0V |

## 7.4.2 TLC5615 接口电路及应用编程

【例 7-5】使用 SC95F8617 单片机 USCI2 的 SPI 与 TLC5615 进行连接，利用 P4.6 控制 TLC5615 的 $\overline{\text{CS}}$ 引脚，其连接电路如图 7-9 所示。编程实现由 D/A 转换器输出正弦波。在电路连接中，在 $V_{\text{DD}}$ 和 AGND 之间连接一个 0.1μF 的陶瓷旁路电容，且用短引线安装在尽可能靠近器件的地方。使用磁珠（Ferrite Beads）可以进一步隔离系统的模拟电源与数字电源。

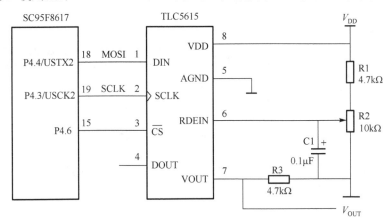

图 7-9 SC95F8617 单片机与 TLC5615 的连接电路

**解：** 在此仅给出使用固件库函数的实现方式，其他方式请读者自行测试。利用 SC95F8617 单片机的 SPI 与 TLC5615 接口输出正弦波，采用 16 位数据序列的程序代码如下：

```
#include "sc95f861x_gpio.h"
#include "sc95f861x_usci.h"
//正弦波数据(12 位)
unsigned int code sindata[]={
0x7FF,0x831,0x863,0x896,0x8C8,0x8FA,0x92B,0x95D,0x98E,0x9C0,0x9F1,0xA
21,0xA51,0xA81,0xAB1,0xAE0,0xB0F,0xB3D,0xB6A,0xB98,0xBC4,0xBF0,0xC1C,0xC46,0xC
```

71,0xC9A,0xCC3,0xCEB,0xD12,0xD38,0xD5E,0xD83,0xDA7,0xDCA,0xDEC,0xE0D,0xE2E,0xE
4D,0xE6C,0xE89,0xEA5,0xEC1,0xEDB,0xEF5,0xF0D,0xF24,0xF3A,0xF4F,0xF63,0xF75,0xF
87,0xF97,0xFA6,0xFB4,0xFC1,0xFCD,0xFD7,0xFE0,0xFE8,0xFEF,0xFF5,0xFF9,0xFFC,0xF
FE,0xFFE,0xFFE,0xFFC,0xFF9,0xFF5,0xFEF,0xFE8,0xFE0,0xFD7,0xFCD,0xFC1,0xFB4,
0xFA6,0xF97,0xF87,0xF75,0xF63,0xF4F,0xF3A,0xF24,0xF0D,0xEF5,0xEDB,0xEC1,0xEA5,
0xE89,0xE6C,0xE4D,0xE2E,0xE0D,0xDEC,0xDCA,0xDA7,0xD83,0xD5E,0xD38,0xD12,0xCEB,
0xCC3,0xC9A,0xC71,0xC46,0xC1C,0xBF0,0xBC4,0xB98,0xB6A,0xB3D,0xB0F,0xAE0,0xAB1,
0xA81,0xA51,0xA21,0x9F1,0x9C0,0x98E,0x95D,0x92B,0x8FA,0x8C8,0x896,0x863,0x831,
0x7FF,0x7CD,0x79B,0x768,0x736,0x704,0x6D3,0x6A1,0x670,0x63E,0x60D,0x5DD,0x5AD,
0x57D,0x54D,0x51E,0x4EF,0x4C1,0x494,0x466,0x43A,0x40E,0x3E2,0x3B8,0x38D,0x364,
0x33B,0x313,0x2EC,0x2C6,0x2A0,0x27B,0x257,0x234,0x212,0x1F1,0x1D0,0x1B1,0x192,
0x175,0x159,0x13D,0x123,0x109,0x0F1,0x0DA,0x0C4,0x0AF,0x09B,0x089,0x077,0x067,
0x058,0x04A,0x03D,0x031,0x027,0x01E,0x016,0x00F,0x009,0x005,0x002,0x000,0x000,
0x000,0x002,0x005,0x009,0x00F,0x016,0x01E,0x027,0x031,0x03D,0x04A,0x058,0x067,
0x077,0x089,0x09B,0x0AF,0x0C4,0x0DA,0x0F1,0x10A,0x123,0x13D,0x159,0x175,0x192,
0x1B1,0x1D0,0x1F1,0x212,0x234,0x257,0x27B,0x2A0,0x2C6,0x2EC,0x313,0x33B,0x364,
0x38D,0x3B8,0x3E2,0x40E,0x43A,0x466,0x494,0x4C1,0x4EF,0x51E,0x54D,0x57D,0x5AD,
0x5DD,0x60E,0x63E,0x670,0x6A1,0x6D3,0x704,0x736,0x768,0x79B,0x7CD};

```
        bit SPI2Flag = 0;                        //SPI2 数据传输完成标志位
        void main(void)
        {
            unsigned char i;
            unsigned int  DACdata;               //DACdata 存储待转换数据

            GPIO_Init(GPIO4,GPIO_PIN_6, GPIO_MODE_OUT_PP);
                                                 //将 P4.6 设置为强推挽输出模式
            USCI2_SPI_Init(USCI_SPI_FIRSTBIT_MSB, USCI_SPI_BAUDRATEPRESCALER_128,
        USCI_SPI_MODE_MASTER,USCI_SPI_CLOCKPOLARITY_HIGH,
            USCI_SPI_CLOCKPHASE_1EDGE, USCI_SPI_TXE_ENINT, USCI_SPI_DATA16);
            //MSB 优先发送,时钟速率为 fsys/128,设置 SPI2 为主机,SCK 空闲时间为高电平
            //SCK 周期第一沿采集数据,允许发送中断,16 位传输
            USCI2_SPI_Cmd(ENABLE);               //开启 SPI2
            USCI2_ITConfig(ENABLE,LOW);          //允许 USCI2 中断
            EnableInterrupts();                  //开放 CPU 中断
            while(1)
            {
                for(i=0;i<255;i++)
                {
                    DACdata=sindata[i]<<2;   //生成待转换的数据并将其赋给 DACdata
                    GPIO_WriteLow(GPIO4, GPIO_PIN_6); //P4.6(CS)输出低电平,使能 D/A 转换
                    USCI2_SPI_SendData_16(DACdata);
                    while(!SPI2Flag);
                    SPI2Flag = 0;
                    GPIO_WriteHigh(GPIO4, GPIO_PIN_6); //P4.6(CS)输出高电平, 结束 D/A 转换
                }
            }
```

```
    }
void SPI2_ISR(void) interrupt USCI2_vector //USCI2 中断函数
{
    if(USCI2_GetFlagStatus(USCI_SPI_FLAG_TXE)==SET) //数据缓冲器空标志位判断
        USCI2_ClearFlag(USCI_SPI_FLAG_TXE);
    if(USCI2_GetFlagStatus(USCI_SPI_FLAG_SPIF)==SET)  //数据传输标志位判断
    {
        USCI2_ClearFlag(USCI_SPI_FLAG_SPIF);
        SPI2Flag = 1;
    }
}
```

## 7.5　习题 7

1. 简述 SC95F8617 单片机 A/D 转换器的使用过程，并通过编程实现使用 A/D 转换器测量内部供电电压，采用中断方式实现 A/D 转换。

2. 利用模拟比较器的第 3 输入通道 CMP3 和 CMPR 的输入进行比较，若 CMP3 的输入大于 CMPR 的输入，则点亮 LED1，熄灭 LED2；否则，点亮 LED2，熄灭 LED1，其电路图如图 7-10 所示。

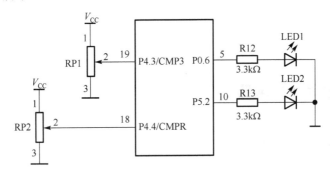

图 7-10　模拟比较器的应用电路图

3. 简述常见的 D/A 转换器及其特点。

4. 利用 SC95F8617 单片机和 TLC5615 构成一个小型直流电机调速系统，画出电路原理图，并编写调速程序代码。

# 第8章
# 人 机 交 互

单片机的人机交互模块是指人与计算机系统进行信息交互的接口，包括信息的输入和输出，是单片机应用系统不可缺少的组成部分。输入设备主要是键盘，常用的键盘设备包括独立式键盘、矩阵式键盘等；输出设备包括发光二极管、数码管显示器、液晶显示器等。本章将介绍这些输入/输出设备是如何与单片机连接的，以及如何编写相应的程序。特别介绍 SC95F8617 单片机内部集成的 LCD/LED 显示驱动模块及双模触控模块的结构及应用。

## 8.1 显示器及其接口电路

### 8.1.1 LED 数码管显示器

#### 1．LED 数码管显示器的工作原理

LED（Light Emitting Diode）是发光二极管的缩写。由 LED 组成的显示器是单片机应用系统中常用的输出设备。LED 数码管显示器是由若干段发光二极管构成的，当某段发光二极管被施加一定的正向电压时导通，该段被点亮，多个被点亮的发光二极管就可以组成字符。这种显示器能显示的字符少，但控制简单，使用方便。

常见的 LED 数码管显示器由 8 个发光二极管组成，其中 7 个发光二极管构成字形"8"的笔画，另一个发光二极管构成小数点，这些发光二极管统称为段。LED 数码管内部的发光二极管有共阴极和共阳极两种接法，如图 8-1 所示。

若为共阴极接法，8 段发光二极管阴极同时接低电平，则阳极输入高电平可使发光二极管点亮；若发光二极管为共阳极接法，8 段发光二极管阳极同时接高电平，则阴极输入低电平可使发光二极管点亮。使用 LED 数码管显示器时，要注意区分这两种不同的接法。为了显示数字或符号，要为 LED 数码管显示器提供字形码。字形码各位与 LED 各段的对应关系如表 8-1 所示。

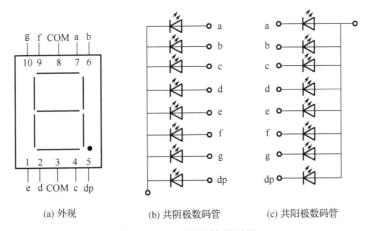

(a) 外观          (b) 共阴极数码管          (c) 共阳极数码管

图 8-1　LED 数码管显示器

表 8-1　字形码各位与 LED 各段的对应关系

| 数 字 位 | 7 | 6 | 5 | 4 | 3 | 2 | 1 | 0 |
|---|---|---|---|---|---|---|---|---|
| 显 示 段 | dp | g | f | e | d | c | b | a |

LED 数码管显示器显示的字符与字形码的对应关系如表 8-2 所示。

表 8-2　LED 数码管显示器显示的字符与字形码的对应关系

| 显示字符 | 共阴极数码管字形码 | 共阳极数码管字形码 | 显示字符 | 共阴极数码管字形码 | 共阳极数码管字形码 |
|---|---|---|---|---|---|
| 0 | 3FH | 0C0H | 9 | 6FH | 90H |
| 1 | 06H | 0F9H | A | 77H | 88H |
| 2 | 5BH | 0A4H | B | 7CH | 83H |
| 3 | 4FH | 0B0H | C | 39H | 0C6H |
| 4 | 66H | 99H | D | 5EH | 0A1H |
| 5 | 6DH | 92H | E | 79H | 86H |
| 6 | 7DH | 82H | F | 71H | 84H |
| 7 | 07H | 0F8H | 熄灭 | 00H | 0FFH |
| 8 | 7FH | 80H | | | |

**2．LED 数码管显示器的显示驱动**

实际使用的 LED 数码管显示器往往由多位数码管构成，对多位数码管的控制包括字形控制（显示什么字符）和字位控制（哪些位显示）。LED 数码管显示器常用的显示方式分为静态显示和动态显示两种。

（1）静态显示方式

静态显示方式是指当 LED 数码管显示器显示字符时，发光二极管的公共端（字位控制）被恒定控制有效（共阴极数码管公共端接低电平，共阳极数码管公共端接高电平），即显示器处于打开状态。对于硬件连接，在静态显示方式下，每位显示器的字形控制线是独立的，通过接口驱动芯片分别接到一个 8 位的 I/O 口上，字位控制线连接在一起。

对于静态显示方式，LED 数码管显示器由芯片接口直接驱动，采用较小的驱动电流就可以得到较高的亮度。同时，由于每位 LED 数码管显示器分别由一个 8 位 I/O 口控制字形码，因此该显示器能稳定且独立地显示字符，这种方式编程简单，但当并行输出显示的 LED 位数较多时，需要并行 I/O 口的数量较多，可采用"串行→并行"集成电路输出，以节省单片机的内部资源。

由于静态显示方式占用资源较多，因此实际工程中很少使用这种方式。

（2）动态显示方式

动态显示方式是指逐位轮流点亮每位数码管，且在同一时刻只有一位数码管显示。虽然对于每位数码管来说，每隔一段时间点亮一次，但是由于单片机工作速度很快，同时利用人眼的视觉暂留效应和发光二极管熄灭时的余晖，肉眼很难看出数码管闪烁，相反将会看到多个字符同时显示的现象。

为了实现 LED 数码管显示器的动态显示，通常将所有位的字形控制线并联在一起，由一个 8 位 I/O 口控制，将每位数码管的字位控制线分别由相应的 I/O 口控制。

利用 I/O 口动态扫描驱动 4 个共阴极数码管参考电路如图 8-2 所示。其中，R1～R12 的电阻值可取为 470Ω。

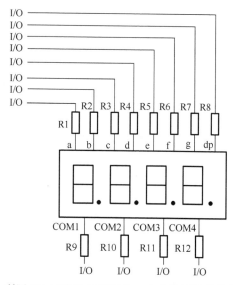

图 8-2　利用 I/O 口动态扫描驱动 4 个共阴极数码管参考电路

利用 I/O 口动态扫描驱动 4 个共阳极数码管参考电路如图 8-3 所示。其中，R1～R8 的电阻值为 1kΩ，R9～R12 的电阻值为 4.7kΩ，位的驱动电路采用晶体管 VT1～VT4，其型号可以为 9012。

动态扫描驱动数码管显示的过程如下。

（1）选通第一位 LED，然后由 8 位 I/O 口输出要显示的字形码，点亮第一位 LED。

（2）关闭第一位 LED，选通第二位 LED，然后由 8 位 I/O 口输出要显示的字形码。

（3）以此类推，当关掉最后一位 LED 时，再选通第一位 LED，这样反复循环。

在动态显示过程中需要注意以下问题。

（1）点亮时间。在动态显示过程中，需调用延时子程序，以保证每位显示器稳定地点亮一段时间，通常延时时间为 1ms。

（2）驱动能力。在动态显示方式下，LED 数码管显示器的工作电流较大，尤其是字位控制线上的驱动电流可达 40～60mA，为了保证数码管具有足够的亮度，通常需要使用驱动电路以提高驱动能力。

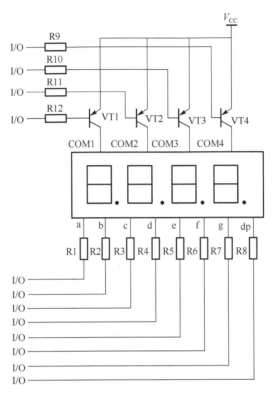

图 8-3 利用 I/O 口动态扫描驱动 4 个共阳极数码管参考电路

## 8.1.2 LCD

LCD（Liquid Crystal Display）是液晶显示器的缩写，是一种利用液晶在电场作用下，其光学性质发生变化以显示图形的显示器，是一种利用液晶分子的物理结构和光学特性进行显示的技术。在自然形态下，液晶分子具有光学各向异性的特点，在电（磁）场作用下，液晶分子呈各向同性。LCD 具体的工作原理请查阅相关资料。LCD 由于具有显示信息丰富、功耗低、体积小、质量小、无辐射等优点，得到了广泛应用。

液晶显示模块是一种将液晶显示器件、连接件、集成电路、PCB 线路板、背光源、结构件装配在一起的组件，其英文名称为 LCD Module，简称 LCM。液晶显示模块从显示形式上可分为字段型、点阵字符型、点阵图形型三种。显示数字或者固定的图形时，可以使用字段型 LCD；显示字符时，可以使用点阵字符型 LCD；显示字符和图形时，可以使用点阵图形型 LCD。

7 段 LCD 显示器除 a～g 这 7 个笔画（称为 SEG）外，还有一个公共电极 COM（也称为背极），其笔画排列图如图 8-4

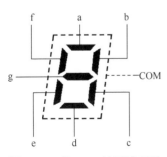

图 8-4 7 段 LCD 笔画排列图

所示。

根据 LCD 的显示原理可知，对某一段（点）而言，只要在构成这个段的两个电极之间加上适当的电压，该段就会显示，但是如果加直流信号，那么就会缩短 LCD 的寿命，因此，通常加的是交流信号。驱动液晶分子的交流电压的频率范围一般为 60～100Hz，具体根据 LCD 的面积和设计而定，若交流信号的频率过高，则会导致驱动功耗增加；若交流信号的频率过低，则会导致显示闪烁。扫描频率与光源的频率之间有倍数关系时，也会导致显示闪烁。

某一笔画（字段）与公共极 COM 间驱动电路的连接图及波形图如图 8-5 所示。其中，B 端为某一字段（笔画）电极信号输入端，A 端经逻辑非门与 B 端共同加到异或门输入端，A 端为公共电极 COM（也称为背极）。由图 8-5(b)和 8-5(c)可知，当电极 A'和电极 C 加的脉冲信号相位相同时，笔画不显示；当两者相位相反时，该笔画显示。或当笔画电极 B 为低电平时，不显示笔画；当笔画电极 B 为高电平时，显示笔画。

一般公共电极信号为 25～100Hz 的对称方波，使加在 LCD 上的交流电压平均值为 0。否则，若有较大直流分量，则会使液晶材料迅速分解，进而使 LCD 的寿命大大缩短。

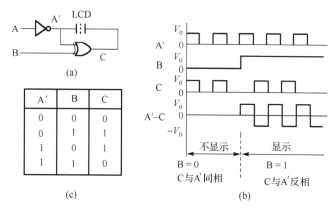

图 8-5 某一笔画与公共极 COM 间驱动电路的连接图及波形图

例如：若要显示字符 "3"，则应使 a、b、c、d、g 笔画段电极上的方波与 COM 电极上方波的相位相反，而 e、f 笔画段电极上的方波与 COM 电极上方波的相位相同，其驱动波形图如图 8-6 所示。

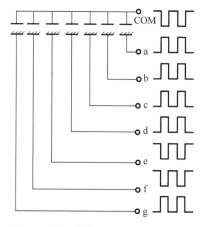

图 8-6 显示字符 "3" 的驱动波形图

上述驱动波形既可以使用专门的驱动电路产生，又可以由带有 LCD 驱动模块的单片机产生。LCD 的驱动方式有静态驱动和动态驱动两种方式。

静态驱动：前面介绍的驱动方式就是静态驱动方式，该驱动方式把所有的段电极逐个分别加以驱动。这种驱动方式虽然简单，但每一个显示单元都要有一条驱动线，对于显示容量较大的情况就难以实现。

动态驱动：将全部段电极分为几组，然后将它们分时驱动，也称多路传输驱动方式或分时驱动方式，主要用于点阵字符型 LCD，也可用于字段型 LCD。

LCD 的驱动波形具有以下两个参数。

（1）占空比（Duty）。该项参数一般也称为 Duty 数或 COM 数。由于 STN/TN 的 LCD 一般采用时分动态扫描的驱动模式，每个 COM 的有效选通时间与整个扫描周期的比值（占空比）是固定的，该比值为 1/COM。

（2）偏置（Bias）。LCD 的 SEG/COM 的驱动波形为模拟信号，而各档模拟电压相对于 LCD 输出的最高电压的比例称为偏置。一般来讲，偏置是用最低一档电压与输出最高电压的比值来表示的。

通常，偏置和占空比之间有一定关系，占空比数量越多，每根 COM 线对应的扫描时间就越短，而要达到同样的显示亮度和显示对比度，选通电平 $V_{ON}$ 就要提高，选通电平 $V_{ON}$ 和非选通电平 $V_{OFF}$ 的差异需要加大，即偏置需要加大，占空比和偏置间有一个经验公式，即

$$偏置 = 1/(\sqrt{占空比}+1) \tag{8-1}$$

液晶驱动波形是由若干档直流电平组合而成的模拟波形，各档直流电平的比例关系反映驱动波形的偏置比例关系，各档电平的具体幅值取决于液晶特性和占空比数量的多少。

## 8.1.3 LCD/LED 显示驱动及应用

SC95F8617 单片机集成了硬件的 LCD/LED 显示驱动电路，可方便用户实现 LCD 和 LED 的显示驱动。LCD/LED 显示驱动电路具有以下主要特点。

（1）LCD 和 LED 显示驱动二选一，即某一时刻只能选用其中的一种驱动功能。

（2）LCD 和 LED 显示驱动共用相关 I/O 口和寄存器。

（3）4 种显示驱动模式可选：8×24 段、6×26 段、5×27 段或 4×28 段。

（4）显示驱动电路可选择内建 32kHz LRC 或外部 32kHz 振荡器作为时钟源，帧频约为 64Hz。

当用作 LCD 显示驱动时，有 2 种偏置的方式可选：1/4 偏置和 1/3 偏置；COM 口驱动能力 4 级可选；用作 LED 显示驱动时，SEG 口驱动能力 4 级可选。

### 1. LCD/LED 驱动波形

（1）LCD 驱动波形

① 1/3 偏置 LCD 驱动波形。1/3 偏置 LCD 的电压波形图如图 8-7 所示。图 8-7 给出了选通（SELECT，点亮状态）和非选通（UNSELECT，不点亮状态）两种状态。其中，VLCD 是 LCD 的供电电压。只有 COM 和 SEG 之间的电压差达到 VLCD 时，相对应的段才能被点亮。图 8-7 给出了一个周期的波形图。其中，横轴代表时间轴，纵轴代表电压轴。$t_1 \sim t_3$ 为一个周期，分为 $t_1 \sim t_2$ 和 $t_2 \sim t_3$ 两部分。无论在 $t_1 \sim t_2$ 时段，还是在 $t_2 \sim t_3$ 时段，图 8-7(a)与图 8-7(c)中的对应时段 COM 和 SEG 间的电压差都达到了 VLCD，并且两个时段的电压差极性相反，

满足点亮条件，并且实现交流供电功能。而图 8-7(a)和图 8-7(d)中的对应时段，COM 和 SEG 间的电压差都只有 1/3VLCD，不满足点亮条件。同样，图 8-7(c)和图 8-7(b)中对应时段，COM 和 SEG 间的电压差也都只有 1/3VLCD，也不满足点亮条件。

在 1/3 偏置 LCD 应用中，以 COM 扫描为主线，COM 和 SEG 的波形图如图 8-8 所示。同理，只有 COM 和 SEG 之间的电压差达到 VLCD 时，对应的液晶字段才会显示。

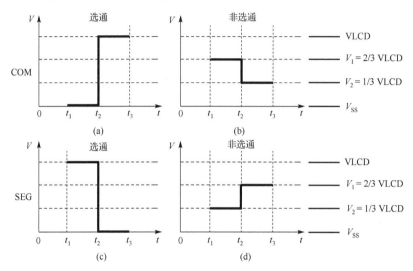

图 8-7　1/3 偏置 LCD 的电压波形图

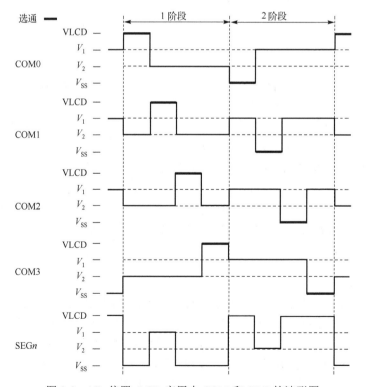

图 8-8　1/3 偏置 LCD 应用中 COM 和 SEG 的波形图

② 1/4 偏置 LCD 驱动波形。1/4 偏置 LCD 的电压波形图如图 8-9 所示。与 1/3 偏置 LCD 选通和非选通的情形类似，只有在 COM 和 SEG 间的电压差为 VLCD 时，相对应的段点亮，其基本原理分析过程从略。

1/4 偏置 LCD 应用中 COM 和 SEG 的波形图如图 8-10 所示。

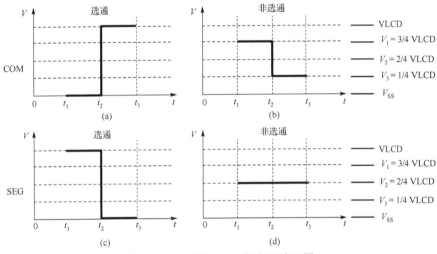

图 8-9　1/4 偏置 LCD 的电压波形图

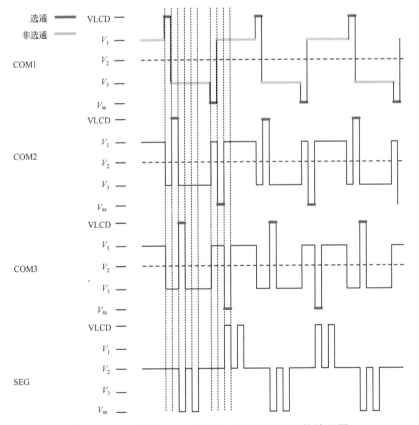

图 8-10　1/4 偏置 LCD 应用中 COM 和 SEG 的波形图

（2）LED 驱动波形

SC95F8617 单片机目前能够驱动的 LED 极性是共阴极，以 SEG0 为例，其余各个 COM 的波形图如图 8-11 所示。其中，1/4 占空比说明有 4 个 COM，每个 COM 在切换时都有一段很短的时间关闭所有的 COM 输出，防止数码管显示有残留的影像。

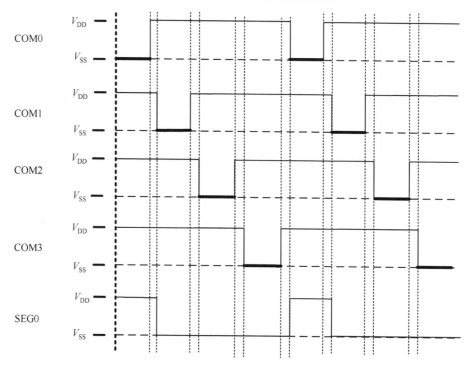

图 8-11　1/4 占空比的 LED 应用中 COM 和 SEG0 的波形图

### 2. LCD/LED 的显示 RAM 配置

LCD/LED 的显示 RAM 配置表如表 8-3 所示。在表 8-3 中，可以认为，若想让某个 SEG 点亮相应的数码管，则应令该 SEG 对应的位 1 即可。

表 8-3　LCD/LED 的显示 RAM 配置表

| 地　址 | 7 | 6 | 5 | 4 | 3 | 2 | 1 | 0 |
| --- | --- | --- | --- | --- | --- | --- | --- | --- |
|  | COM7 | COM6 | COM5 | COM4 | COM3 | COM2 | COM1 | COM0 |
| 1000H | SEG0 | SEG0 | SEG0 | SEG0 | SEG0 | SEG0 | SEG0 | SEG0 |
| 1001H | SEG1 | SEG1 | SEG1 | SEG1 | SEG1 | SEG1 | SEG1 | SEG1 |
| 1002H | SEG2 | SEG2 | SEG2 | SEG2 | SEG2 | SEG2 | SEG2 | SEG2 |
| 1003H | SEG3 | SEG3 | SEG3 | SEG3 | SEG3 | SEG3 | SEG3 | SEG3 |
| 1004H | SEG4 | SEG4 | SEG4 | SEG4 | SEG4 | SEG4 | SEG4 | SEG4 |
| 1005H | SEG5 | SEG5 | SEG5 | SEG5 | SEG5 | SEG5 | SEG5 | SEG5 |
| 1006H | SEG6 | SEG6 | SEG6 | SEG6 | SEG6 | SEG6 | SEG6 | SEG6 |
| 1007H | SEG7 | SEG7 | SEG7 | SEG7 | SEG7 | SEG7 | SEG7 | SEG7 |
| 1008H | SEG8 | SEG8 | SEG8 | SEG8 | SEG8 | SEG8 | SEG8 | SEG8 |

| 地 址 | 7 | 6 | 5 | 4 | 3 | 2 | 1 | 0 |
|---|---|---|---|---|---|---|---|---|
| | COM7 | COM6 | COM5 | COM4 | COM3 | COM2 | COM1 | COM0 |
| 1009H | SEG9 | SEG9 | SEG9 | SEG9 | SEG9 | SEG9 | SEG9 | SEG9 |
| 100AH | SEG10 | SEG10 | SEG10 | SEG10 | SEG10 | SEG10 | SEG10 | SEG10 |
| 100BH | SEG11 | SEG11 | SEG11 | SEG11 | SEG11 | SEG11 | SEG11 | SEG11 |
| 100CH | SEG12 | SEG12 | SEG12 | SEG12 | SEG12 | SEG12 | SEG12 | SEG12 |
| 100DH | SEG13 | SEG13 | SEG13 | SEG13 | SEG13 | SEG13 | SEG13 | SEG13 |
| 100EH | SEG14 | SEG14 | SEG14 | SEG14 | SEG14 | SEG14 | SEG14 | SEG14 |
| 100FH | SEG15 | SEG15 | SEG15 | SEG15 | SEG15 | SEG15 | SEG15 | SEG15 |
| 1010H | SEG16 | SEG16 | SEG16 | SEG16 | SEG16 | SEG16 | SEG16 | SEG16 |
| 1011H | SEG17 | SEG17 | SEG17 | SEG17 | SEG17 | SEG17 | SEG17 | SEG17 |
| 1012H | SEG18 | SEG18 | SEG18 | SEG18 | SEG18 | SEG18 | SEG18 | SEG18 |
| 1013H | SEG19 | SEG19 | SEG19 | SEG19 | SEG19 | SEG19 | SEG19 | SEG19 |
| 1014H | SEG20 | SEG20 | SEG20 | SEG20 | SEG20 | SEG20 | SEG20 | SEG20 |
| 1015H | SEG21 | SEG21 | SEG21 | SEG21 | SEG21 | SEG21 | SEG21 | SEG21 |
| 1016H | SEG22 | SEG22 | SEG22 | SEG22 | SEG22 | SEG22 | SEG22 | SEG22 |
| 1017H | SEG23 | SEG23 | SEG23 | SEG23 | SEG23 | SEG23 | SEG23 | SEG23 |
| 1018H | SEG24 | SEG24 | SEG24 | SEG24 | SEG24 | SEG24 | SEG24 | SEG24 |
| 1019H | SEG25 | SEG25 | SEG25 | SEG25 | SEG25 | SEG25 | SEG25 | SEG25 |
| 101AH | SEG26 | SEG26 | SEG26 | SEG26 | SEG26 | SEG26 | SEG26 | SEG26 |
| 101BH | SEG27 | SEG27 | SEG27 | SEG27 | SEG27 | SEG27 | SEG27 | SEG27 |

### 3．LCD/LED 显示驱动相关寄存器

（1）显示驱动控制寄存器 DDRCON（地址为 93H）

显示驱动控制寄存器 DDRCON 的复位值为 0x00，各位的定义如下：

| 位 号 | 7 | 6 | 5 | 4 | 3 | 2 | 1 | 0 |
|---|---|---|---|---|---|---|---|---|
| 符 号 | DDRON | DMOD | DUTY[1:0] | | VLCD[3:0] | | | |

① DDRON：LCD/LED 显示驱动使能控制位。

0：显示驱动扫描关闭；1：显示驱动扫描打开。

② DMOD：LCD/LED 显示驱动模式选择位。

0：LCD 模式；1：LED 模式。

③ DUTY[1:0]：LCD/LED 显示占空比控制位。

00：1/8 占空比，S4～S27 为 SEG，C0～C7 为 COM；

01：1/6 占空比，S2～S27 为 SEG，C2～C7 为 COM；

10：1/5 占空比，S1～S27 为 SEG，C3～C7 为 COM；

11：1/4 占空比，S0～S27 为 SEG，C4～C7 为 COM，或 S4～S27 为 SEG，C0～C3 为 COM。

④ VLCD[3:0]：LCD 电压调节位，需满足下面的条件：

$$\text{VLCD}=V_{\text{DD}}\times(17+\text{VLCD}[3:0])/32$$

（2）P$x$ 口显示驱动输出寄存器 P$x$VO（$x$=0,1,2,3，地址分别为 9CH、94H、A3H 和 B3H）

P0～P3 口显示驱动输出寄存器 P$x$VO 的复位值为 0x00，各位的定义如下：

| 位　号 | 7 | 6 | 5 | 4 | 3 | 2 | 1 | 0 |
|---|---|---|---|---|---|---|---|---|
| 符　号 | P$x$7VO | P$x$6VO | P$x$5VO | P$x$4VO | P$x$3VO | P$x$2VO | P$x$1VO | P$x$0VO |

P$xy$VO（$x$=0,1,2,3，$y$=0,1,2,3,4,5,6,7）：打开 P$xy$ 口线显示驱动输出功能控制位。

0：关闭 P$xy$ 口线的显示驱动输出功能；1：打开 P$xy$ 口线的显示驱动输出功能。

（3）输出控制寄存器 OTCON（地址为 8FH）

输出控制寄存器 OTCON 的复位值为 0x00，各位的定义如下：

| 位　号 | 7 | 6 | 5 | 4 | 3 | 2 | 1 | 0 |
|---|---|---|---|---|---|---|---|---|
| 符　号 | USMD1[1:0] | | USMD0[1:0] | | VOIRS[1:0] | | SCS | BIAS |

① VOIRS[1:0]：LCD 电压输出口分压电阻选择（根据 LCD 屏的大小选择适合的电阻）。

00：设定内部分压电阻总电阻值为 100kΩ；

01：设定内部分压电阻总电阻值为 200kΩ；

10：设定内部分压电阻总电阻值为 400kΩ；

11：设定内部分压电阻总电阻值为 800kΩ。

在每次切换 COM 时，前 1/16 时间固定选择 100kΩ 电阻，后 15/16 时间切换到 VORIS 选择的电阻值。在扫描一帧之后，切换中间会做全灭的动作。

② SCS：LCD/LED 的 SEG/COM 复用引脚选择位。

0：当设定为 1/4 占空比时，S0～S27 为 SEG，C4～C7 为 COM；

1：当设定为 1/4 占空比时，S4～S27 为 SEG，C0～C3 为 COM。

③ BIAS：LCD 显示驱动偏置电压选择位。

0：1/4 偏置电压；1：1/3 偏置电压。

### 4. LCD/LED 显示驱动应用举例

在使用 SC95F8617 单片机驱动 LCD 时，其电路设计是非常简单的。首先查看所要驱动的 LCD 共有多少个 COM 和 SEG，根据 COM 和 SEG 的数量选择所需单片机的 LCD 驱动口。由于单片机的 LCD 驱动口是与 I/O 口复用的，所以在设计系统时还要考虑一下 I/O 口是否够用。

在使用 LCD/LED 显示驱动时，可以使用 C 语言直接操作相关寄存器，也可以使用固件库函数的方法进行编程。下面首先介绍相关的固件库函数。

（1）函数 DDIC_DeInit：将 DDIC 相关寄存器复位至默认值。

函数原型：void DDIC_DeInit(void)。

（2）DDIC 初始化配置函数 DDIC_Init

函数原型：void DDIC_Init(DDIC_DutyCycle_TypeDef DDIC_DutyCylce, uint8_t P0OutputPin, uint8_t P1OutputPin, uint8_t P2OutputPin, uint8_t P3OutputPin)。

输入参数 DDIC_DutyCylce：LCD/LED 显示占空比控制，可取如下值。

DDIC_DUTYCYCLE_D8：1/8 占空比；DDIC_DUTYCYCLE_D6：1/6 占空比。

DDIC_DUTYCYCLE_D5：1/5 占空比；DDIC_DUTYCYCLE_D4：1/4 占空比。

输入参数 P0OutputPin、P1OutputPin、P2OutputPin、P3OutputPin 分别用于设置 P0 口、P1 口、P2 口和 P3 口的引脚是否用于显示驱动功能，可取如下值。

DDIC_PIN_X0：PX0 口打开显示驱动功能。

DDIC_PIN_X1：PX1 口打开显示驱动功能。

DDIC_PIN_X2：PX2 口打开显示驱动功能。

DDIC_PIN_X3：PX3 口打开显示驱动功能。

DDIC_PIN_X4：PX4 口打开显示驱动功能。

DDIC_PIN_X5：PX5 口打开显示驱动功能。

DDIC_PIN_X6：PX6 口打开显示驱动功能。

DDIC_PIN_X7：PX7 口打开显示驱动功能。

可通过逻辑"或"操作选择打开多个口的显示驱动功能，如 DDIC_PIN_X0|DDIC_PIN_X1|DDIC_PIN_X2 表示将 Px0、Px1、Px2 显示驱动功能打开，Px 的其他位显示驱动功能关闭。

（3）LED 配置函数 DDIC_LEDConfig

函数原型：void DDIC_LEDConfig(void)。

（4）LCD 配置函数 DDIC_LCDConfig

函数原型：void DDIC_LCDConfig(uint8_t LCDVoltage, DDIC_ResSel_Typedef DDIC_ResSel, DDIC_BiasVoltage_Typedef DDIC_BiasVoltage)。

输入参数 LCDVoltage LCD：电压调节，VLCD=$V_{DD}$×(17+ LCDVoltage)/32。

输入参数 DDIC_ResSel：LCD 电压输出口电阻选择，可取如下值。

DDIC_ResSel_100K：设定内部分压电阻为 100kΩ。

DDIC_ResSel_200K：设定内部分压电阻为 200kΩ。

DDIC_ResSel_400K：设定内部分压电阻为 400kΩ。

DDIC_ResSel_800K：设定内部分压电阻为 800kΩ。

输入参数 DDIC_BiasVoltage：LCD 显示驱动偏置电压设置，可取如下值。

DDIC_BIAS_D3：LCD 偏置电压为 1/3。

DDIC_BIAS_D4：LCD 偏置电压为 1/4。

（5）函数 DDIC_OutputPinOfDutycycleD4

函数原型：void DDIC_OutputPinOfDutycycleD4(DDIC_OutputPin_TypeDef DDIC_OutputPin)。

1/4 占空比时，SEG 与 COM 复用引脚选择。

输入参数 DDIC_OutputPin：输出引脚选择，可取如下值。

SEG0_27COM4_7：1/4 占空比时，S0～S27 为 SEG，C4～C7 为 COM。

SEG4_27COM0_3：1/4 占空比时，S4～S27 为 SEG，C0～C3 为 COM。

（6）显示驱动功能开关函数 DDIC_Cmd

函数原型：void DDIC_Cmd(FunctionalState NewState)。

输入参数 NewState：使能或关闭，可取 ENABLE 或 DISABLE。

配置 LCD 的过程如下。

（1）选择 LCD 模式。

（2）设置占空比。

（3）打开显示驱动扫描。

（4）根据需要打开 P0～P3 口的显示驱动输出功能。

（5）设定内部分压电阻。

（6）向 LCD RAM 写入待显示的值。

下面以某个 4 位 LCD 的显示为例说明 LCD 的使用。其他 LCD 的电路连接及程序编写，请读者自行查阅相关手册。4 位 LCD 显示器的电极配置图如图 8-12 所示。其中，2P、3P、4P 为小数点，P1 为冒号"："。各个引脚与 SEG 和 COM 的关系如表 8-4 所示。

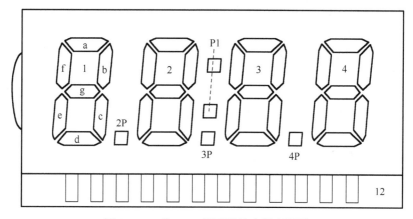

图 8-12　4 位 LCD 显示器的电极配置图

表 8-4　4 位 LCD 各个引脚与 SEG 和 COM 的关系

| PIN | 1 | 2 | 3 | 4 | 5 | 6 | 7 | 8 | 9 | 10 | 11 | 12 |
|------|------|------|------|------|-----|-----|-----|-----|-----|-----|-----|-----|
| COM0 | COM0 | | | | 1A | 1B | 2A | 2B | 3A | 3B | 4A | 4B |
| COM1 | | COM1 | | | 1F | 1G | 2F | 2G | 3F | 3G | 4F | 4G |
| COM2 | | | COM2 | | 1E | 1C | 2E | 2C | 3E | 3C | 4E | 4C |
| COM3 | | | | COM3 | P1 | 1D | 2P | 2D | 3P | 3D | 4P | 4D |

【例 8-1】利用字段型 LCD，编程实现在 LCD 上显示 "20.51"。SC95F8617 单片机与 LCD 的连接电路如图 8-13 所示。由于 C0～C3 与 S3～S0 复用，S5～S7 与 USCI1 复用，S12～S13 与 UART0 复用，因此为了不影响 UART0 的使用，SEG 引脚使用 S8～S11 和 S14～S17。

根据图 8-13 的电路连接，LCD 的 COM0～COM3、SEG0～SEG7 和单片机的引脚及对应的 LCD 显示 RAM 地址的对应关系如表 8-5 所示。其中，最高位 MSB 为 COM7，第 6 位为 COM6，以此类推，最低位 LSB 为 COM0。当 LCD 显示 RAM 中的某位为 1 时，对应的 LCD 段会点亮。结合表 8-4 和表 8-5，显示 RAM 中的数据从高位到低位的顺序就是 COM7～COM0 的顺序，没有用到的 COM 写为 0。例如，对于最左边的 LCD 位包含 1A、1B、1C、1D、1E、1F、1G 和 P1 段，连接了 COM0 和 S8、S9 段引脚。若要让该位显示 1，则需要令 1B 和 1C 段均为 1，其他段均为 0，在 S8 对应的 LCD 显示 RAM 地址 x1008 单元中写入 0x0，在 S9 对应的 LCD 显示 RAM 地址 x1009 单元中写入 0x05。

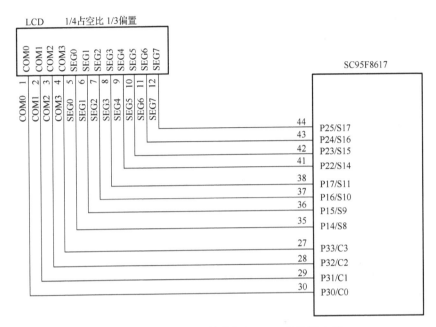

图 8-13 SC95F8617 单片机与 LCD 的连接电路

表 8-5 4 位 LCD 与单片机的连接及 LCD 显示 RAM 地址的对应关系

| LCD 引脚编号 | LCD 引脚名称 | 单片机引脚 | 显示 RAM 地址 | MSB COM7 | 6 | 5 | 4 | 3 | 2 | 1 | LSB COMO |
|---|---|---|---|---|---|---|---|---|---|---|---|
| 1 | COM0 | P30/C0 | | | | | | | | | |
| 2 | COM1 | P31/C1 | | | | | | | | | |
| 3 | COM2 | P32/C2 | | | | | | | | | |
| 4 | COM3 | P33/C3 | | | | | | | | | |
| 5 | SEG0 | P14/S8 | 0x1008 | b7 | b6 | b5 | b4 | b3 | b2 | b1 | b0 |
| 6 | SEG1 | P15/S9 | 0x1009 | b7 | b6 | b5 | b4 | b3 | b2 | b1 | b0 |
| 7 | SEG2 | P16/S10 | 0x100a | b7 | b6 | b5 | b4 | b3 | b2 | b1 | b0 |
| 8 | SEG3 | P17/S11 | 0x100b | b7 | b6 | b5 | b4 | b3 | b2 | b1 | b0 |
| 9 | SEG4 | P22/S14 | 0x100e | b7 | b6 | b5 | b4 | b3 | b2 | b1 | b0 |
| 10 | SEG5 | P23/S15 | 0x100f | b7 | b6 | b5 | b4 | b3 | b2 | b1 | b0 |
| 11 | SEG6 | P24/S16 | 0x1010 | b7 | b6 | b5 | b4 | b3 | b2 | b1 | b0 |
| 12 | SEG7 | P25/S17 | 0x1011 | b7 | b6 | b5 | b4 | b3 | b2 | b1 | b0 |

在设置引脚功能时，只需将用于 COM 和 SEG 的相应引脚设置为显示功能，其他引脚保持为原来的功能。

解：利用 C 语言直接操作寄存器的方法，实现代码如下：

```
#include "sc95.h"
//LCD 编码表，每个数据均用 2 字节表示
unsigned char code LcdCodeTab[][2] =
        {{0x07,0x0d},{0x00,0x05},{0x05,0x0b},{0x01,0x0f},  //0-3
         {0x02,0x07},{0x03,0x0e},{0x07,0x0e},{0x01,0x05},   //4-7
```

```
                {0x07,0x0f},{0x03,0x07},{0x07,0x07},{0x06,0x0e},    //8-b
                {0x07,0x08},{0x04,0x0f},{0x07,0x0a},{0x07,0x02},    //c-f
                {0x00,0x00},{0x08,0x00}};                      //全灭,小数点
unsigned char xdata LcdRAM[28] _at_ 0x1000;       //LCD/LED 显示 RAM
typedef enum {          //LCD 的 COM 定义
    LCDCOM0 = (unsigned char)0x00,
    LCDCOM1 = (unsigned char)0x01,
    LCDCOM2 = (unsigned char)0x02,
    LCDCOM3 = (unsigned char)0x03
} LcdSelCOM;
typedef enum {            //是否显示小数点的定义
    DOTUNDISP = (unsigned char)0x00,
    DOTDISP = (unsigned char)0x08,
} LcdDotDisp;
void LCD_Config(void); //初始化子函数
//LCD 显示数据子函数
void LcdDisp(unsigned char LcdData,LcdSelCOM COMx,LcdDotDisp DotDisp);
void main(void)
{
    LCD_Config();   //LCD 口配置
    LcdDisp(0x02,LCDCOM0,DOTUNDISP);
    LcdDisp(0x00,LCDCOM1,DOTUNDISP);
    LcdDisp(0x05,LCDCOM2,DOTDISP);
    LcdDisp(0x01,LCDCOM3,DOTUNDISP);
    while(1);
}
void LCD_Config(void)
{
    DDRCON = 0xb4;   //LCD 模式、1/4 占空比、VLCD=3VDD/4、开启显示驱动扫描
    P0VO = 0x00;
    P1VO = 0xf0;            //P14～P17 开启显示功能(S8～S11)
    P2VO = 0x3c;            //P22～P25 开启显示功能(S14～S17)
    P3VO = 0x0f;            //P30～P33 开启显示功能(C0～C3)
    OTCON = 0x03;          //内部分压电阻为 100kΩ,1/3 偏置电压,S4～S27 为 SEG,
                           //C0～C3 为 COM
}
/*****************************************************
*函数功能: LCD 显示数据
*函数原型: void LcdDisp(unsigned char LcData,LcdSelCOM COMx)
*入口参数:   LcdData           //LCD 要显示的数据
             COMx              //COM 选择(取值范围为 LCDCOM0～3)
             DotDisp           //小数点是否显示(可取 DOTDISP 或者 DOTUNDISP)
*出口参数: void
*****************************************************/
void LcdDisp(unsigned char LcdData,LcdSelCOM COMx,LcdDotDisp DotDisp)
{
    if(COMx == LCDCOM0)
    {
        LcdRAM[8] = LcdCodeTab[LcdData][0]|DotDisp;
```

```
        LcdRAM[9]   =   LcdCodeTab[LcdData][1];
    }
    if(COMx == LCDCOM1)
    {
        LcdRAM[10]  =   LcdCodeTab[LcdData][0]|DotDisp;
        LcdRAM[11]  =   LcdCodeTab[LcdData][1];
    }
    if(COMx == LCDCOM2)
    {
        LcdRAM[14]  =   LcdCodeTab[LcdData][0]|DotDisp;
        LcdRAM[15]  =   LcdCodeTab[LcdData][1];
    }
    if(COMx == LCDCOM3)
    {
        LcdRAM[16]  =   LcdCodeTab[LcdData][0]|DotDisp;
        LcdRAM[17]  =   LcdCodeTab[LcdData][1];
    }
}
```

在使用固件库函数实现上述功能时，将sc95f861x_ddic.c文件加入到FWLib组中，实现代码如下：

```
#include "sc95f861x_ddic.h"
//LCD编码表，每个数据均用2字节表示
unsigned char code LcdCodeTab[][2] =
 {{0x07,0x0d},{0x00,0x05},{0x05,0x0b},{0x01,0x0f},          //0～3
            {0x02,0x07},{0x03,0x0e},{0x07,0x0e},{0x01,0x05},//4～7
            {0x07,0x0f},{0x03,0x07},{0x07,0x07},{0x06,0x0e},//8～b
            {0x07,0x08},{0x04,0x0f},{0x07,0x0a},{0x07,0x02},//c～f
            {0x00,0x00},{0x08,0x00}};                       //全灭，小数点
unsigned char xdata LcdRAM[28] _at_ 0x1000;     //LCD/LED显示RAM
typedef enum {
    LCDCOM0 = (unsigned char)0x00,
    LCDCOM1 = (unsigned char)0x01,
    LCDCOM2 = (unsigned char)0x02,
    LCDCOM3 = (unsigned char)0x03
} LcdSelCOM;
typedef enum {
    DOTUNDISP = (unsigned char)0x00,
    DOTDISP = (unsigned char)0x08,
} LcdDotDisp;
void DDICInit(void);        //DDIC配置为LCD，显示函数和配置需根据LCD进行修改
void LcdDisp(unsigned char LcdData,LcdSelCOM COMx,LcdDotDisp DotDisp);
                            //LCD显示数据
void main(void)
{
    DDICInit();
```

```
        LcdDisp(0x02,LCDCOM0,DOTUNDISP);
        LcdDisp(0x00,LCDCOM1,DOTUNDISP);
        LcdDisp(0x05,LCDCOM2,DOTDISP);
        LcdDisp(0x01,LCDCOM3,DOTUNDISP);
        while(1);
    }
    //将DDIC配置为LCD，显示函数和配置均需根据LCD进行修改
    void DDICInit(void)
    {
        DDIC_Init(DDIC_DUTYCYCLE_D4, 0x00, 0xf0, 0x3c, 0x0f);
    //占空比1/4,P14～P17,P22～P25,P34～P37为DDIC输出引脚
        DDIC_LCDConfig(4, DDIC_ResSel_100K, DDIC_BIAS_D3);
    //LCD电压为(17+4)*VDD/32=3.3V,内部分压电阻为100kΩ,偏置电压为1/3VDD
        DDIC_OutputPinOfDutycycleD4(SEG4_27COM0_3);
    //占空比为1/4时SEG为S4～S27,COM为C0～C3
        DDIC_Cmd(ENABLE);              //使能
    }
    /****************************************************
    *函数功能：LCD显示数据
    *函数原型：void LcdDisp(unsigned char LcData,LcdSelCOM COMx)
    *入口参数：    LcdData            //LCD要显示的数据
                  COMx               //COM选择(取值范围为LCDCOM0～3)
                  DotDisp            //小数点是否显示(可取DOTDISP或者DOTUNDISP)
    *出口参数：void
    ****************************************************/
    void LcdDisp(unsigned char LcdData,LcdSelCOM COMx,LcdDotDisp DotDisp)
    {
        if(COMx == LCDCOM0)
        {
            LcdRAM[8]  = LcdCodeTab[LcdData][0]|DotDisp;
            LcdRAM[9]  = LcdCodeTab[LcdData][1];
        }
        if(COMx == LCDCOM1)
        {
            LcdRAM[10]  = LcdCodeTab[LcdData][0]|DotDisp;
            LcdRAM[11]  = LcdCodeTab[LcdData][1];
        }
        if(COMx == LCDCOM2)
        {
            LcdRAM[14]  = LcdCodeTab[LcdData][0]|DotDisp;
            LcdRAM[15]  = LcdCodeTab[LcdData][1];
        }
        if(COMx == LCDCOM3)
        {
            LcdRAM[16]  = LcdCodeTab[LcdData][0]|DotDisp;
            LcdRAM[17]  = LcdCodeTab[LcdData][1];
        }
    }
```

LED 配置的过程如下。

（1）选择 LED 模式。

（2）设置占空比。

（3）打开显示驱动扫描。

（4）根据需要打开 P0～P3 口的显示驱动输出功能。

（5）向 LED RAM 写入待显示的值。

以 4 位共阴极 LED 的显示为例说明 LED 的使用。

【例 8-2】利用共阴极 LED，编程实现在 LED 上显示 "12.34"。

由于 C0～C3 与 S3～S0 复用，S5～S7 与 USCI1 复用，S12～S13 与 UART0 复用，因此，SEG 引脚的使用为 S8～S11 和 S14～S17。SC95F8617 单片机与 LED 的连接电路如图 8-14 所示。

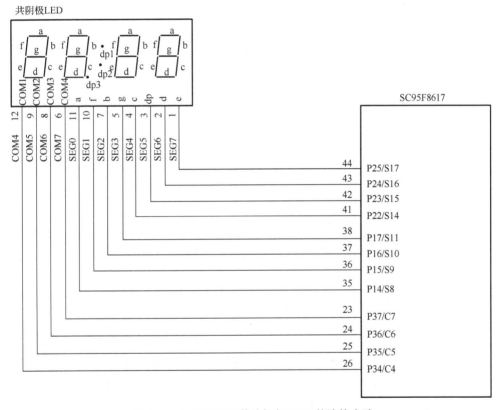

图 8-14  SC95F8617 单片机与 LED 的连接电路

在使用传统的动态扫描方式进行显示时，可以根据显示内容动态向 4 个数码 LED 位送出显示字，其程序代码如下。

```
#include "sc95.h"
//由 P1Seg 和 P2Seg 构成显示字
unsigned char P1Seg[]={0x70,0x40,0xd0,0xd0,0xe0,0xb0,0xb0,0x50,0xf0,0xf0};
unsigned char P2Seg[]={0x34,0x04,0x30,0x14,0x04,0x14,0x34,0x04,0x34,0x14};
void delay(unsigned long delaycnt)
{
```

```
        while(delaycnt--);
    }
    void main(void)
    {
        P2CON = 0x3c;          //0011  1100
        P1CON = 0xf0;          //1111  0000
        P3CON = 0xf0;          //1100  0000
        while(1)
        {
            P1 =P1Seg[1];
            P2 =P2Seg[1];
            P3=0xff;
            P34=0;
            delay(1000);
            P1 =P1Seg[2];
            P2 =P2Seg[2];
            P23=1;
            P3=0xff;
            P35=0;
            delay(1000);
            P1 =P1Seg[3];
            P2 =P2Seg[3];
            P3=0xff;
            P36=0;
            delay(1000);
            P1 =P1Seg[4];
            P2 =P2Seg[4];
            P3=0xff;
            P37=0;
            delay(1000);
        }
    }
```

  动态扫描显示需要 CPU 通过程序反复扫描输出显示信息，占用 CPU 的时间资源。为了节省 CPU 的时间资源，可以使用 SC95F8617 单片机的 LED 驱动模块进行显示，SC95F8617 单片机点亮 LED 段的基本原理与 LCD 的基本原理类似。连接共阴极 LED 时，为了让某个段点亮，需要将连接 S 的引脚输出 1，由于使用了单片机的 COM4～COM7，因此，表 8-3 中显示 RAM 的数据只用到了相应地址单元的高半字节。例如，若要在最左边的位上显示 "1"，则需要点亮 B 段和 C 段，S10 和 S14 对应 RAM 中的地址为 0x100a 和 0x100e，其 COM4 所对应的位均设置为 1，其余位为 0。

  利用 C 语言直接操作寄存器的方法，实现代码如下：

```
#include "sc95.h"
typedef unsigned char  uint8_t;
//数码管编码表(显示字)
uint8_t code LedCodeTab[]={0xD7,0x14,0xCD,0x5D,0x1E,0x5B,0xDB,0x15,
```

```
0xDF,0x5F,0x9F,0xDA,0xC3,0xDC,0xCB,0x8B,0x00,0xff,0x08};
        unsigned char xdata LedRAM[28] _at_ 0x1000;        //LCD/LED 显示 RAM
        typedef enum {
            LEDCOM0 = (uint8_t)0x00,
            LEDCOM1 = (uint8_t)0x01,
            LEDCOM2 = (uint8_t)0x02,
            LEDCOM3 = (uint8_t)0x03,
            LEDCOM4 = (uint8_t)0x04,
            LEDCOM5 = (uint8_t)0x05,
            LEDCOM6 = (uint8_t)0x06,
            LEDCOM7 = (uint8_t)0x07
        } LedSelCOM;
        typedef enum {
            DOTUNDISP = (unsigned char)0x00,
            DOTDISP = (unsigned char)0x20,
        } LedDotDisp;
        uint8_t LedTemp[8] = {0,0,0,0,0,0,0,0};        //LED 显示 RAM 数据缓存数组
        void LED_Config(void);                         //初始化子函数
        void LedDisp(unsigned char LedData,LedSelCOM COMx,LedDotDisp
                DotDisp);                              //LED 显示数据
        void main(void)
        {
            uint8_t i;

            LED_Config();  //LED 端口配置
            //在显示 4 位数据前，首先要把数据缓存数组清零
            for(i=0;i<8;i++)
            {
                LedTemp[i] = 0;
            }
            LedDisp(0x01,LEDCOM4,DOTUNDISP); //在 COM4 位上显示 1，不显示小数点
            LedDisp(0x02,LEDCOM5,DOTDISP);   //在 COM5 位上显示 2，显示小数点
            LedDisp(0x03,LEDCOM6,DOTUNDISP); //在 COM6 位上显示 3，不显示小数点
            LedDisp(0x04,LEDCOM7,DOTUNDISP); //在 COM7 位上显示 4，不显示小数点
            while(1);
        }
        void LED_Config(void)
        {
            DDRCON = 0xf0;        //LED 模式、1/4 占空比、开启显示驱动扫描
            P0VO = 0x00;
            P1VO = 0xf0;          //P14～P17 开启显示功能(S8～S11)
            P2VO = 0x3c;          //P22～P25 开启显示功能(S14～S17)
            P3VO = 0xf0;          //P34～P37 开启显示功能(C4～C7)
            OTCON = 0x00;         //1/4 占空比时，SEG 为 S0～S27,COM 为 C4～C7
        }
        /***************************************************
        *函数功能: LED 显示数据
        *函数原型: void LedDisp(unsigned char LedData,LcdSelCOM COMx,LedDotDisp
```

```
DotDisp)
        *入口参数：    LedData        //LED 要显示的数据
                      COMx          //COM 选择(取值范围为 LEDCOM4～7)
                      DotDisp       //小数点是否显示(可取 DOTDISP 或者 DOTUNDISP)
        *出口参数：void
        ***************************************************/
        void LedDisp(unsigned char LedData,LedSelCOM COMx,LedDotDisp DotDisp)
        {
        //实现将数据由横向转为纵向，并按照电路连接移位到高 4 位
            LedTemp[0]  |=  ((LedCodeTab[LedData]>>0)&0x01)<<COMx;
            LedTemp[1]  |=  ((LedCodeTab[LedData]>>1)&0x01)<<COMx;
            LedTemp[2]  |=  ((LedCodeTab[LedData]>>2)&0x01)<<COMx;
            LedTemp[3]  |=  ((LedCodeTab[LedData]>>3)&0x01)<<COMx;
            LedTemp[4]  |=  ((LedCodeTab[LedData]>>4)&0x01)<<COMx;
            LedTemp[5]  |=  (((LedCodeTab[LedData]|DotDisp)>>5)&0x01)<<COMx;
            LedTemp[6]  |=  ((LedCodeTab[LedData]>>6)&0x01)<<COMx;
            LedTemp[7]  |=  ((LedCodeTab[LedData]>>7)&0x01)<<COMx;
            LedRAM[8]  = LedTemp[0];
            LedRAM[9]  = LedTemp[1];
            LedRAM[10] = LedTemp[2];
            LedRAM[11] = LedTemp[3];
            LedRAM[14] = LedTemp[4];
            LedRAM[15] = LedTemp[5];
            LedRAM[16] = LedTemp[6];
            LedRAM[17] = LedTemp[7];
        }
```

使用固件库函数实现上述功能时，将

```
#include "sc95.h"
typedef unsigned char  uint8_t;
```

替换为

```
#include "sc95f861x_ddic.h"
```

将 LED_Config 函数中的内容替换为下述内容即可。

```
        //占空比为 1/4,P14～P17,P22～P25,P34～P37 为
DDIC 输出脚
        DDIC_Init(DDIC_DUTYCYCLE_D4,  0x00,  0xf0,
0x3c, 0xf0);
        DDIC_LEDConfig();           //DDIC 配置为 LED 模式
        DDIC_OutputPinOfDutycycleD4(SEG0_27COM4_7);
    //1/4 占空比时, SEG 为 S0～S27,COM 为 C4～C7
        DDIC_Cmd(ENABLE);           //使能
```

## 8.1.4  点阵式 LCD 应用

点阵式 LCD 不仅可以显示字符、数字，还可以显示各种图形、曲线及汉字，并且可以实现在 LCD 上/下/左/右滚动、分区开窗口、反转、闪烁等功能，其用途十分广泛。下面以 OCM4X8C

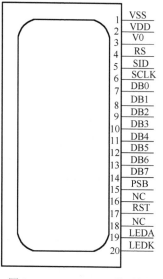

图 8-15  OCM4X8C 外形图

与单片机的接口编程为例说明点阵式 LCD 的应用。

OCM4X8C 液晶显示屏是具有串行/并行接口的图形点阵液晶显示模块,内部含有 GB2312 中文字库,其外形图如图 8-15 所示。该模块的控制/驱动器采用台湾矽创电子公司的 ST7920,具有较强的控制显示功能。OCM4X8C 液晶显示屏为 128×64 点阵,可显示 4 行、每行 8 个汉字。为了简单、方便地显示汉字,该模块具有 2MB 的中文字形 CGROM,其中含有 8192 个 16×16 点阵中文字库;同时,为了便于英文和其他常用字符的显示,具有 16KB 的 16×8 点阵的 ASCII 码字符库。为了构造用户图形,该模块提供了一个 64×256 点阵的 GDRAM 绘图区域,并且为了便于用户构造所需字形,提供了 4 组 16×16 点阵的造字空间。利用这些功能,OCM4X8C 可实现汉字、ASCII 码、点阵图形、自造字体的同屏显示。

## 1. OCM4X8C 引脚

OCM4X8C 共有 20 个引脚,其引脚功能如表 8-6 所示。

表 8-6　OCM4X8C 引脚功能

| 引 脚 序 号 | 符　号 | 引 脚 说 明 |
|---|---|---|
| 1 | $V_{SS}$ | 接地端(0V) |
| 2 | $V_{DD}$ | 电源正极(+5V) |
| 3 | $V_0$ | LCD 电源(悬空) |
| 4 | RS(CS) | 数据/命令选择端 (H:数据寄存器,L:指令寄存器) |
| 5 | R/W(SID) | 读/写选择端 (H:读,L:写)(串行数据输入端) |
| 6 | E(SCLK) | 使能端 |
| 7~14 | DB0~DB7 | 数据输入/输出端 |
| 15 | PSB | 串行/并行选择端(H:并行,L:串行) |
| 16 | NC | 空脚 |
| 17 | RST | 复位(低电平有效) |
| 18 | NC | 空脚 |
| 19 | LEDA | 背光源正极(LED+5V) |
| 20 | LEDK | 背光源负极(LED−0V) |

## 2. OCM4X8C 控制命令

用户使用液晶模块时是通过用户命令来让其执行相应的显示或控制功能的。OCM4X8C 的用户命令分为基本命令集和扩充命令集,分别如表 8-7 和表 8-8 所示。

表 8-7　OCM4X8C 的基本命令集

| 控 制 引 脚 | | | 控 制 命 令 | | | | | | | | 功　能 |
|---|---|---|---|---|---|---|---|---|---|---|---|
| RS | R/W | E | b7 | b6 | b5 | b4 | b3 | b2 | b1 | b0 | |
| 0 | 0 | 1 | 0 | 0 | 0 | 0 | 0 | 0 | 0 | 1 | 消除显示(DDRAM 填满 0x20,地址复位到 0x00) |
| 0 | 0 | 1 | 0 | 0 | 0 | 0 | 0 | 0 | 1 | * | 地址归位(复位到 0x00) |
| 0 | 0 | 1 | 0 | 0 | 0 | 0 | 0 | 1 | I/D | S | 进入点设定 |
| 0 | 0 | 1 | 0 | 0 | 0 | 0 | 1 | D | C | B | 显示状态控制 |
| 0 | 0 | 1 | 0 | 0 | 0 | 1 | S/C | R/L | - | - | 游标或显示移位控制 |

续表

| 控 制 引 脚 | | | 控 制 命 令 | | | | | | | | 功　能 |
|---|---|---|---|---|---|---|---|---|---|---|---|
| RS | R/W | E | b7 | b6 | b5 | b4 | b3 | b2 | b1 | b0 | |
| 0 | 0 | 1 | 0 | 0 | 1 | DL | - | 0 RE | - | - | 功能设定 |
| 0 | 0 | 1 | 0 | 1 | AC5 | AC4 | AC3 | AC2 | AC1 | AC0 | 设置 CGRAM 地址 |
| 0 | 0 | 1 | 1 | AC6 | AC5 | AC4 | AC3 | AC2 | AC1 | AC0 | 设置 DDRAM 地址 |
| 0 | 1 | 1 | BF | AC6 | AC5 | AC4 | AC3 | AC2 | AC1 | AC0 | 读取忙状态标志或地址 |
| 1 | 0 | 1 | D7 | D6 | D5 | D4 | D3 | D2 | D1 | D0 | 写数到内部 RAM |
| 1 | 1 | 1 | D7 | D6 | D5 | D4 | D3 | D2 | D1 | D0 | 从内部 RAM 读取数据 |

表 8-8　OCM4X8C 的扩充命令集

| 控 制 引 脚 | | | 控 制 命 令 | | | | | | | | 功　能 |
|---|---|---|---|---|---|---|---|---|---|---|---|
| RS | R/W | E | b7 | b6 | b5 | b4 | b3 | b2 | b1 | b0 | |
| 0 | 0 | 1 | 0 | 0 | 0 | 0 | 0 | 0 | 0 | 1 | 待命模式（DDRAM 填满 0x20，光标复位到 0x00） |
| 0 | 0 | 1 | 0 | 0 | 0 | 0 | 0 | 0 | 1 | SR | 卷动地址或 IRAM 地址选择 |
| 0 | 0 | 1 | 0 | 0 | 0 | 0 | 0 | 1 | R1 | R2 | 反白选择 |
| 0 | 0 | 1 | 0 | 0 | 0 | 0 | 1 | SL | - | - | 睡眠模式 |
| 0 | 0 | 1 | 0 | 0 | 0 | 1 | - | 1 RE | G | 0 | 扩充功能设定 |
| 0 | 0 | 1 | 0 | 1 | AC5 | AC4 | AC3 | AC2 | AC1 | AC0 | 设定 IRAM 地址或卷动地址 |
| 0 | 0 | 1 | 0 | AC6 | AC5 | AC4 | AC3 | AC2 | AC1 | AC0 | 设定绘图 RAM 地址 |

### 3．OCM4X8C 的显示缓冲区

OCM4X8C 按照每个中文字符 16×16 点阵将液晶屏分类 4 行 8 列，共 32 个区。每个区可显示 1 个中文字符或 2 个 16×8 点阵全高 ASCII 码字符，即每屏最多可显示 32 个中文字符或 64 个 ASCII 码字符。

OCM4X8C 内部提供 128×2B 的字符显示 RAM 缓冲区（DDRAM）。字符显示是通过将字符显示编码写入 DDRAM 实现的。根据写入内容的不同，可分别在液晶屏上显示 CGROM（中文字库）、HCGROM（ASCII 码字库）及 CGRAM（自定义字形）的内容。三种不同字符/字形的选择编码范围为：0000H～0006H 显示自定义字形，02H～7FH 显示半宽 ASCII 码字符，A1A0H～F7FFH 显示 8192 种 GB 2312 中文字库字形。字符显示 RAM 在液晶模块中的地址为 80H～9FH。字符显示 RAM 的地址与 32 个字符显示区域的对应关系如表 8-9 所示。

表 8-9　字符显示 RAM 的地址与 32 个字符显示区域的对应关系

| 行 | X 坐 标 | | | | | | | |
|---|---|---|---|---|---|---|---|---|
| 1 | 80H | 81H | 82H | 83H | 84H | 85H | 86H | 87H |
| 2 | 90H | 91H | 92H | 93H | 94H | 95H | 96H | 97H |
| 3 | 88H | 89H | 8AH | 8BH | 8CH | 8DH | 8EH | 8FH |
| 4 | 98H | 99H | 9AH | 9BH | 9CH | 9DH | 9EH | 9FH |

使用 OCM4X8C 显示模块时，应注意以下 5 点。

（1）若要在某个位置显示中文字符，则应先设定显示字符位置，即先设定显示地址，再写

入中文字符编码。

（2）显示 ASCII 码字符的过程与显示中文字符的过程相同。不过在显示连续字符时，只需设定一次显示地址，由模块自动对地址加 1 并指向下一个字符位置。

（3）当字符编码为 2 字节时，应先写入高位字节，再写入低位字节。

（4）OCM4X8C 显示模块在接收指令前，CPU 必须先确认该模块内部处于非忙状态，即在读取 BF 标志位时，BF 必须为 0，方可接收新的指令。若在送出一个指令前不检查 BF 标志位，则在前一个指令和这个指令中间必须延迟一段较长的时间，即等待前一个指令确定执行完成。

（5）RE 为基本指令集和扩充指令集的选择控制位。当变更 RE 后，以后的指令集将维持在最后的状态，除非再次变更 RE。使用相同指令集时，不需要每次重设 RE 位。

### 4．接口方式和时序

为了便于 OCM4X8C 显示模块与多种微处理器、单片机连接，该模块提供了 8 位并行、2 线串行、3 线串行三种接口方式。

（1）并行接口方式

当该模块的 PSB 引脚接高电平时，即进入并行接口方式，单片机与该模块通过 RS、RW、E、DB0～DB7 来完成指令/数据的传输。

（2）串行接口方式

当该模块的 PSB 引脚接低电平时，即进入串行接口方式。串行模式使用串行数据线 SID 和串行时钟线 SCLK 来传输数据，即构成 2 线串行方式。

串行接口方式的时序图如图 8-16 所示。

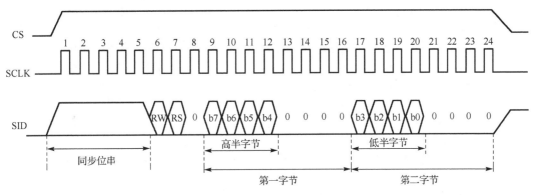

图 8-16　串行接口方式的时序图

一个完整的串行传输过程是：首先传输起始字节（5 个连续的"1"），起始字节也称为同步位串。在传输起始字节时，传输计数将被重置并且串行传输将被同步，跟随的两个位分别为传输方向位（RW）及寄存器选择位（RS），最后第 8 位则为"0"。在接收到同步位及 RW 和 RS 的起始字节后，每个 8 位的指令均被分为 2 字节传输，指令的高 4 位（b7～b4）被存放在第一字节的高 4 位部分，而指令的低 4 位（b3～b0）则被存放在第二字节的高 4 位部分，至于相关的另外 4 位则都为 0。

OCM4X8C 还允许同时接入多个显示模块，以完成多路信息显示功能。此时，要利用片选信号 CS（与 RS 共用引脚）构成 3 线串行接口方式，当 CS 接高电平时，模块可正常接收并显示数据，否则模块显示将被禁止。通常情况下，当系统仅使用一个液晶显示模块时，CS 可连接固定的高电平。

【例 8-3】利用 SC95F8617 单片机集成的三选一串行口 USCI2 的 SPI 接口模式控制 OCM4X8C 显示模块显示信息"赛元单片机 SC95"，其电路图如图 8-17 所示。

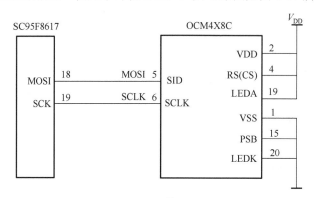

图 8-17　OCM4X8C 显示模块与单片机的电路图

利用赛元固件库函数的实现代码如下。

```
#include "sc95f861x_gpio.h"
#include "sc95f861x_usci.h"
typedef unsigned char BYTE;
//对函数进行声明后就可以在程序中用 BYTE 代替 unsigned char 了
void spi_init(void);                        //SPI 初始化程序
void delay(unsigned int us10);              //延时子程序
void sendspi(BYTE spidata,BYTE RS_FLAG);    //显示数据发送程序
void lcd_init(void);                        //液晶屏初始化子程序
void set_position(BYTE position);           //确定光标位置子程序
void string_disp(BYTE *series);             //显示字符串子程序
void main (void)
{
    spi_init();                             //SPI 初始化
    lcd_init();
    set_position(0x80);
    string_disp("赛元单片机 SC95");
    while(1);
}
void spi_init(void)                         //SPI 初始化子程序
{
    USCI2_SPI_Init(USCI_SPI_FIRSTBIT_MSB,
USCI_SPI_BAUDRATEPRESCALER_128,                          USCI_SPI_MODE_MASTER,
USCI_SPI_CLOCKPOLARITY_LOW, USCI_SPI_CLOCKPHASE_1EDGE, USCI_SPI_TXE_DISINT,
USCI_SPI_DATA8);
        //MSB 优先发送,时钟速率为 Fsys/128,设置 SPI 为主机,SCK 空闲状态时为低电平
        //SCK 周期第一沿采集数据,不允许发送中断,8 位传输
```

```
    USCI2_SPI_Cmd(ENABLE);                           //开启 SPI
    USCI2_ITConfig(DISABLE,LOW);                     //不允许 USCI 中断
}
void delay(unsigned int us10)                        //延时子程序
{
    while(us10--);
}
//显示数据发送子程序
void sendspi(BYTE spidata,BYTE RS_FLAG)
{
    BYTE cmdByte;

    cmdByte=(0xf8|(RS_FLAG<<1));                      //形成命令字
    USCI2_SPI_SendData_8(cmdByte);
    while(USCI2_GetFlagStatus(USCI_SPI_FLAG_TXE)==RESET);
    //数据缓冲器空标志位判断
    USCI2_ClearFlag(USCI_SPI_FLAG_TXE);
    while(USCI2_GetFlagStatus(USCI_SPI_FLAG_SPIF)==RESET);
    //数据传输标志位判断
    USCI2_ClearFlag(USCI_SPI_FLAG_SPIF);
    USCI2_SPI_SendData_8(spidata&0xf0);
//1 字节需要发送两次，先发送高半字节
    while(USCI2_GetFlagStatus(USCI_SPI_FLAG_TXE)==RESET);
//数据缓冲器空标志位判断
    USCI2_ClearFlag(USCI_SPI_FLAG_TXE);
    while(USCI2_GetFlagStatus(USCI_SPI_FLAG_SPIF)==RESET);
    //数据传输标志位判断
    USCI2_ClearFlag(USCI_SPI_FLAG_SPIF);
    USCI2_SPI_SendData_8((spidata<<4)&0xf0);
    //1 字节需要发送两次，后发送低半字节
    while(USCI2_GetFlagStatus(USCI_SPI_FLAG_TXE)==RESET);
    //数据缓冲器空标志位判断
    USCI2_ClearFlag(USCI_SPI_FLAG_TXE);
    while(USCI2_GetFlagStatus(USCI_SPI_FLAG_SPIF)==RESET);
    //数据传输标志位判断
    USCI2_ClearFlag(USCI_SPI_FLAG_SPIF);
}
//液晶屏初始化子程序
void lcd_init(void)
{
    sendspi(0x30,0);                                 //基本指令集
    sendspi(0x01,0);                                 //清除显示，地址复位
    delay(2000);
    sendspi(0x0e,0);                                 //整体显示，开游标，关位置
```

```
        sendspi(0x06,0);                        //游标方向及移位
    }
    //设置光标位置子函数
    void set_position(BYTE position)
    {
        sendspi(position,0);
    }
    void string_disp(BYTE *stringtodisp)              //显示字符串子程序
    {
        for(stringtodisp;* stringtodisp!=0; stringtodisp++)
            sendspi(*stringtodisp,1);
    }
```

## 8.2 键盘及其接口电路

### 8.2.1 键盘的基本工作原理

键盘用于实现单片机应用系统中数据和控制命令的输入。键盘由按键组成，按键就是一个简单的按钮。当按下按键时，按键的触点闭合；当松开按键时，按键的触点断开。由于机械触点的弹性及电压突变等原因，在触点闭合与断开的瞬间会出现电压抖动，如图 8-18 所示。抖动时间由按键的机械特性决定，一般为 5~10ms。

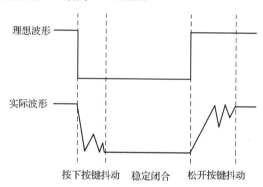

理想波形

实际波形

按下按键抖动　　稳定闭合　　松开按键抖动

图 8-18　按下按键和松开按键时的电压抖动示意图

电压抖动经常导致一次按键多次处理的问题。为保证按键识别的正确性，在电压抖动的情况下不要进行键盘状态的读取。为此，需要进行去除抖动（简称去抖）处理，在按键的稳定闭合和断开期间读取键盘状态。去除抖动有硬件和软件两种方法。

硬件方法是指在按键输入电路中加入去抖电路，常见的电路有 RS 触发器去抖电路、滤波去抖电路等。由于硬件去抖需要添加额外的电路，增加成本，并且在按键较多时，电路将变得复杂，因此常用软件方法进行去抖。软件方法是采用时间延时的方法，避开抖动。去抖过程是：当第一次判断有按键按下时，执行一段延时子程序（如 10ms），然后再次判断键盘的状态，若仍有按键触头闭合，则确认有按键按下；否则认为第一次的判断是按键的抖动，不进行处理。

## 8.2.2 独立式键盘

独立式键盘就是各按键相互独立，每个按键独占一个 I/O 口线。当按下任意一个按键时，都会使相应的 I/O 口线出现电平的改变（一般由高电平变为低电平）。一个按键是否被按下，影响的是对应 I/O 口线的输入电平，而不会对其他 I/O 口线电平产生影响。这样，通过检测各 I/O 口线电平的变化，就可以很容易确定是否有按键被按下，以及是哪个按键被按下。因此，只需要不断地查询 I/O 口线的高低电平的状态就能判断该 I/O 口线连接的按键是否被按下。

【例 8-4】 编程实现 2 个独立键盘 S1 和 S2 的扫描，若按下 S1 的按键，则点亮 LED1；若按下 S2 的按键，则点亮 LED2，其电路图如图 8-19 所示。

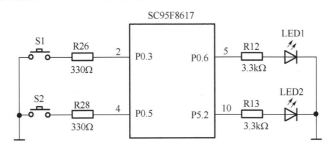

图 8-19 独立式键盘电路图

解：在程序中，注意对键盘扫描延时消除抖动问题的处理。程序代码如下。

```c
#include "sc95.h"                          //包含单片机寄存器定义文件
#define S1 P03
#define S2 P05
#define LED1 P06
#define LED2 P52
void delay(unsigned long delaycnt);       //延时函数声明
void main(void)                           //主程序
{
    P0PH|=0x28;                           //设置 P0.3 和 P0.5 的上拉电阻
    P0CON|=0x40;                          //将 P0.6 设置为强推挽输出模式
    P5CON|=0x04;                          //将 P5.2 设置为强推挽输出模式
    while(1)
    {
        if(S1==0)                         //判断 S1
        {
            delay(100);                   //延时去抖
            if(S1==0)
                LED1=1;
            else
                LED1=0;
        }
        else
            LED1=0;
        if(S2==0)                         //判断 S2
        {
```

```
        delay(100);
        if(S2==0)
            LED2=1;
        else
            LED2=0;
    }
    else
        LED2=0;
    }
}
void delay(unsigned long delaycnt)       //延时函数
{
    while(delaycnt--);
}
```

独立式键盘电路配置灵活，软件结构简单，但每个按键都占用一个 I/O 口线，若按键数量较多，则会占用较多的 I/O 口线，所以该电路只适用于按键数量较少的情况。

### 8.2.3　矩阵式键盘

当按键数量较多时，可将这些按键按行列构成矩阵，在行列的交叉点上连接一个按键，因此，这类键盘称为矩阵式键盘（行列式键盘）。一个由 $n$ 条行线和 $m$ 条列线组成的矩阵式键盘，可以含有 $n×m$ 个按键，需要 $(n+m)$ 根 I/O 口线。

典型 4×4 矩阵式键盘的电路图如图 8-20 所示。

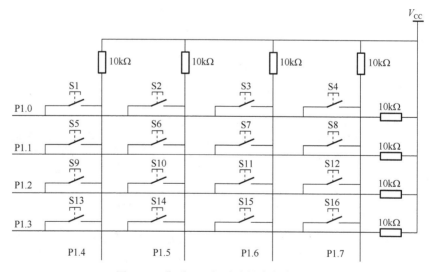

图 8-20　典型 4×4 矩阵式键盘的电路图

通过单片机的 P1 口将单片机与矩阵式键盘进行连接。由图 8-20 可以看出，行线和列线均通过电阻连接到电源 $V_{CC}$。当没有按键按下时，所有的行线和列线都是断开的，即均为高电平。当有按键按下时，该按键所在的行线和列线就连接到了一起，此时，列线的电平状态由按键所连接的行线的电平状态决定，即若该行线为低电平，则该列线也被拉低低电平。同样地，行线的电平状态由按键所连接的列线电平的状态决定，即若该列线为低电平，则该行线也被拉低至低电平。

按键的识别过程如下。

（1）判断是否有按键被按下。单片机将所有行线输出均为低电平，然后读入列线的状态，若所有列线均为高电平，说明没有按键被按下；否则，说明可能有按键被按下。

（2）去抖处理，软件延时 10ms。若按照步骤（1）的方法判断，并且确实有按键被按下，则转到步骤（3）；否则，转步骤（1）重新检测。

（3）判断是哪个按键被按下。按键的识别有行（列）扫描法和行（列）反转法两种。

① 行（列）扫描法。行（列）扫描法的数据传输的方向是单向的，可将行线作为输出，列线作为输入，反之亦可。若将行线作为输出，列线作为输入，则扫描过程是：依次扫描行线，并检测在扫描每行线时列线的状态。首先扫描第 1 行，让第 1 行输出低电平，其余行线均输出高电平，读入列线状态，若列线状态不全为高电平，则说明该行有按键被按下，再根据读入的列线的各引脚电平状态，判断是哪个按键被按下；若所有列线状态均为高电平，说明该行上没有按键被按下。然后扫描第 2 行，让第 2 行输出低电平，其余行输出高电平，读入列线状态，用同样的方法判断该行是否有按键被按下。这样直至最后一行被扫描。通过逐行扫描，识别行线、列线状态就可以判断出是否有键被按下，以及按下的是哪个按键。

对于 4×4 键盘，使用行（列）扫描法扫描后的按键键值如表 8-10 所示。

表 8-10　使用行（列）扫描法扫描后的按键键值

| 扫 描 行 | 输出行线 P1.3～P1.0 | 读入列线 P1.7～P1.4 | 对应键号 | 扫 描 行 | 输出行线 P1.3～P1.0 | 读入列线 P1.7～P1.4 | 对应键号 |
|---|---|---|---|---|---|---|---|
| 扫描第 1 行 | 1110 | 1110 | 1 号 | 扫描第 3 行 | 1011 | 1110 | 9 号 |
| | | 1101 | 2 号 | | | 1101 | 10 号 |
| | | 1011 | 3 号 | | | 1011 | 11 号 |
| | | 0111 | 4 号 | | | 0111 | 12 号 |
| 扫第 2 行 | 1101 | 1110 | 5 号 | 扫描第 4 行 | 0111 | 1110 | 13 号 |
| | | 1101 | 6 号 | | | 1101 | 14 号 |
| | | 1011 | 7 号 | | | 1011 | 15 号 |
| | | 0111 | 8 号 | | | 0111 | 16 号 |

② 行（列）反转法。当行列数较多时，行（列）扫描法的效率较低。例如，当按下 16 号按键时，需要经过最后一次扫描才能检测到该按键被按下。为了克服这个缺点，可以采用行（列）反转法。行（列）反转法的数据传输是双向的，其按键识别过程如下。

● 首先，行线输出低电平，读入列线状态。当有按键被按下时，列线至少有一位为低电平，说明该列至少有一个按键触头闭合，读列线状态。

● 然后，线反转。列线输出低电平，读入行线状态。当有按键被按下时，行线至少有一位为低电平，说明该行至少有一个按键闭合，读行线状态。

● 最后，组合键值。第一步保存的列线状态中的低电平表示按键所在的列；第二步保存的行状态中的低电平表示按键所在的行。行和列组合后，就能得到按键的键值，进而判断出被按下的按键所在位置。使用行（列）反转法检测后的按键键值如表 8-11 所示。

表 8-11　使用行（列）反转法检测后的按键键值

| 按　键 | 行　线 | 列　线 | 获　得　键　值 |
|---|---|---|---|
| 第一步 | 0000 | 1111 | 1110 0000 |
| | | | 1101 0000 |
| | | | 1011 0000 |
| | | | 0111 0000 |
| 第二步 | 1111 | 0000 | 0000 1110 |
| | | | 0000 1101 |
| | | | 0000 1011 |
| | | | 0000 0111 |
| 组合键值 | （1）1110 1110　（2）1101 1110　（3）1011 1110　（4）0111 1110<br>（5）1110 1101　（6）1101 1101　（7）1011 1101　（8）0111 1101<br>（9）1110 1011　（10）1101 1011　（11）1011 1011　（12）0111 1011<br>（13）1110 0111　（14）1101 0111　（15）1011 0111　（16）0111 0111 | | |

（4）按键释放。为了确保 CPU 对按键的一次按下仅做一次处理，必须在判断按键释放后，才能执行相应的按键处理程序，否则会出现按下一次按键 CPU 多次处理的问题。

（5）执行按键处理子程序。需要用户编写按下按键后的 CPU 处理程序。

单片机对键盘扫描的方式有 3 种：编程扫描方式、定时扫描方式和中断扫描方式。

①编程扫描方式。编程扫描时，利用 CPU 空闲时间调用键盘扫描子程序，响应键盘的输入请求。在这种扫描方法中，只要 CPU 空闲，就必须扫描键盘，否则有按键被按下时，CPU 将无法知道，这样会占用 CPU 大量的工作时间，不利于程序的优化。在软件设计中，键盘扫描程序一般在主程序中。

②定时扫描方式。通常利用单片机内部定时器产生 10ms 的定时中断，CPU 响应定时器中断时，在中断服务程序中对键盘进行扫描，响应键盘的输入请求。

③中断扫描方式。在如图 8-20 所示的电路中，可将列线通过逻辑与门接入单片机的外部中断输入引脚。当有按键被按下时，列线中必有一个为低电平，经与门输出低电平，向单片机的外部中断引脚发出中断请求，CPU 响应该请求，执行中断服务程序，判断闭合的按键并进行相应处理，这种方法可以大大提高 CPU 的工作效率。

矩阵式键盘的处理实例请读者自行设计。除上述矩阵式键盘外，还有专门的 LED 驱动和键盘处理芯片，可通过 SPI 接口与单片机进行连接，常见的有 CH451、ZLG7279 等。

## 8.3　双模触摸按键控制器

SC95F8617 单片机集成的双模触摸按键控制器是赛元单片机的重要特色之一，利用它可以代替传统的机械式按键输入，提高产品的使用寿命。因此，作为输入手段之一，专门对其进行介绍。

### 8.3.1　RC 感应原理

人手触摸由一个电阻和触摸电极电容组成的 RC 电路时，电极电容的改变导致 RC 充放电时间的改变，通过对充放电时间的检测，可检测到人手的触摸。RC 感应原理就是通过测量触摸电极电容的微小变化，来感知人体对电容式触摸感应器的触摸，其等效电路如图 8-21 所示。

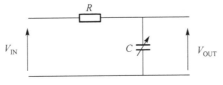

图 8-21　RC 感应等效电路

电极电容（$C$）的电容值取决于以下几个参数：电极面积（$A$）、绝缘体相对介电常数（$\varepsilon_R$）、空气相对湿度（$\varepsilon_0$）及两个电极之间的距离（$d$），电容值为

$$C = \frac{\varepsilon_R \varepsilon_0 A}{d} \qquad (8\text{-}2)$$

电极电容（$C$）通过一个固定的电阻（$R$）周期性地充放电。在 $V_{IN}$ 端施加固定电压，$V_{OUT}$ 的电压随着电容值的变化而相应地升高或者降低，如图 8-22 所示。通过计算 $V_{OUT}$ 的电压值达到阈值 $V_{TH}$ 所需要的充电时间（$t_c$），得到电容值（$C$）。在触摸感应应用中，电容值（$C$）由两部分组成：固定电容（电极电容 $C_X$）和当人手接触或者靠近电极时，由人手带来的电容（感应电容 $C_T$）。因为通常人手触摸与否，带来的电容变化很小（通常为 5pF）。因此，电极电容容量应该尽可能得小，以保证检测到由人手触摸带来的电容的变化。利用该原理，就可以检测到人手是否触摸了电极。

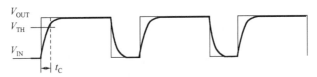

图 8-22　电压随着电容值变化的波形图

没有人手触摸和有人手触摸后的波形变化如图 8-23 所示。

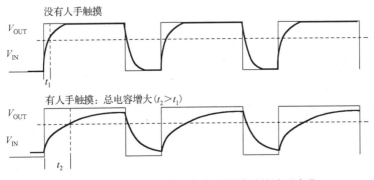

图 8-23　没有人手触摸和有人手触摸后的波形变化

由上述介绍可知，只要检测充放电时间的变化，就可以判断是否有触摸动作。一般的触摸按键控制器就是根据上述原理设计的。

## 8.3.2　触摸按键控制器简介

SC95F8617 单片机集成了一个 31 通道的双模电容式触摸按键控制器（简称双模触控电路），可将其配置为高灵敏度模式或高可靠模式（双模的由来），其特点如下。

（1）高灵敏度模式可适应隔空按键触控、接近感应等对灵敏度要求较高的触控应用。

（2）高可靠模式具有很强的抗干扰能力，可通过 10V 动态传导抗扰度测试系统（CS 测试）的测试。

（3）支持自互电容模式。

（4）可实现 31 路触控按键功能及其他衍生功能。

（5）具有高灵活度的开发软件库的支持，降低了开发难度。

（6）具有自动化调试软件的支持，有助于智能化开发。

（7）可以满足有低功耗需求的触控应用。

### 1. 触控电路的耗电模式

SC95F8617 单片机的触控电路具有两种耗电模式：普通运行模式和低功耗运行模式。普通运行模式就是在 CPU 的 RUN 模式下运行触控电路；低功耗运行模式就是在 CPU 的 STOP 模式下运行触控电路。

也就是说，SC95F8617 单片机的触控电路不仅可以在普通运行模式下开启触控扫描功能，而且可以在 MCU STOP 模式下（进入低功耗模式后）开启触控扫描功能，这样的方式可以降低 MCU 的整体功耗从而满足有低功耗需求的触控应用。

### 2. 触控模式

SC95F8617 单片机的触控电路提供了两种触控模式（双模）：高灵敏度模式和高可靠模式，这两种模式的对比如表 8-12 所示。用户可以通过表 8-12 中的信息选择适合于当前应用的触控模式。

表 8-12　触控电路的高灵敏度模式和高可靠模式的对比

| 比较项目 | 高灵敏度模式 | 高可靠模式 |
| --- | --- | --- |
| 特　点 | 抗干扰能力强，可通过 3V 动态 CS 测试<br>灵敏度超高 | 抗干扰能力超强，可通过 10V 动态 CS 测试，功耗更低 |
| 应用范围 | 普通触控按键应用、隔空触控按键应用、接近感应应用、对灵敏度要求较高的触控应用 | 要求具有超强抗干扰性的应用、要求具有 10V 动态 CS 测试的应用 |
| 进入模式 | 通过项目工程载入灵敏度高的触控库文件来选择高灵敏度模式 | 通过项目工程载入高可靠的触控库文件来选择高可靠模式 |
| 说明文档 | 《赛元 SC95F 系列 TouchKey MCU 应用指南》相关章节：<br>SC95F8XXX_HIGHSENSITIVE_LIB_T1 库说明<br>SC95F8XXX_HIGHSENSITIVE_LIB_T2 库说明 | 《赛元 SC95F 系列 TouchKey MCU 应用指南》相关章节：<br>SC95F8XXX_HIGHRELIABILITY_LIB_T1 库说明 |
| 对应的库文件 | SC95F8X1X_HighSensitive_Lib_Tn_Vx.x.x.LIB | SC95F8X1X_HighReliability_Lib_Tn_Vx.x.x.LIB |
| 注意事项 | T1 库应用于弹簧类型的应用，支持单按键和组合按键功能。<br>T2 库应用于面板上隔空操作，隔空 3mm 或者填充其他介质的应用，且按键个数至少 3 个以上。目前版本仅支持单按键功能 | 只可应用于弹簧类型的应用 |
| 选择说明 | 通常状况下建议使用高灵敏度模式，将会获得更好的使用体验 | 只有两种情况下建议使用高可靠模式：<br>需要通过 10V 动态 CS 测试；<br>需要更低的低功耗电流，且在高灵敏度模式下电流无法充满 |

### 3. 触控按键应用的设计步骤

触控按键的硬件电路设计请读者参考《赛元高灵敏度触控按键 MCU PCB 设计要点》，在此不再赘述。

软件开发时，通过使用深圳市赛元微电子有限公司提供的触控按键库文件选择触控模式并快速、简单地实现所需的触控功能。下面以高灵敏度触控库 SC95F8XXX _HIGHSENSITIVE_

LIB_T2 的应用为例，说明触控按键的应用设计。SC95F8XXX_HIGHSENSITIVE_LIB_T1 和 SC95F8XXX_HIGHRELIABILITY_LIB_T1 的使用过程，请参见《赛元 SC95F 系列 TouchKey MCU 应用指南》。

SC95F8XXX_HIGHSENSITIVE_LIB_T2 的使用分为以下几个步骤。

（1）安装开发工具并配置参数、导出配置参数

深圳市赛元微电子有限公司提供了专门的触控按键调试软件 SOC HighSensitive TouchKey Tool（可从深圳市赛元微电子有限公司官网上下载，对应的名称为：赛元触控按键 MCU 调试软件），方便用户可以通过一系列的人机交互完成调试工作，用户需要安装此软件，并配合 DPT52/SC-LINK 在线烧录器使用。用户可通过软件界面配置参数来找到用户印制电路板最合适的触控按键关键参数，并将最终的关键参数导出，生成头文件，并将该文件加入到用户工程中使用。

（2）实现软件库的功能测试

将步骤（1）生成的配置文件加入到触控软件库中，将整个库相关文件加入到用户项目工程中，并对其进行编译。深圳市赛元微电子有限公司提供了简单的测试程序，可供用户完成按键部分功能的测试。

（3）完成用户程序和触控软件库的融合

用户自行编写除触控按键外的其他部分软件，并将上述软件库嵌套进用户程序中，从而实现产品的整体功能。

### 4. 高灵敏度触控库文件简介

高灵敏度触控库包括以下几个文件。

（1）SensorMethod.h：该文件是高灵敏度触控库对外的接口函数声明。用户需要在主程序中引用该文件。

（2）SC95F8X1X_HighSensitive_Lib_T2_V0.0.1.LIB：该文件是高灵敏度触控库的算法部分，用户需要将该文件加入工程中。

（3）S_TOUCHKEYCFG.H：该文件是触控相关参数的配置文件（用户通过 SOC TouchKey Tool 软件调试后生成）。

（4）S_TouchKeyCFG.C：该文件包含触控参数头文件与触控库交互的相关接口，该文件是通过 SOC TouchKey Tool 导出的，用户需要将该文件加入工程中，并对其进行编译，而无须修改。

### 5. 高灵敏度触控库用到的资源

SC95F8X1X_HighSensitive_Lib 用到的资源如下。

（1）data 区：38.5 字节。

（2）xdata 区：14 字节，每附加一个按键时，均再占用 14 字节。例如，当有 3 个按键时，data 区占用 38.5 个字节，xdata 区占用 14+3×14=56 字节。

（3）程序 Flash 区：使用约 3.12KB，且增加或减少若干按键，占用空间大小基本不变，相差不足 200 字节。

## 8.3.3 触摸按键的调试流程

触摸按键的调试过程如下。

**1. 安装开发工具并配置参数、导出数据**

（1）安装调试工具及连接硬件

① 安装 Pro51 软件——SOC Pro51（从深圳市赛元微电子有限公司网站下载最新版本）。

② 安装触控调试软件 SOC TouchKey Tool（从深圳市赛元微电子有限公司网站下载最新版本）。

③ 升级 DPT52/SC-LINK 固件，更新 MCU 库。在线烧写器 DPT52/SC-LINK 的固件和 SOC Pro51 的 MCU 库文件需升级，可到深圳市赛元微电子有限公司网站上下载最新版本。

④ 安装 SOC_KEIL 插件。

⑤ 硬件连接顺序：计算机 USB 接口→DPT52/SC-LINK (VCC/GND/CLK/DIO)→用户 PCB(VCC/GND/tCK/tDIO)，并测试连接正常。调试过程需要用到硬件 UART 资源。

⑥ 将 SC95F8X1X_HighSensitiveTKStaticDebug_V0.0.1.hex 文件编程到用户印制电路板上的 SC95F8617 单片机中。打开 SOC Pro51 软件，选择使用的 MCU 型号，单击工具栏中的"打开"按钮，载入"SC95F8X1X_HighSensitiveTKStaticDebug_V0.0.1.hex"文件，单击"自动烧录"按钮，完成后，关闭 SOC Pro51 软件，如图 8-24 所示。

图 8-24 "SOC Pro51 软件"界面

（2）调试触控参数

① 打开 SOC TouchKey Tool 软件，单击"高灵敏度触控"按钮，进入如图 8-25 所示的调试界面。

② 设置参数具体参数设置如下。

- 选择 IC 型号为：SC95F8617
- 选中使用的 TK 通道，如选择 24、25、26 通道。
- **应用类型**：选择隔空按键。

- **按键类型**：选择单按键。
- **隔空距离**：按照实际项目设置隔空距离，如 3mm。

配置触控算法的相关参数如下。

- **按键确认次数**：该参数用于决定触控算法运行的出键速率，出键速率与一轮按键扫描时间有关，若扫描一轮按键需要 12ms，按键确认次数为 5 次，则按键需要的响应时间为 5×12=60ms。
- **自动校准次数**：该参数决定了初始化基线的速率，次数越多基线越稳定，同时初始化时间也更长。建议保持默认值。

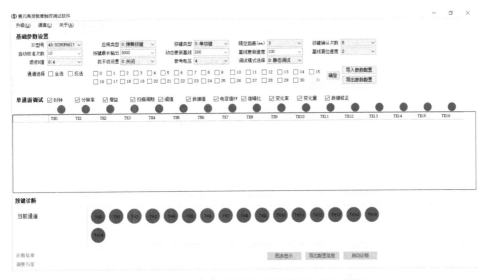

图 8-25 "赛元高灵敏度触控测试软件"界面

- **按键最长输出**：该参数决定了按键持续响应的时间，单位为轮数。若按键时间到达指定次数，则该按键会被释放，按键标志位会被清除。建议保持默认值。
- **动态更新基线时间**：该参数用于处理按键浮起的更新速率，建议保持默认值。
- **基线更新速度**：该参数用于更新基线。建议保持默认值。
- **基线复位速度**：该参数决定基线复位的速率。数值越大，更新速率越慢，建议保持默认值。
- **滤波 K 值**：建议保持默认值。
- **抗干扰设置**：用于扫描时钟变频，当项目有 EMI 测试要求时，需要选择打开 1:12bit。
- **参考电压**：建议保持默认值。

配置参数完成后，单击"确定"按钮，此时通道选择上锁，不能再对通道进行设置。若需要更改通道，需要单击"取消"按钮。用户单击"确定"按钮后，会进入按键参数自适应阶段，此时需要等待几十秒到几分钟的时间，具体时间与按键的个数有关，直到弹出的提示窗口关闭，自适应完成。在此过程中，需要用户安装好整机，请勿对面板及面板周围进行任何操作。

参数设置完毕的界面如图 8-26 所示。

③ 调试单通道

a．在通道调试区单击对应通道的绿色圆点，如图 8-27 所示，进入"单通道调试"界面，如图 8-28 所示。

b. 设置触控相关参数。在图 8-28 中，进行如下参数的设置。

- 时钟、分辨率和增益：保持默认值，不对其进行改动。
- 扫描周期：设置范围 1～32，单位为 128μs。数值越大，扫描时间越长，变化量越大。
- 阈值：设置范围 1～8，该参数值越大，灵敏度越低，反之亦然。如设置值为 5，即阈值设置为变化量的 50%，当数据变化超过阈值时，认为有按键被按下。建议将阈值设置为 5。

一般情况下，经过自适应过程后，用户无须修改以上参数，直接单击"启动调试"按钮即可。

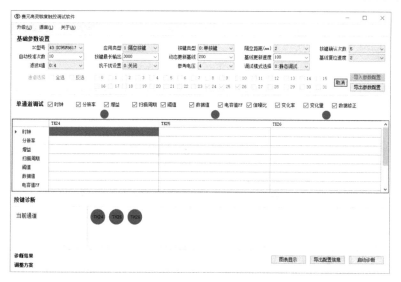

图 8-26　参数设置完毕的界面

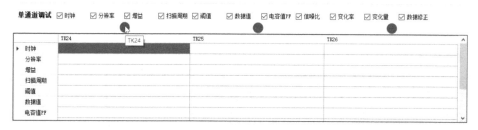

图 8-27　单击绿色圆点以进入单通道调试

图 8-28　"单通道调试"界面

c. 单击"启动调试"按钮。调试分两个过程：无触摸调试过程和触摸调试过程。整个调试过程大约需要 15s。

"触摸过程"的调试界面如图 8-29(a)、(b)和(c)所示。若调试通过，则如图 8-29(c)所示的界面内显示绿色图标。若调试不通过，则显示红色图标。

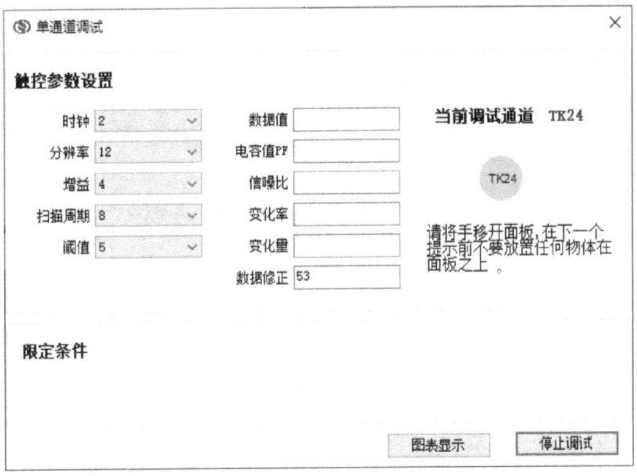

(a)提示不要放置任何物体在面板上

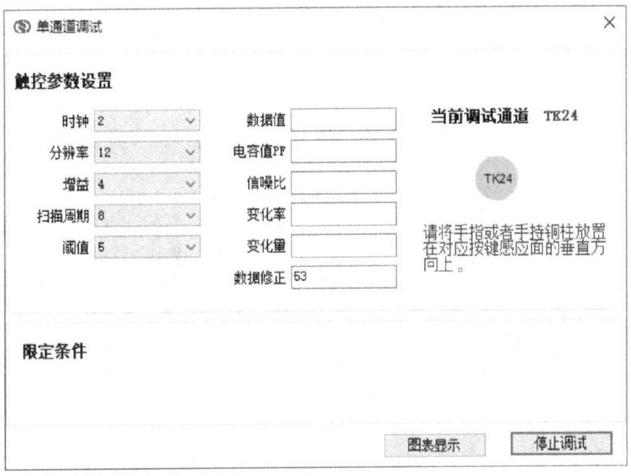

(b)提示将手指放在指定位置

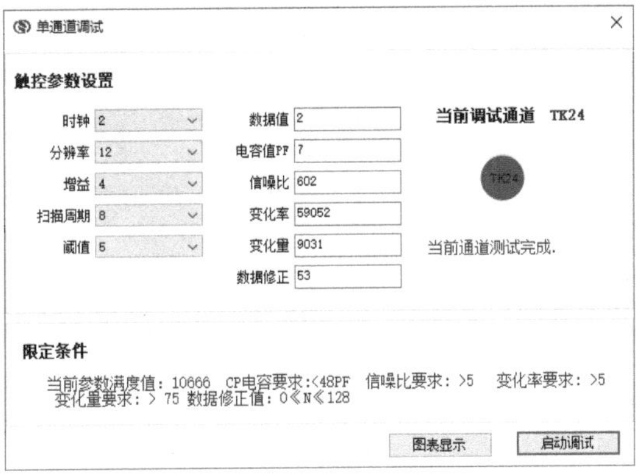

(c)提示当前通道测试完成

图 8-29 "触摸过程"的调试界面

单击"图表显示"按钮，再单击"启动调试"按钮可以实时观察数据的变化，如图 8-30

所示。单击图 8-30 中的"数据列表"标签页，可以实时观察数据的变化，如图 8-31 所示。"诊断结果"界面如图 8-32 所示。

按照本步骤中介绍的方法，完成每个通道的调试。

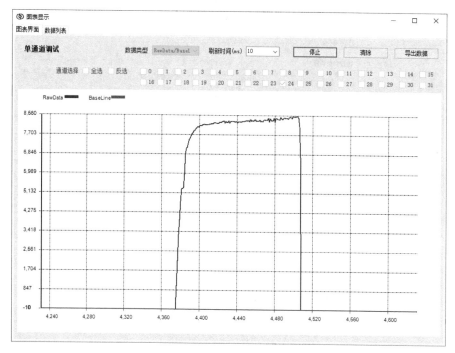

图 8-30 "图表显示"界面

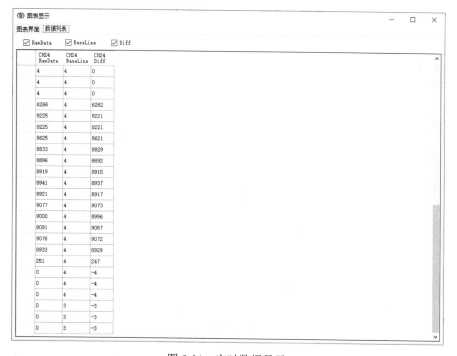

图 8-31 实时数据显示

图 8-32 "诊断结果"界面

④ 完成按键诊断并且测试通过后,单击"导出配置信息"按钮,生成配置文件 S_TOUCHKEYCFG.H,将该文件保存到一个临时文件夹中。S_TOUCHKEYCFG.H 文件中的主要内容如下。

```
#ifndef __S_TOUCHKEYCFG_H__
#define __S_TOUCHKEYCFG_H__
#define     SOCAPI_SET_TOUCHKEY_TOTAL            3
#define     SOCAPI_SET_TOUCHKEY_CHANNEL     0x07000000
unsigned int  code TKCFG[17] = {1,0,2,5,10,3000,200,100,2,0,0,4,0,
65535,65535,65535,20};
unsigned char code TKChannelCfg[3][8]={
0x02,0x0c,0x04,0x08,0x35,0x05,0x07,0xc7,
0x02,0x0c,0x04,0x08,0x35,0x05,0x07,0xf2,
0x02,0x0c,0x04,0x08,0x35,0x05,0x07,0xd8,
};
#endif
```

配置文件中的变量定义如表 8-13 所示。

表 8-13 配置文件中的变量定义

| 变 量 | 说 明 | 范 围 |
|---|---|---|
| SOCAPI_SET_TOUCHKEY_TOTAL | 通道个数 | 1～31 |
| SOCAPI_SET_TOUCHKEY_CHANNEL | 通道对应数据位 | 0x00000001～0xffffffff |
| TKCFG[0] | 应用类型 | 0 为弹簧,1 为隔空 |

| 变　量 | 说　明 | 范　围 |
|---|---|---|
| TKCFG[1] | 按键类型 | 保持默认值 0 |
| TKCFG[2] | — | 保持默认值 0 |
| TKCFG[3] | 按键确认次数 | 3～50 |
| TKCFG[4] | — | 保持默认值 10 |
| TKCFG[5] | 按键最长输出 | 0～5000 |
| TKCFG[6] | — | 保持默认值 200 |
| TKCFG[7] | — | 保持默认值 100 |
| TKCFG[8] | — | 保持默认值 2 |
| TKCFG[9] | — | 保持默认值 0 |
| TKCFG[10] | — | 保持默认值 |
| TKCFG[11]～TKCFG[15] | — | 保持默认值 65535 |
| TKCFG[16] | 噪声值 | 3～50 |
| TKChannelCfg[][0]～ TKChannelCfg[][2] | — | 保持默认值 |
| TKChannelCfg[][3] | 扫描周期 | 0x01～0x20 |
| TKChannelCfg[][4]～ TKChannelCfg[][5] | — | 保持默认值 |
| TKChannelCfg[][6] | 阈值高 8 位 | 0x00～0xff |
| TKChannelCfg[][7] | 阈值低 8 位 | 0x01～0xff |

至此触控按键的调试过程结束。用户调试完成后，还需要微调灵敏度，可以改变 TKChannelCfg[][6] 和 TKChannelCfg[][7] 的数值，TKChannelCfg[][6] 是阈值的高 8 位，TKChannelCfg[][7] 是阈值的低 8 位，阈值越小，灵敏度越高，反之亦然。

### 8.3.4　高灵敏度触控库的应用

#### 1. 高灵敏度触控库 API 接口函数

（1）触摸按键初始化函数：TouchKeyInit(void)

本函数通过 S_TouchKeyCFG.H 中的参数配置用户选定的按键通道和按键参数，并初始化基线（Baseline）。执行本函数大概需要 200～500ms，执行时间与按键个数、按键扫描时间和自动校准次数相关。在该函数执行期间不要做显示动作。

（2）使能一轮触控按键扫描函数：TouchKeyRestart(void)

用户通过主程序来控制何时启动按键扫描。启动按键扫描后，在一轮或者半轮触控按键扫描完成前，不能对触控按键通道进行操作（如将触控按键通道变为 IO）。否则，触控按键功能将无法实现。

（3）触摸按键算法处理函数：unsigned long int TouchKeyScan(void)

用户需要在触控按键一轮扫描完成后，调用该函数。若用户未调用该函数，则一定不能重新调用 TouchKeyRestart(void) 使能一轮触控按键扫描；否则上一轮数据将被当前数据覆盖。执行该函数的用时约为 $(240 \times N$ 个按键$)\mu s$。

执行该函数的返回值：返回值对应的数据位为 1 即该通道有按键触摸，若为 0 则无按键触摸。TouchKeyScan 函数返回值数据位与触摸按键的对应关系如下（其中，TK$n$ 为触控通道，$n$=0～30，$n$ 为整数）。

| 数 据 位 | - | b30 | b29 | … | b3 | b2 | b1 | b0 |
|---|---|---|---|---|---|---|---|---|
| 对应触摸按键 | - | TK30 | TK29 | … | TK3 | TK2 | TK1 | TK0 |

### 2. 全局变量 SOCAPI_ToucKeyStatus 的说明

（1）全局变量在 S_TouchKeyCFG.c 文件中的声明

声明语句为 "unsigned char xdata SOCAPI_ToucKeyStatus;"。当 SOCAPI_ToucKeyStatus 的 Bit7 位为 1 时，表示当前一轮按键扫描完成；当 SOCAPI_ ToucKeyStatus 的 Bit6 位为 1 时，表示当前半轮按键扫描完成。

由于按键和显示需要分时扫描，当用户使用按键的数量大于 8 时，扫描时间会较长，若显示部分的扫描频率低于 60Hz，则显示会抖动，因此触控库会将按键分成两部分再对其进行扫描，此时半轮扫描完成标志 Bit6 位有效。若用户使用按键的数量在 8 个或者 8 个以下，则无须处理半轮扫描完成标志位。触控库不会置位 Bit6，此时 Bit6 位无效。

（2）该变量在用户主程序中的使用方法

若 SOCAPI_ToucKeyStatus&0x80 不等于 0，则调用 TouchKeyScan(void)进行算法数据处理，给出键值；若 SOCAPI_ToucKeyStatus&0x40 不等于 0，则完成半轮扫描，跳转去执行显示相关程序；在显示完成一个周期后，再调用 TouchKeyRestart(void)函数继续后半轮扫描。

（3）使能触控按键扫描前，一定要清除标志位

若要清除一轮扫描标志位，则使用语句 "SOCAPI_ToucKeyStatus &=0x7f;"；若要清除半轮扫描标志，则使用语句 "SOCAPI_ToucKeyStatus &=0xbf;"。

### 3. 将文件支持包中的 "lib" 文件夹复制到用户工程文件夹中

其中，SC95F8X1X_ HighSensitive_Lib_T2_L_Vx.x.x.LIB 为 Large 模式编译库，SC95F8 X1X _HighSensitive_Lib_T2_ S_Vx.x.x.LIB 为 Small 模式编译库。一般情况下，使用 Small 模式就可以了。将前面所述在调试过程中生成的 S_TouchKeyCFG.h 复制到 lib 文件夹中，覆盖原来的文件。与使用固件库的方法类似，在工程项目中创建 tklib 组，并将 lib 中的 S_TouchKeyCFG.C 和 SC95F8X1X_HighSensitive_ Lib_T2_S_V0.0.2.LIB 文件加入到工程项目中。

在主程序文件中添加头文件包含语句：#include "lib\SensorMethod.h"。至此，完成了将触控库添加进项目工程中的全过程。

注意：应用程序中需要将 TK 对应的 I/O 口线设置为强推挽模式。

### 4. 完成用户程序和触控软件库的融合

（1）主程序和库文件的整体结构关系

通过连接库文件，并在用户程序中包含指定的头文件，调用库内的接口函数即可在系统中增加触控按键的功能。库函数仅在主程序调用时才会运行。库文件会占用一些 ROM、RAM、寄存器、中断等资源，但不占用定时器资源。库函数只负责管理触控按键功能，用户必须自己处理触控按键其他的控制部分，如输入/输出、LED 数码管显示、数据通信等功能。触控支持库和用户程序的关系如图 8-33 所示。

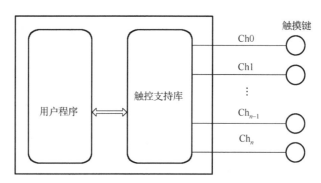

图 8-33　触控支持库和用户程序的关系

（2）库文件的调用过程

用户调用库文件的接口函数便可得到触控按键的键值，其过程如下。

① 将 TK 对应的 I/O 口线设置为强推挽模式，并输出高电平。

② 主程序调用接口函数 TouchKeyInit()用于配置触控按键通道的参数，并初始化基线。

③ 若按键个数大于 8，则主程序通过判断 SOCAPI_ToucKeyStatus&0x40 来确定半轮触控按键扫描是否完成；半轮按键扫描完成后，调用一个周期的显示，然后再完成后半轮按键的扫描。若按键个数不大于 8，则主程序通过判断 SOCAPI_ToucKeyStatus&0x80 来确定一轮触控按键扫描是否完成；一轮按键扫描完成后，调用一个周期的显示，然后再进行下一轮按键的扫描。主程序中的键盘扫描部分和显示数据部分是交替进行的。

当触摸按键数量不大于 8 时，用户程序调用接口函数控制流程如图 8-34 所示。当触摸按键数量大于 8 时，用户程序调用接口函数控制流程如图 8-35 所示。其中，阴影部分是触控按键支持库提供的函数。

④ 主程序调用接口函数 TouchKeyScan( )用于读取触控按键值。

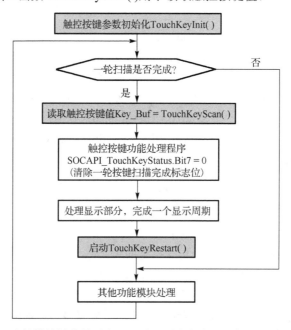

图 8-34　当触摸按键数量不大于 8 时，用户程序调用接口函数控制流程

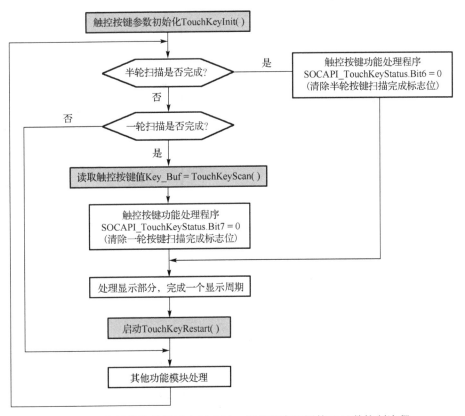

图 8-35　当触摸按键数量大于 8 时，用户程序调用接口函数控制流程

在调用 TouchKeyRestart() 开始扫描按键后，且一轮扫描或者半轮扫描的标志还没有出现，一定不要调用显示数据的部分。

（3）主程序和库文件的时序关系

因为运行触控按键库消耗了部分单片机资源和时间，为了让用户程序和库程序能完美地融合，主程序需要遵循以下要求。

① 提供给库运行的资源，如 ROM、RAM 和时间。

② 启动按键扫描后，在一轮或者半轮按键扫描未完成前，不能对触控按键通道进行操作（如改变触控按键通道为输出 I/O 口），否则触控按键功能将无法实现。

③ 保证有足够的堆栈深度提供给主程序和库函数。

④ 触控按键扫描读取计数值数据的动作是在中断内实现的，数据的算法处理是在主程序中完成的。用户需要按照一个合理的频率来调用库函数检测按键，以免错过按键动作。

用户在完成程序调用后，需要仔细测试相关功能的性能，以防止软件间发生冲突。若发生异常情况，则需要在程序流程、调用时序、时间分配、堆栈、ROM/RAM/INT 资源等部分查找原因。

【例 8-5】触摸按键测试电路如图 8-36 所示。编程实现如下功能：按下 TK24 键时，LED1 的显示状态翻转；按下 TK25 键时，LED2 的显示状态翻转；按下 TK26 键时，LED3 的显示状态翻转。

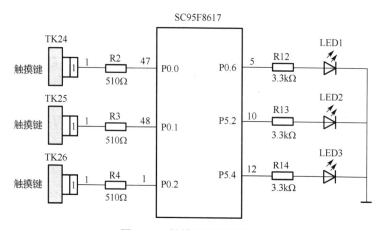

图 8-36　触摸按键测试电路

解：利用固件库函数并结合触摸按键库进行应用代码的开发。参照第 4 章介绍的方法创建工程，并按照前面的描述方法，将触摸按键库加入到工程中。

本例代码如下。

```
#include "sc95f861x_gpio.h"
#include "lib\SensorMethod.h"
bit FreeKey = 0;                        //TK 释放标志位
bit TKScanflag=0;                       //TK 扫描标志位
uint8_t exKeyValue;                     //触控按键状态值转换而得
uint32_t exKeyValueFlag;                //触控按键状态值
bit Led1Flag,Led2Flag,Led3Flag;         //LED 灯亮/灭控制位
void ChangeTouchKeyvalue(void);         //键值转换函数
void Sys_Scan(void);
void LEDDisp(void);                     //LED 显示函数
void main(void)
{
    //将 LED1 设置为强推挽输出模式
    GPIO_Init(GPIO0, GPIO_PIN_6, GPIO_MODE_OUT_PP);
    //将 LED2 设置为强推挽输出模式
    GPIO_Init(GPIO5, GPIO_PIN_2, GPIO_MODE_OUT_PP);
    //将 LED3 设置为强推挽输出模式
    GPIO_Init(GPIO5, GPIO_PIN_4, GPIO_MODE_OUT_PP);
    //将 TK 设置为强推挽输出
    GPIO_Init(GPIO0,GPIO_PIN_0|GPIO_PIN_1|GPIO_PIN_2, GPIO_MODE_OUT_PP);
    //按键 S1 与 TK 平行走线有可能导致按键 S1 触发 TK,将 S1 配置为强推挽输出模式
        GPIO_Init(GPIO0, GPIO_PIN_3, GPIO_MODE_OUT_PP);
    TouchKeyInit();                 //调用库函数，初始化 TouchKey
    while(1)
    {
        Sys_Scan();                 //TK 按键扫描
    }
}
```

```
void Sys_Scan(void)
{
    if(TKScanflag == 1)
    {
        if(SOCAPI_TouchKeyStatus&0x80)
//重要步骤2：按键扫描一轮标志位，根据此标志位的设置确定是否调用TouchKeyScan()
        {
            SOCAPI_TouchKeyStatus &=0x7f;
//重要步骤3：清除标志位，需要外部清除
            exKeyValueFlag = TouchKeyScan();
            ChangeTouchKeyvalue();          //键值转换
            TKScanflag=0;
            return ;
        }
    }
    if(TKScanflag==0)
    {
        LEDDisp();                          //LED灯的状态随TK按键改变
        SOCAPI_TouchKeyStatus &=0x7f;
//重要步骤3：清除标志位，需要外部将标志位清除
        TouchKeyRestart();                  //启动下一轮转换
        TKScanflag=1;
    }
}
void ChangeTouchKeyvalue(void)                  //键值转换函数
{
        if(exKeyValueFlag != 0x00000000)        //有按键按下
        {
            if(!FreeKey)                        //按键释放标志位
            {
                FreeKey = 1;
                switch(exKeyValueFlag)
                {
                    case 0x01000000:
                     exKeyValue=1; Led1Flag = ~Led1Flag; break;
                    case 0x02000000:
                     exKeyValue=2; Led2Flag = ~Led2Flag; break;
                    case 0x04000000:
                     exKeyValue=3; Led3Flag = ~Led3Flag; break;
                    default:
                     exKeyValueFlag = 0x00000000;
                }
            }
        }
        else                                    //释放按键
        {
```

```
                        FreeKey = 0;
        }
}
//LED 显示函数,TK 扫描后根据键值决定 LED 灯的亮灭
void LEDDisp(void)
{
    switch(exKeyValue)
    {
        case 1:
            if(Led1Flag) GPIO_WriteHigh (GPIO0, GPIO_PIN_6);
            else         GPIO_WriteLow (GPIO0, GPIO_PIN_6);
            break;
        case 2:
            if(Led2Flag) GPIO_WriteHigh (GPIO5, GPIO_PIN_2);
            else         GPIO_WriteLow (GPIO5, GPIO_PIN_2);
            break;
        case 3:
            if(Led3Flag) GPIO_WriteHigh (GPIO5, GPIO_PIN_4);
            else         GPIO_WriteLow (GPIO5, GPIO_PIN_4);
            break;
        default:
            GPIO_WriteLow (GPIO0, GPIO_PIN_6);
            GPIO_WriteLow (GPIO5, GPIO_PIN_2);
            GPIO_WriteLow (GPIO5, GPIO_PIN_4);
    }
}
```

## 8.4　习题 8

1. LED 数码管显示器的静态显示方式和动态显示方式各有什么优缺点？

2. 编写时钟程序，要求利用图 8-13 中的 LCD 显示时间（分和秒）。

3. 实现使用 6 位共阴极数码管显示字符 "543210"，画出电路图并编写相应程序。

4. 为什么需要对键盘进行去抖处理？

5. 独立式键盘和矩阵式键盘分别用于什么场合？

6. 试编写独立式键盘定时中断扫描程序。

7. 试编写图 8-20 中的键盘扫描程序。

8. 编程实现数字钟的相关功能：二十四进制数字钟走时，小时、分钟可调。利用 LCD 进行显示，利用触摸按键作为设置按键。

# 第 9 章
# PWM 模块及其应用

脉冲宽度调制（Pulse Width Modulation，PWM）是一种通过程序来控制波形占空比、周期、相位及波形的技术，在三相电机驱动、D/A 转换等场合有着广泛的应用。SC95F8617 单片机提供了最多 8 路共用周期、单独可调占空比的 12 位 PWM。本章介绍 SC95F8617 单片机集成的 PWM 模块的结构及其应用。

## 9.1 PWM 模块

### 1. PWM 的相关概念

PWM 是利用微处理器的数字输出对模拟电路进行控制的一种非常有效的技术，广泛应用于测量、通信、功率控制与变换等许多领域。简而言之，PWM 是一种对模拟信号电平进行数字编码的方法。通过使用高分辨率计数器，输出方波的占空比被调制，用来对一个具体模拟信号的电平进行编码。PWM 信号仍然是数字信号，这是因为在给定的任何时刻，满幅值的直流供电要么完全有，要么完全无。电压源或电流源是以一种通或断的重复脉冲序列被加到模拟负载上去的。导通时即是直流供电被加到负载上，断开时即是供电被断开。只要带宽足够宽，任何模拟值都可以使用 PWM 进行编码。

典型的 PWM 波形如图 9-1 所示。图中的 $\tau$ 为周期，占空比为 $t/\tau$。

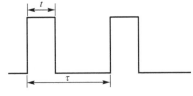

图 9-1　典型的 PWM 波形

### 2. PWM 模块的结构

SC95F8617 单片机集成了 8 路共用周期、单独可调占空比的 PWM 模块，具有以下特性。

（1）12 位 PWM 精度。

（2）输出波形可反向。

（3）可设为中心对齐型或边沿对齐型。

（4）可设为独立模式或互补模式：在独立模式下，8 路 PWM 周期相同，但每路 PWM 输出波形的占空比均可单独设置；在互补模式下，可同时输出 4 组互补、带死区的 PWM 波形。

（5）提供 1 个 PWM 溢出的中断。

（6）支持故障检测机制。

SC95F8617 单片机的 PWM 模块结构图如图 9-2 所示。

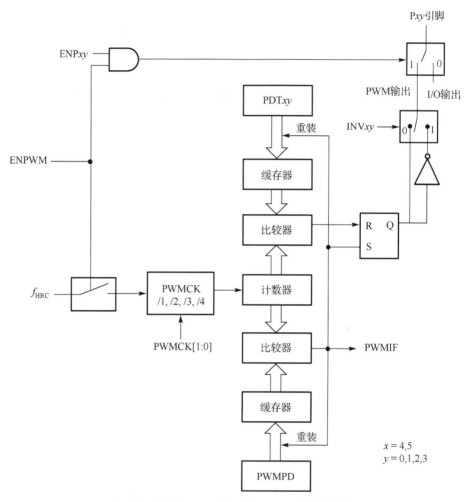

图 9-2　SC95F8617 单片机的 PWM 模块结构图

图 9-2 中，ENPWM 是 PWM 模块的总开关，当 ENPWM 置 1 时，PWM 使能，PWM 模块开始工作。P$xy$ 引脚功能由 ENP$xy$ 控制，当 ENP$xy$ 置 1 时，引脚功能由 I/O 切换为 PWM 输出。PWM 计数器的时钟源由 $f_{HRC}$ 提供，通过 PWMCK[1:0]设置分频系数，将 $f_{HRC}$ 进行 1、2、3、4 分频。当 ENPWM 清零时，PWM 停止工作，提供给 PWM 的时钟源断开，P$xy$ 引脚切换为 I/O 功能。PDT$xy$ 是 PWM 的占空比设置寄存器，当比较器计数达到 PDT$xy$ 时，触发 RS 触发器，其状态发生变化，再通过 INV$xy$ 控制 PWM 输出是否反向。PWMPD 是 PWM 周期设置寄存器，装载 12 位周期值，当计数器计数达到 PWMPD 时，PWMIF 标志位置位，可触发中断，同时触发 PDT$xy$ 和 PWMPD 完成重新装载。

SC95F8617 单片机的 PWM 模块可支持周期及占空比的调整，寄存器 PWMCFG、PWMCON 控制 PWM 的状态及周期，各路 PWM 的打开及输出波形的占空比可单独调整。

## 9.2　PWM 的类型及波形

### 1．PWM 类型

SC95F8617 单片机的 PWM 类型分为边沿对齐型和中心对齐型。

（1）边沿对齐型

PWM 计数器从 0 开始向上计数,当计数值与占空比设置项 PDT$xy$ [11:0]的值匹配时,PWM 输出波形切换高低电平,接着 PWM 计数器继续向上计数,直至与周期设置项 PWMPD[11:0] +1 的值匹配（一个 PWM 周期结束）,PWM 计数器清零,若 PWM 中断已使能,则会产生 PWM 中断。PWM 输出波形为左边沿对齐型。

边沿对齐型的周期 $T_\mathrm{PWM}$ 为

$$T_\mathrm{PWM} = \frac{\mathrm{PWMPD}[11:0]+1}{\mathrm{PWM时钟频率}} \tag{9-1}$$

边沿对齐型的占空比为

$$占空比 = \frac{\mathrm{PDT}xy[11:0]}{\mathrm{PWMPD}[11:0]+1} \tag{9-2}$$

边沿对齐型的 PWM 波形图如图 9-3 所示。其中,duty1 和 $T_\mathrm{PWM1}$ 是一种情况,duty2 和 $T_\mathrm{PWM2}$ 是占空比和周期发生变化后的情况。

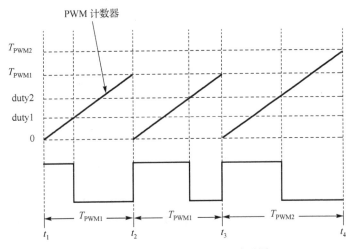

图 9-3　边沿对齐型的 PWM 波形图

$t_1$ 时刻的占空比为 duty1,周期为 $T_\mathrm{PWM1}$；$t_2$ 时刻的占空比变为 duty2,周期保持不变,即 $T_\mathrm{PWM1}$；$t_3$ 时刻的占空比为 duty2,周期变为 $T_\mathrm{PWM2}$。

（2）中心对齐型

PWM 计数器从 0 开始向上计数,当计数值与占空比设置项 PDT$xy$ [11:0]的值匹配时,PWM 输出波形切换高低电平,接着 PWM 计数器继续向上计数,当计数值与周期设置项 PWMPD[11:0]+1 的值匹配时（PWM 周期的中点）,PWM 计数器自动开始向下计数,当计数值与 PDT$xy$ [11:0] 的值再次匹配时,PWM 输出波形再次切换高低电平,接着 PWM 计数器继续向下计数直至溢出（一个 PWM 周期结束），若 PWM 中断位被使能，则此时会产生 PWM 中断。

中心对齐型的周期 $T_{\text{PWM}}$ 为

$$T_{\text{PWM}}=2\times\frac{\text{PWMPD}[11:0]+1}{\text{PWM时钟频率}} \tag{9-3}$$

中心对齐型的占空比为

$$占空比=\frac{\text{PDT}xy[11:0]}{\text{PWMPD}[11:0]+1} \tag{9-4}$$

中心对齐的 PWM 波形图如图 9-4 所示。

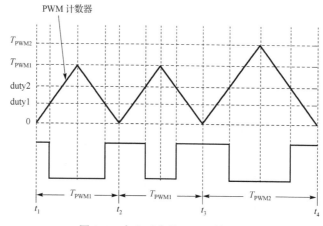

图 9-4　中心对齐的 PWM 波形图

$t_1$ 时刻的占空比为 duty1，周期为 $T_{\text{PWM1}}$；$t_2$ 时刻的占空比变为 duty2，周期保持不变，即 $T_{\text{PWM1}}$；$t_3$ 时刻的占空比为 duty2，周期变为 $T_{\text{PWM2}}$。

### 2．PWM 的波形

（1）占空比变化特性

当 PWM$n$ 输出波形时，若需要改变占空比，则可通过改变高电平设置寄存器 PDT$xy$ 的值来实现。更改 PDT$xy$ 的值，占空比不会立即改变，需要等待本周期结束，在下一个周期改变。

（2）周期变化特性

当 PWM 输出波形时，若需要改变周期，则可通过改变周期设置寄存器 PWMPD 的值来实现。更改 PWMPD 的值，周期不会立即改变，需要等待本周期结束，在下一个周期改变。周期变化特性图如图 9-5 所示。

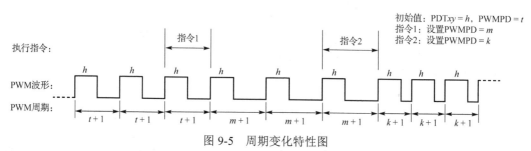

图 9-5　周期变化特性图

（3）周期和占空比的关系

周期和占空比的关系如图 9-6 所示。出现图 9-6 中结果的前提是 PWM 输出反向控制 INV$xy$ 为 0，若要得到相反结果，可置 INV$xy$ 为 1。

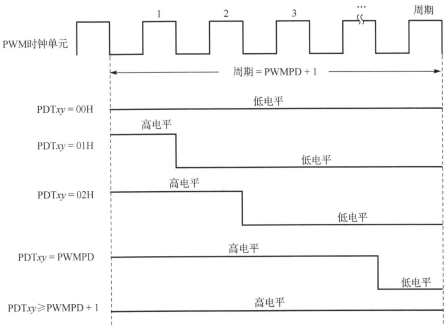

图 9-6　周期与占空比关系

## 9.3　PWM 的输出模式

SC95F8617 单片机的 PWM 输出模式分为独立模式和互补模式。在独立模式下，8 路 PWM 的周期均相同，但每路 PWM 输出波形的占空比可单独设置；在互补模式下，可同时输出 4 组互补、带死区控制的 PWM 波形。SC95F8617 单片机的 PWM 输出模式由 PWM 模式设置寄存器 PWMMOD 中的 PWMMD[1:0]进行设置。

此外，PWM 模块还具有故障检测功能。故障检测功能常应用于电机系统的防护。若要开启故障检测功能，则需将 FLTEN1（PWMFLT.7）置 1，故障检测信号输入引脚（FLT）生效。若 FLT 引脚的信号满足故障条件，则标志位 FLTSTA1 通过硬件置 1，PWM 计数器停止计数，PWM 输出停止。

故障检测模式分为锁存模式和立即模式。在立即模式下，若 FLT 引脚上的故障信号满足失能条件，用户可通过硬件将 FLTSTA1 位清零，PWM 计数器恢复计数，直到 PWM 计数器归零后，PWM 才恢复输出。在锁存模式下，若 FLT 引脚上的故障信号满足失能条件，则 FLTSTA1 位的状态将保持不变，用户可通过软件将其清零。FLTSTA1 位一旦被清零，PWM 计数器就恢复计数，直到 PWM 计数器归零后，PWM 才恢复输出。故障检测模式的设置通过设置 PWM 故障检测设置寄存器 PWMFLT 实现。

### 1. 独立模式

当 PWMMOD.3= 0 时，PWM 的输出模式为独立模式。在该模式下，8 路 PWM 通道的占空比均可独立设置。用户将 PWM 的输出状态及周期配置完毕后，再通过配置相应 PWM 通道的占空比寄存器即可按固定占空比输出 PWM 波形。图 9-2 给出的就是 PWM 独立模式的结构。

### 2. 互补模式

当 PWMMOD.3= 1 时，PWM 的输出模式为互补模式。在该模式下，可同时输出 4 组互补、带死区的 PWM 波形。

（1）PWM 互补模式的结构，如图 9-7 所示。

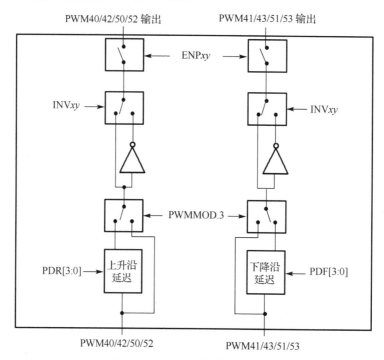

图 9-7　PWM 互补模式的结构

在互补模式下（PWMMD[1:0]=1x），PWM40/PWM41、PWM42/PWM43、PWM50/PWM51 和 PWM52/PWM53 分别为一组，并且分别通过 PDT40[11:0]、PDT42[11:0]、PDT50[11:0]和 PDT52[11:0]调整占空比。详细信息请参见后续的寄存器介绍。

（2）PWM 死区控制。当 SC95F8617 单片机的 PWM 工作在互补模式时，死区控制模块能够防止互补输出的两路 PWM 信号有效时区的互相交叠，以保证在实际应用中由 PWM 信号驱动的一对互补功率开关不会同时导通。特别是在现代工业中，采用大功率 IGBT 器件的驱动器或者电压逆变器的应用越来越多，为了保证可靠运行，应当避免桥臂直通。桥臂直通将产生不必要的额外损耗，甚至引起发热失控，结果可能导致器件和整个逆变器的损坏。当然，常常通过控制策略避免两个 IGBT 同时导通。但是，由于 IGBT 并不是理想开关器件，因此其开通时间和关断时间不是严格一致的。为了避免 IGBT 桥臂直通，通常建议在控制策略中加入所谓的互锁延时时间，或者称为死区时间。这意味着其中一个 IGBT 要首先关断，然后在死区时间结束时，再开通另外一个 IGBT，这样，就能够避免由开通时间和关断时间不对称造成的直通现象。

　　PWM 互补模式下的死区时间可通过 PWM 死区时间设置寄存器 PWMDFR 进行设置。以 PWM40 和 PWM41 在互补模式下的死区时间调整波形图为例，说明 PWM 死区输出波形，如图 9-8 所示。为了便于区分，PWM41 为反向输出（INV41=1）。在图 9-8 中，分别展示了无死区输出、上升沿死区输出以及上升沿和下降沿都有死区输出的三种情况。

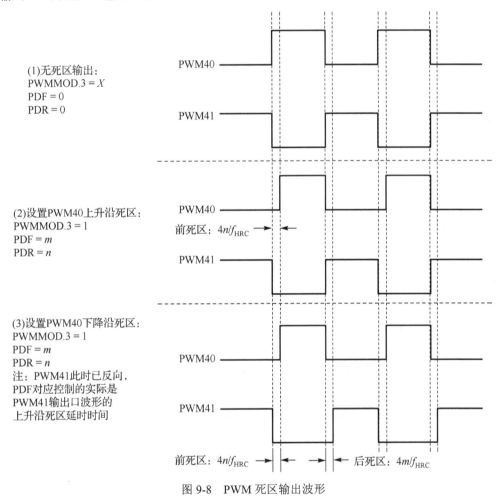

图 9-8　PWM 死区输出波形

## 9.4　PWM 的应用

### 9.4.1　PWM 相关寄存器

　　若要正确使用 PWM，则需要首先了解 PWM 相关寄存器。PWM 相关寄存器如下。

### 1．PWM 模式设置寄存器 PWMMOD（地址为 D7H）

PWM 模式设置寄存器 PWMMOD 的复位值为 xxxx00xxb，各位定义如下：

| 位 号 | 7 | 6 | 5 | 4 | 3 | 2 | 1 | 0 |
|---|---|---|---|---|---|---|---|---|
| 符 号 | – | – | – | – | PWMMD[1:0] | | – | – |

PWMMD[1:0]：PWM 工作模式设置。

0x：独立模式；1x：互补模式；x0：边沿对齐模式；x1：中心对齐模式。

### 2．PWM 配置寄存器 PWMCFG（地址为 D4H）

PWM 配置寄存器 PWMCFG 的复位值为 0x00，各位定义如下：

| 位 号 | 7 | 6 | 5 | 4 | 3 | 2 | 1 | 0 |
|---|---|---|---|---|---|---|---|---|
| 符 号 | ENPWM | PWMIF | PWMCK[1:0] | | PWMPD[11:8] | | | |

（1）ENPWM：PWM 模块开关控制位。

1：允许时钟进入 PWM 单元，PWM 处于工作状态，PWM 输出口的状态由寄存器 ENP$xy$ 控制（$x$=4,5，$y$=0,1,2,3）。

0：PWM 单元停止工作，PWM 计数器清零，将 PWM 全部输出口设置为 IO 状态。

（2）PWMIF：PWM 中断请求标志位。

当 PWM 计数器溢出（计数值超过 PWMPD）时，PWMIF 位会被硬件自动置 1。若此时 IE1.1（EPWM）也被设定为 1，则 PWM 将产生中断。PWM 中断发生后，硬件并不会自动清除该位，必须由用户通过软件将该位清零。

（3）PWMCK[1:0]：PWM 时钟选择。

00：$f_{HRC}$；01：$f_{HRC}/2$；10：$f_{HRC}/4$；11：$f_{HRC}/8$。

**注意**：PWM 的时钟源频率固定为 $f_{HRC}$=32MHz。

（4）PWMPD[11:8]：PWM 的周期设置高 4 位。与 PWM 控制寄存器 PWMCON 中的 PWMPD[7:0]一起构成 12 位 PWM 的周期值。

### 3．PWM 控制寄存器 PWMCON（地址为 D3H）

PWM 控制寄存器 PWMCON 的复位值为 0x00，各位定义如下：

| 位 号 | 7 | 6 | 5 | 4 | 3 | 2 | 1 | 0 |
|---|---|---|---|---|---|---|---|---|
| 符 号 | PWMPD[7:0] | | | | | | | |

PWMPD[7:0]：PWM 共用的周期设置低 8 位。与 PWMCFG 寄存器中的 PWMPD[11:8]共同构成 12 位 PWM 的周期值，PWM 输出的周期值为(PWMPD[11:0]+1)×PWM 时钟。

### 4．PWM 占空比调节寄存器 PDT$xy$

PWM 占空比调节寄存器 PDT$xy$ 地址范围为 1040H～104FH，各位定义如下：

| 位号<br>所在地址 | 7 | 6 | 5 | 4 | 3 | 2 | 1 | 0 |
|---|---|---|---|---|---|---|---|---|
| 1040H | ENP40 | INV40 | – | – | PDT40[11:8] | | | |
| 1041H | PDT40[7:0] | | | | | | | |
| 1042H | ENP41 | INV41 | – | – | PDT41[11:8] | | | |
| 1043H | PDT41[7:0] | | | | | | | |
| 1044H | ENP42 | INV42 | – | – | PDT42[11:8] | | | |
| 1045H | PDT42[7:0] | | | | | | | |
| 1046H | ENP43 | INV43 | – | – | PDT43[11:8] | | | |
| 1047H | PDT43[7:0] | | | | | | | |
| 1048H | ENP50 | INV50 | – | – | PDT50[11:8] | | | |
| 1049H | PDT50[7:0] | | | | | | | |
| 104AH | ENP51 | INV51 | – | – | PDT51[11:8] | | | |
| 104BH | PDT51[7:0] | | | | | | | |
| 104CH | ENP52 | INV52 | – | – | PDT52[11:8] | | | |
| 104DH | PDT52[7:0] | | | | | | | |
| 104EH | ENP53 | INV53 | – | – | PDT53[11:8] | | | |
| 104FH | PDT53[7:0] | | | | | | | |

（1）ENP$xy$（$x$=4,5，$y$=0,1,2,3）：P$xy$ 口 PWM 波形输出选择。

0：P$xy$ 口线 PWM 输出关闭，并作为 IO 口线使用。若 ENPWM 位置 1，PWM 模块打开，但 ENP$xy$=0，PWM 输出关闭并用作 IO 口。此时 PWM 模块可以作为一个 12 位定时器使用，此时若 EPWM（IE1.1）位置 1，则 PWM 仍然会产生中断。

1：当 ENPWM=1 时，P$xy$ 作为 PWM 波形输出口。

（2）INV$xy$（$x$=4,5，$y$=0,1,2,3）：P$xy$ 口 PWM 波形输出反向控制。

1：P$xy$ 口的 PWM 波形输出反向；

0：P$xy$ 口的 PWM 波形输出正向。

（3）对于 PDT$xy$，独立方式和互补方式的设置有所不同。

① 独立方式：PDT$xy$ [11:8]（$x$=4,5，$y$=0,1,2,3）：P$xy$ 口 PWM 波形占空比长度设置高 4 位。与 PDT$xy$ [7:0]共同构成 12 位的占空比长度。P$xy$ 引脚上的 PWM 波形的高电平宽度是 PDT$xy$ [11:0]个 PWM 时钟。

PDT$xy$ [7:0]（$x$=4,5，$y$=0,1,2,3）：P$xy$ 口 PWM 波形占空比长度设置低 8 位。

② 互补方式：PDT$xy$ [11:8]（$x$=4,5，$y$=0,2）：P$xy$ 口 PWM 波形占空比长度设置。与 PDT$xy$ [7:0]共同构成 12 位的占空比长度。P$xy$ 引脚上的 PWM 波形的高电平宽度是 PDT$xy$ [11:0]个 PWM 时钟。

PDT$xy$ [7:0]（$x$=4,5，$y$=0,2）：P$xy$ 口和 P$xz$（$z$=$y$+1）口的 PWM 波形占空比长度设置。P$xy$ 引脚和 P$xz$ 引脚上的 PWM 波形的高电平宽度是 PDT$xy$ [11:0]个 PWM 时钟。

注意：在互补模式中，PDT$xy$ 中的 $y$ 只能取 0 或者 2。

5．PWM 死区时间设置寄存器 PWMDFR（地址为 D5H）

PWM 死区时间设置寄存器 PWMDFR 的复位值为 0x00，各位定义如下：

| 位　号 | 7 | 6 | 5 | 4 | 3 | 2 | 1 | 0 |
|---|---|---|---|---|---|---|---|---|
| 符　号 | \multicolumn{4}{c\|}{PDF[3:0]} | | | | PDR[3:0] | | | |

（1）PDF[3:0]：在互补模式下，PWM 下降沿死区时间= $4 \times PDF[3:0]/f_{HRC}$。

（2）PDR[3:0]：在互补模式下，PWM 上升沿死区时间= $4 \times PDR[3:0]/f_{HRC}$。

### 6. PWM 故障检测设置寄存器 PWMFLT（地址为 D6H）

PWM 故障检测设置寄存器 PWMFLT 的复位值为 0000xx00b，各位定义如下：

| 位　号 | 7 | 6 | 5 | 4 | 3 | 2 | 1 | 0 |
|---|---|---|---|---|---|---|---|---|
| 符　号 | FLTEN1 | FLTSTA1 | FLTMD1 | FLTLV1 | – | – | \multicolumn{2}{c\|}{FLTDT1[1:0]} | |

（1）FLTEN1：PWM 故障检测功能控制位。

0：故障检测功能关闭；1：故障检测功能开启。

（2）FLTSTA1：PWM 故障检测状态标志位。

0：PWM 处于正常输出状态；

1：故障检测有效，PWM 输出处于高阻状态，若处于锁存模式，则可通过软件将该位清零。

（3）FLTMD1：PWM 故障检测模式设置位。

0：锁存模式。当故障输入有效时，FLTSTA1 位被置 1，PWM 停止输出，当故障输入无效时，FLTSTA1 位的状态不变；

1：立即模式。当故障输入有效时，FLTSTA1 位被置 1，PWM 停止输出，当故障输入无效时，FLTSTA1 位立刻被清零，PWM 波形将在 PWM 计数器归零时恢复输出。

（4）FLTLV1：PWM 故障检测电平选择位。

0：故障检测低电平有效；1：故障检测高电平有效。

（5）FLTDT1[1:0]：PWM 故障检测输入信号滤波时间设置。

00：滤波时间为 0μs；01：滤波时间为 1μs；10：滤波时间为 4μs；11：滤波时间为 16μs。

除上述特殊功能寄存器外，还有与 PWM 中断有关的寄存器 IE1、IP1，详细内容请参阅第 4 章的相关介绍。

## 9.4.2　PWM 应用举例

PWM 的应用步骤如下。

（1）设置 PWMMOD 寄存器：PWM 输出模式（独立模式或互补输出模式）、对齐模式（边沿对齐或中心对齐）。

（2）设置 PWMCON 寄存器：PWM 周期低 8 位。

（3）设置 PWMCFG 寄存器：使能 PWM，时钟源选择，设置周期高 4 位。

（4）设置 PWMRD 寄存器：开启 PWM，设置占空比。

（5）根据需要设置 PWM 中断相关内容。

在中断服务函数中，将中断标志位清零。

### 1. 利用 C 语言直接操作寄存器的方法使用 PWM 模块

【例 9-1】利用独立输出模式，输出周期为 1ms、占空比可变的 PWM 波形。由 P5.3 进行输出，可以通过连接 LED 灯，对实验结果进行观察（实现呼吸灯的效果）。

解：在 PWM 的使用中，关键步骤就是 PWM 的初始化。按照 PWM 的应用步骤，不使用 PWM 中断功能的实现代码如下。

```c
#include "sc95.h"
void PWM_Init(void);
void main(void)
{
    unsigned int i;
    PWM_Init();
    while(1)
    {
        for(i=0;i<1000;i++)
        {
            PWMRD_53 = 0x8000 | i*4;               //开启 PWM 口，设置占空比
            while((PWMCFG&0x40)==0);
            PWMCFG &= ~0x40;
        }
        for(i=0;i<1000;i++)
        {
            PWMRD_53 = 0x8000 | (4000-i*4); //开启 PWM 口，设置占空比
            while((PWMCFG&0x40)==0);
            PWMCFG &= ~0x40;
        }
    }
}
//PWM 独立模式初始化
void PWM_Init(void)
{
    //设置周期为 1000μs、占空比为 50%的 PWM 波形
    PWMMOD = 0x00;                //独立模式，边沿对齐
    PWMCON = 0x9f;                //周期设置低 8 位，0.25×4000=1000μs
    PWMCFG = 0xbf; //7:开关，5~4: 时钟源选择 fHRC/8，3~0: 周期设置高 4 位
    PWMRD_53 = 0x8000 | 0x7d0; //开启 PWM 口，设置占空比
}
```

使用 PWM 中断功能的实现代码如下：

```c
#include "sc95.h"
void PWM_Init(void);
bit PWM_OK;
void main(void)
{
    unsigned int i;
    PWM_Init();
```

```
                 PWM_OK=0;
                 while(1)
                 {
                     for(i=0;i<1000;i++)
                     {
                         PWMRD_53 = 0x8000 | i*4;              //开启 PWM 口，设置占空比
                         while(PWM_OK==0);
                         PWM_OK=0;
                     }
                     for(i=0;i<1000;i++)
                     {
                         PWMRD_53 = 0x8000 | (4000-i*4);//开启 PWM 口，设置占空比
                         while(PWM_OK==0);
                         PWM_OK=0;
                     }
                 }
             }
             //PWM 独立模式初始化
             void PWM_Init(void)
             {
                 //设置周期为 1000μs、占空比为 50%的 PWM 波形
                 PWMMOD = 0x00;                    //独立模式，边沿对齐
                 PWMCON = 0x9f;                    //周期设置低 8 位，0.25×4000=1000μs
                 PWMCFG = 0xbf;  //7:开关，5~4：时钟源选择 fHRC/8，3~0：周期设置高 4 位
                 PWMRD_53 = 0x8000 | 0x7d0;  //开启 PWM 口，设置占空比
                 IE1 |= 0x02;                      //开启中断标志位
                 EA = 1;
             }
             //PWM 中断服务函数
             void PWM_Interrupt() interrupt PWM_vector
             {
                 if(PWMCFG & 0x40)
                 {
                     PWMCFG &= ~0x40;              //清除中断标志位
                     PWM_OK=1;
                 }
             }
```

互补输出模式的编程方法与上述类似，请读者自行编写。

**2. 利用固件库函数的方法使用 PWM 模块**

下面介绍与 PWM 相关的固件库函数。

（1）函数 PWM_DeInit：将 PWM 相关寄存器复位至默认值。

函数原型：void PWM_DeInit(void)。

（2）PWM 初始化函数 PWM_Init

函数原型：void PWM_Init(PWM_PresSel_TypeDef PWM_PresSel, uint16_t PWM_Period)。

输入参数 PWM_PresSel：预分频选择，可取如下值。

PWM_PRESSEL_FHRC_D1：PWM 时钟为 $f_{HRC}$1 分频。

PWM_PRESSEL_FHRC_D2：PWM 时钟为 $f_{HRC}$2 分频。

PWM_PRESSEL_FHRC_D4：PWM 时钟为 $f_{HRC}$4 分频。

PWM_PRESSEL_FHRC_D8：PWM 时钟为 $f_{HRC}$8 分频。

输入参数 PWM_Period：PWM 周期配置。

（3）PWM$xy$ 输出使能/失能配置函数 PWM_OutputStateConfig

函 数 原 型 ： void PWM_OutputStateConfig(PWM_OutputPin_TypeDef PWM_OutputPin, PWM_OutputState_TypeDef PWM_OutputState)。

输入参数 PWM_OutputPin：PWM$x$ 选择，可取如下值。

PWM40：PWM 输出通道选择 PWM40。

PWM41：PWM 输出通道选择 PWM41。

PWM42：PWM 输出通道选择 PWM42。

PWM43：PWM 输出通道选择 PWM43。

PWM50：PWM 输出通道选择 PWM50。

PWM51：PWM 输出通道选择 PWM51。

PWM52：PWM 输出通道选择 PWM52。

PWM53：PWM 输出通道选择 PWM53。

输入参数 PWM_OutputState：PWM 输出状态配置，可取如下值。

PWM_OUTPUTSTATE_DISABLE：该 PIN 引脚作为 IO 口线使用。

PWM_OUTPUTSTATE_ENABLE：该 PIN 引脚作为 PWM 输出引脚。

（4）PWM$x$ 正/反向输出配置函数 PWM_PolarityConfig

函 数 原 型 ： void PWM_PolarityConfig(PWM_OutputPin_TypeDef PWM_OutputPin, PWM_Polarity_TypeDef PWM_Polarity)。

输入参数 PWM_OutputPin：PWM$x$ 选择，如前所述。

输入参数 PWM_Polarity：选择 PWM 输出正向、反向，可取如下值。

PWM_POLARITY_NON_INVERT：PWM 输出正向。

PWM_POLARITY_INVERT：PWM 输出反向。

（5）PWM$x$ 模式选择配置函数 PWM_ModeConfig

函数原型：void PWM_ModeConfig(PWM_WorkMode_TypeDef PWM_WorkMODE)。

输入参数 PWM_WorkMODE：PWM 工作模式选择，可取如下值。

PWM_Edge_AlignMode：PWM 边沿对齐模式。

PWM_Center_AlignMode：PWM 中心对齐模式。

（6）PWM$x$ 独立工作模式配置函数 PWM_IndependentModeConfig

函数原型：void PWM_IndependentModeConfig(PWM_OutputPin_TypeDef PWM_OutputPin, uint16_t PWM_DutyCycle)。

输入参数 PWM_OutputPin：PWM*x* 选择，如前所述。

输入参数 PWM_DutyCycle：PWM 占空比配置，取值范围为 0～1023。

（7）PWM*x*PWM*y* 互补工作模式配置函数 PWM_ComplementaryModeConfig

函数原型：void PWM_ComplementaryModeConfig (PWM_ComplementaryOutputPin_ Type Def PWM_ ComplementaryOutputPin, uint16_t PWM_DutyCycle)。

输入参数 PWM_ComplementaryOutputPin：PWM*x*PWM*y* 互补通道选择，可取如下值。

PWM40PWM41：选择 PWM40PWM41 作为互补输出。

PWM42PWM43：选择 PWM42PWM43 作为互补输出。

PWM50PWM51：选择 PWM50PWM51 作为互补输出。

PWM52PWM53：选择 PWM52PWM53 作为互补输出。

输入参数 PWM_DutyCycle：PWM 占空比配置，取值范围为 0～1023。

（8）PWM 互补工作模式下死区时间配置函数 PWM_DeadTimeConfig

函数原型：void PWM_DeadTimeConfig(uint8_t PWM_RisingDeadTime, uint8_t PWM_FallingDeadTime)。

输入参数 PWM_RisingDeadTime：PWM 上升沿死区时间，范围为 0x00～0xff。

输入参数 PWM_FallingDeadTime：PWM 下降沿死区时间，范围为 0x00～0xff。

（9）PWM 功能启动/关闭函数 PWM_Cmd

函数原型：void PWM_Cmd(FunctionalState NewState)。

输入参数 NewState：PWM 功能启动/关闭选择，可取 ENABLE 或 DISABLE。

（10）PWM 中断使能配置函数 PWM_ITConfig

函数原型：void PWM_ITConfig(FunctionalState NewState, PriorityStatus Priority)。

输入参数 NewState：中断使能/关闭选择，可取 ENABLE 或 DISABLE。

输入参数 Priority：中断优先级选择，可取 HIGH 或 LOW。

（11）获得 PWM 中断标志状态函数 PWM_GetFlagStatus

函数原型：FlagStatus PWM_GetFlagStatus(void)。

返回值 FlagStatus：PWM 中断标志位状态，可取 SET 或者 RESET。

（12）清除 PWM 中断标志位状态函数 PWM_ClearFlag

函数原型：void PWM_ClearFlag(void)。

（13）获得 PWM 故障检测标志位状态函数 PWM_GetFaultDetectionFlagStatus

函数原型：FlagStatus PWM_GetFaultDetectionFlagStatus(void)。

返回值 FlagStatus：PWM 故障检测标志位状态，可取 SET 或者 RESET。

（14）清除 PWM 故障检测标志位状态函数 PWM_ClearFaultDetectionFlag

函数原型：void PWM_ClearFaultDetectionFlag(void)。

（15）PWM 故障检测功能开启/关闭函数 PWM_FaultDetectionConfig

函数原型：void PWM_FaultDetectionConfig(FunctionalState NewState)。

输入参数 NewState：故障检测功能开启/关闭，可取 ENABLE 或者 DISABLE。

（16）PWM 互补工作模式下死区时间配置函数 PWM_FaultDetectionModeConfig

函数原型：void PWM_FaultDetectionModeConfig(PWM_FaultDetectionMode_TypeDef FaultDetectionMode, PWM_FaultDetectionVoltageSelect_TypeDef FaultDetectionVoltageSelect,

PWM_FaultDetectionWaveFilteringTime_TypeDef FaultDetectionWaveFilteringTime)。

输入参数 FaultDetectionMode：故障检测功能模式设置：立即模式或锁存模式，可取如下值。

PWM_Latch_Mode：锁存模式。

PWM_Immediate_Mode：立即模式。

输入参数 FaultDetectionVoltageSelect：故障检测电平选择，可取如下值。

PWM_FaultDetectionVoltage_Low：PWM 故障检测低电平。

PWM_FaultDetectionVoltage_high：PWM 故障检测高电平。

输入参数 FaultDetectionWaveFilteringTime：故障检测输入信号滤波时间，可取如下值。

PWM_WaveFilteringTime_0us：PWM 故障检测输入信号滤波时间为 0μs。

PWM_WaveFilteringTime_1us：PWM 故障检测输入信号滤波时间为 1μs。

PWM_WaveFilteringTime_4us：PWM 故障检测输入信号滤波时间为 4μs。

PWM_WaveFilteringTime_16us：PWM 故障检测输入信号滤波时间为 16μs。

【例 9-2】利用固件库函数实现，工作于独立输出模式，输出周期为 1ms、占空比可变的 PWM 波形。由 P4.1 进行输出，可以连接 LED 灯，对实验结果进行观察（可以实现呼吸灯的效果）。

解：参照第 3 章介绍的方法，将 sc95f861x_pwm.c 文件加入到 FWLib 组中。实现代码如下。

```
#include "sc95f861x_pwm.h"
void main(void)
{
    unsigned int i;
    //时钟源选择 f_HRC/8,设置周期为 1000μs
    PWM_Init(PWM_PRESSEL_FHRC_D8,4000);
    PWM_OutputStateConfig(PWM41,PWM_OUTPUTSTATE_ENABLE);//PWM 输出使能
    PWM_PolarityConfig(PWM41,PWM_POLARITY_NON_INVERT);//PWM 输出极性设置
    PWM_IndependentModeConfig(PWM41,1);          //设置独立模式和占空比
    PWM_Cmd(ENABLE);                             //PWM 启动
    while(1)
    {
        for(i=0;i<1000;i++)
        {
            PWM_IndependentModeConfig(PWM41,i*4);     //设置占空比
            while(PWM_GetFlagStatus()==RESET);
            PWM_ClearFlag();
        }
        for(i=0;i<1000;i++)
        {
            PWM_IndependentModeConfig(PWM41,4000-i*4);//设置占空比
            while(PWM_GetFlagStatus()==RESET);
            PWM_ClearFlag();
```

```
                    }
                }
            }
```

## 9.5　习题 9

1. 分别使用 C 语言直接操作寄存器的方法和固件库函数方法实现如下功能：利用独立输出模式，使用中断方式输出周期为 500μs、占空比固定为 50%的 PWM 波形。

2. 分别使用 C 语言直接操作寄存器的方法和固件库函数方法实现如下功能：利用互补输出模式，使用中断方式输出周期为 1ms、占空比为 80%的 PWM 波形。

# 第 10 章
# 单片机应用项目设计实战

本章介绍单片机应用项目设计实例，分别以倒计时时钟、温度检测和控制系统及无人驾驶控制系统为例，介绍项目设计中涉及的需求分析、硬件电路设计和软件设计等内容，读者可以直接将相关的电路和软件代码应用于工程项目或产品设计中。

## 10.1 倒计时时钟设计

在实际工程中，经常要用到倒计时功能，如洗衣机、电饭煲、微波炉等。本节介绍倒计时时钟设计，包括设计要求、硬件电路设计和软件设计。

### 1．设计要求

设计一个倒计时系统，采用 4 位 LCD 显示，使用 3 个触摸按键进行倒计时时间设置，其中，一个用于确认/启动设置，一个用于增加数值，一个用于减小数值，默认值为 90s。当处于设置状态时，蓝色 LED 灯亮，倒计时器"启动"后，红色 LED 灯熄灭，绿色 LED 灯以 500ms间隔闪烁，呈现"秒"状态，倒计时器计时时间到后，绿色 LED 灯熄灭，红色 LED 灯以 500ms间隔闪烁并伴有蜂鸣器声音报警。

系统上电后，默认系统处于设置状态。

### 2．硬件电路设计

倒计时时钟硬件电路原理图如图 10-1 所示。

图 10-1 中，4 位 LCD 选用 1/4DUTY 和 1/3BIAS 中间带冒号的型号，LCD 的使用方法参考第 8 章的相关内容。由于 C0～C3 与 S3～S0 复用，S5～S7 与 USCI1 复用，S12～S13 与 UART0复用，因此为了不影响 UART0 的使用，SEG 引脚的使用为 S8～S11 和 S14～S17。

三色指示灯经过限流电阻分别连接带有 PWM 功能的 P4.0、P4.1 和 P5.3。无源蜂鸣器由P4.7 控制。在触摸按键设计中，在 CMOD 和 VSS 之间连接一只电容 $C_{adj}$ 作为触控外接电容。在布线时，触摸按键的引线宽度推荐使用的宽度为 12mil（此单位为在设计电路板时的连线宽度单位）。各个触摸按键使用 510Ω 的匹配电阻并尽可能靠近 MCU。

### 3．软件设计

将整体工程分成几个模块，主要包括：定时器、LCD 驱动、TK 触摸、三色 LED 驱动、蜂鸣器驱动等模块。

在定时器模块中，采用低频时钟定时器，每 0.5s（500ms）产生一次中断。

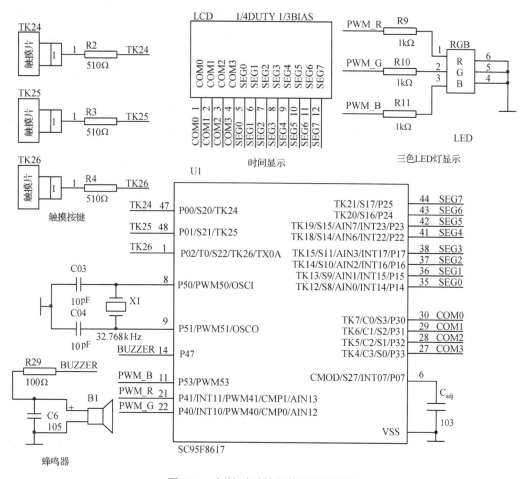

图 10-1　倒计时时钟硬件电路原理图

【例 8-5】演示了触摸按键的使用方法。在【例 8-5】工程的基础上进行扩展，加入低频时钟定时器与显示驱动相关的内容即可实现所要求的系统功能。首先加入低频时钟定时器固件库源文件 sc95f861x_btm.c，再加入 LCD/LED 显示驱动固件库源文件 sc95f861x_ddic.c，其工程视图如图 10-2 所示。

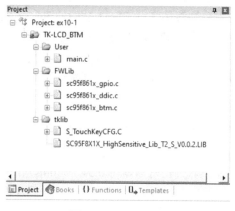

图 10-2　工程视图

在用户程序文件 main.c 中，使用#include 语句包含相关固件库的头文件，声明相关变量和函数。在主函数 main()中，首先进行初始化，包括 IO 口的初始化、LCD/LED 显示的初始化、显示默认时间、设置系统运行状态、低频时钟定时器设置、触摸按键初始化。初始化完成后，进入按键扫描循环程序。

按键扫描分两轮完成，其程序的流程图如图 10-3 所示。

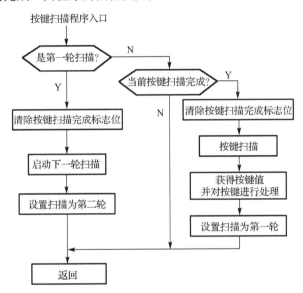

图 10-3  按键扫描程序的流程图

按键扫描程序代码如下。

```
void Sys_Scan(void)
{
    if(TKScanflag == 1)
    {
        if(SOCAPI_TouchKeyStatus&0x80)  //按键扫描是否完成
        {
            SOCAPI_TouchKeyStatus &=0x7f;        //清除按键扫描完成标志位
            exKeyValueFlag = TouchKeyScan();    //按键扫描
            GetTouchKeyvalue();              //按键值转换并对其进行相应处理
            TKScanflag=0;                      //按设置扫描为第一轮扫描
            return;
        }
    }
    if(TKScanflag==0)
    {
        SOCAPI_TouchKeyStatus &=0x7f;    //清除按键扫描完成标志位
        TouchKeyRestart();              //启动下一轮扫描
        TKScanflag=1;                  //设置扫描为第二轮扫描
    }
}
```

获得按键值并对其进行相应处理的程序流程图如图 10-4 所示。

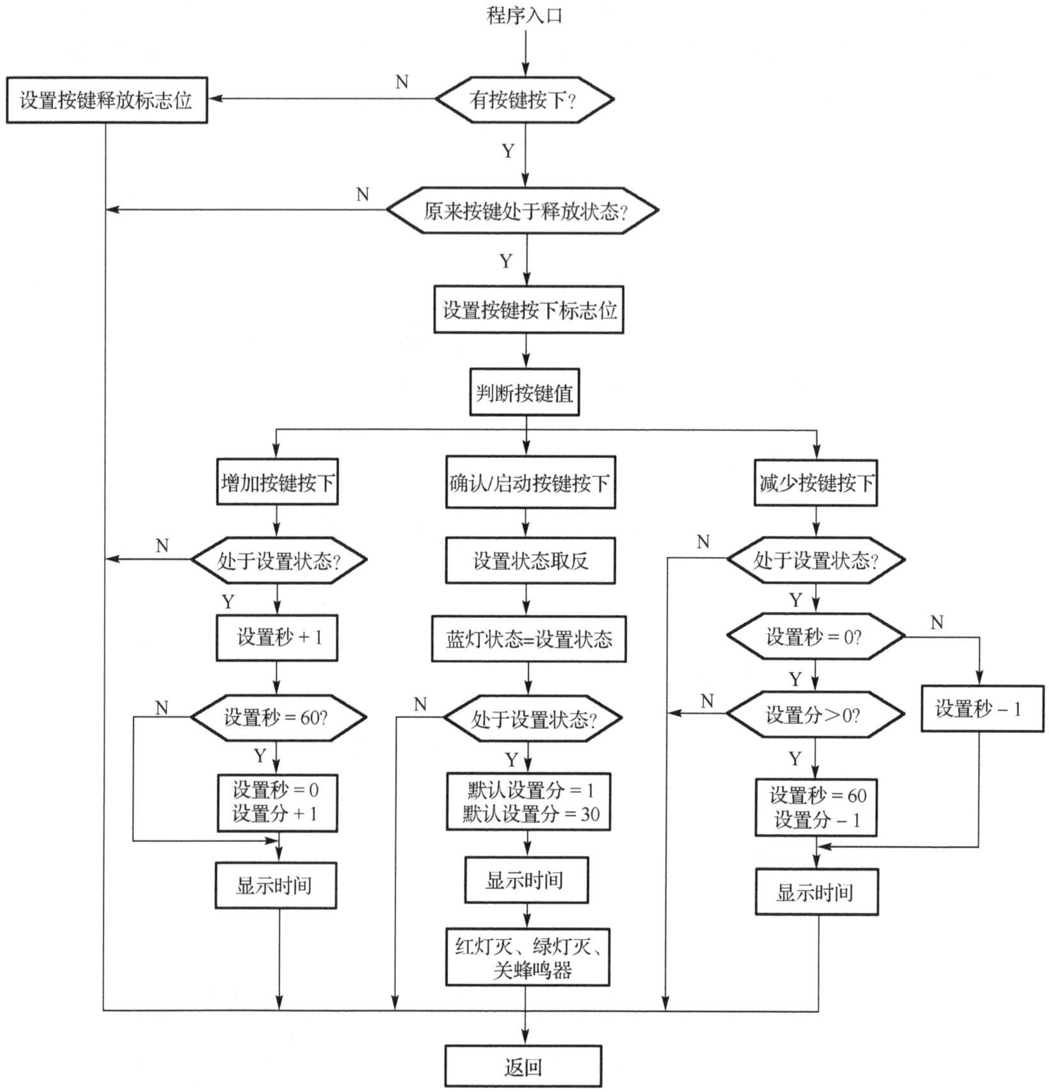

图 10-4　获得键值对其进行相应处理的程序流程图

首先判断是否有按键按下，若没有按键按下，则设置按键释放标志位后返回。若有按键按下，则判断按键的原来状态是否为释放状态。若不是释放状态，则认为是同一次按下按键，直接返回；否则，说明是新一次按下按键，设置按下按键标志位，对按键值进行判断。

当增加按键按下时，判断此时系统状态是否为设置状态，若不是设置状态，则直接返回（倒计时运行时，增加按键和减少按键都无效）；若系统处于设置状态，则设置秒数值+1，若设置秒数值达到了 60，则设置分钟数值+1，设置秒数值为 0。调用显示时间函数后返回。

相应地，减少按键按下时，判断此时系统状态是否为设置状态，若不是设置状态，则直接返回；若系统处于设置状态，则进一步判断设置秒数值是否达到 0。若未达到 0，则设置秒数值−1，调用显示时间函数后返回；若达到 0，则进一步判断设置分数值是否大于 0。若不大于

0，则直接返回；若大于 0，则设置秒数值为 60，设置分钟数值−1，调用显示时间后返回。

　　由于设置按键和启动按键为同一个按键，因此在设置/启动按键按下后，首先进行设置/运行状态取反操作，并将蓝灯的状态设置为当前的设置/运行标志位。若设置/运行状态标志位为 1，则将设置分钟数值和设置秒数值分别设置为默认值 1 和 30（当然，也可以将设置值和运行值分开，请读者自行设计），调用显示时间函数，将红灯和绿灯都熄灭，关闭蜂鸣器后返回。

　　获得键值并进行相应按键处理的程序如下。

```c
void GetTouchKeyvalue(void)
{
    if(exKeyValueFlag != 0x00000000)          //有按键按下
    {
        if(!FreeKey)                          //按键释放标志位
        {
            FreeKey = 1;
            switch(exKeyValueFlag)
            {
                case 0x01000000:              //TK24，增加按键
                    if(Set_Start)
                    {
                        SetSeconds++;
                        if(SetSeconds==60)
                        {
                            SetSeconds=0;
                            SetMinutes++;
                        }
                        DispTime(SetMinutes,SetSeconds);
                    }
                    break;
                case 0x02000000:              //TK25，设置/启动按键
                    Set_Start=~Set_Start;
                    LED_B=Set_Start;
                    if(Set_Start)
                    {
                        SetMinutes=1;
                        SetSeconds=30;
                        DispTime(SetMinutes,SetSeconds);
                        LED_R=0;
                        LED_G=0;
                        BUZZER=0;
                    }
                    break;
                case 0x04000000:              //TK26，减少按键
                    if(Set_Start)
                    {
                        if(SetSeconds==0)
                        {
```

```
                                    if(SetMinutes>0)
                                    {
                                        SetSeconds=60;
                                        SetMinutes--;
                                    }
                                    else
                                        break;
                                }
                                SetSeconds--;
                                DispTime(SetMinutes,SetSeconds);
                            }
                            break;
                        default:
                            exKeyValueFlag = 0x00000000;
                    }
                }
            }
            else                                        //释放按键
            {
                FreeKey = 0;
            }
        }
```

本项目的核心部分是低频时钟定时器的中断服务函数设计。低频时钟定时器每隔 500ms（或者 0.5s）中断一次，其程序流程图如图 10-5 所示。

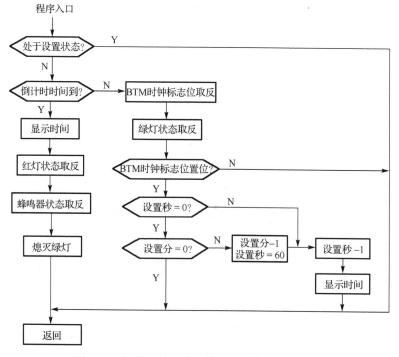

图 10-5    低频时钟定时器的中断服务程序流程图

  首先判断系统是否处于设置状态，若处于设置状态，则直接返回；若不处于设置状态，则判断是否达到倒计时时间。若倒计时时间到，则显示时间，红灯状态取反，蜂鸣器状态取反，熄灭绿灯后返回；若没有到达倒计时时间，则将 BTM 时钟标志位取反，将绿灯状态取反。接着判断 BTM 位是否置位（因为 BTM 时钟中断 2 次用时 1s，所以设置 BTM 位翻转，表示 1s 到），若 BTM 位没有置位，则直接返回；若 BTM 位置位，则判断设置秒数值是否等于 0。若设置秒数值不等于 0，则将设置秒数值−1，调用显示时间函数后返回。若设置秒数值为 0，则判断设置分钟数值是否为 0。若设置分钟数值为 0，则直接返回；否则将设置分钟数值−1，设置秒数值为 60，再转到设置秒数值−1，调用显示时间函数后返回。实现代码如下。

```
void BTM_ISR(void) interrupt BTM_vector               //BTM 中断服务函数
{
    static bit BTM_status=0;

    if (Set_Start)
    {
        return;
    }
    if(SetSeconds==0&&SetMinutes==0)                   //倒计时时间到
    {
        DispTime(SetMinutes,SetSeconds);
        LED_R=~LED_R;
        BUZZER=~BUZZER;
        LED_G=0;
        return;
    }
    else
        LED_G=~LED_G;
    BTM_status=~BTM_status;
    if (BTM_status==1)
    {
        if(SetSeconds==0)
        {
            if(SetMinutes==0)
            {
                return;
            }
            else
            {
                SetMinutes--;
                SetSeconds=10;
            }
        }
        SetSeconds--;
        DispTime(SetMinutes,SetSeconds);
    }
}
```

## 10.2　温度检测和控制系统设计

在实际工程或者产品设计中，经常需要对温度进行测量和控制，如电磁炉、电饭煲等家用电器加热时的温度检测和控制、农业生产作物生长环境的温度检测、微生物发酵过程的温度检测和控制等。本节设计一个温度检测和控制系统。

### 1．设计要求

设计一个温度检测和控制系统，要求采用 4 位 LED 显示，最后一位 LED 显示"C"。使用 3 个触摸按键进行上限值和下限值的设置，其中，第 1 个触摸按键用于增加数值，第 2 个触摸按键用于减小数值，第 3 个触摸按键用于设置和确认，在"运行→设置上限值→设置下限值→运行"4 个状态循环过程中，若设置的是上限值，则红色 LED 灯常亮；若设置的是下限值，则蓝色 LED 灯常亮。默认上限值为 29℃，下限值为 26℃。设置完成后，再次按下设置/确认触摸按键，则系统开始以 500ms 的时间间隔进行温度的检测和控制，若检测温度不超过上/下限值，则红色 LED 灯和蓝色 LED 灯均熄灭，绿色 LED 灯以 500ms 间隔闪烁，表示系统正在正常工作。若检测到的温度高于上限值，则绿色 LED 灯熄灭，红色 LED 灯以 500ms 间隔闪烁并伴有蜂鸣器声音报警，同时断开用于加热控制的继电器；若检测到的温度低于下限值，则绿色 LED 灯熄灭，蓝色 LED 灯以 500ms 间隔闪烁并伴有蜂鸣器声音报警，同时闭合用于加热控制的继电器。

系统上电后，默认系统处于设置上限状态。

### 2．硬件电路设计

温度检测和控制系统硬件电路原理图如图 10-6 所示。

图 10-6 中，4 位 LED 选用共阴极红色 LED。由于 S5～S7 与 USCI1 复用，S12～S13 与 UART0 复用，为了不影响 UART0 的使用，SEG 引脚的使用为 S8～S11 和 S14～S17。COM 端选用 C4～C7。三色指示灯经过限流电阻分别连接具有 PWM 功能的 P4.0、P4.1 和 P5.3。无源蜂鸣器由 P4.7 进行控制，继电器由 P4.6 进行控制。为了进行温度值的上下限设置，设计了 3 个触摸按键。

温度测量采用具有负温度系数的热敏电阻（NTC 电阻）作为温度传感器。NTC（Negative Temperature Coefficient）电阻是指随温度上升电阻呈指数关系减小。电阻值可近似表示为：

$$R_T = R_{T_0} \cdot e^{B_n(\frac{1}{T} - \frac{1}{T_0})} \tag{10-1}$$

式中，$R_T$、$R_{T_0}$ 分别为温度 $T$、$T_0$ 时的电阻值，$B_n$ 为材料常数。

继电器选用 5V 控制的单刀双掷继电器，由继电器控制加热设备的启动和停止。其中，VD1 为续流二极管。由于继电器为感性储能器件，因此当继电器由闭合状态切换到断开状态时，VD1 可以释放掉线圈中储存的能量，防止感应电压过高而击穿三极管 VT1。

### 3．软件设计

软件设计可分成几个模块，包括 ADC 采样和温度换算模块、定时器、LED 驱动、三色 LED 驱动、蜂鸣器驱动、继电器驱动及触摸按键驱动等。

通过定时器实现每隔 0.5s 采集一次 A/D 转换器的值。采用定时器 T0，每 10ms 产生一次中断，中断 50 次即可达到 500ms（0.5s）的定时目的。

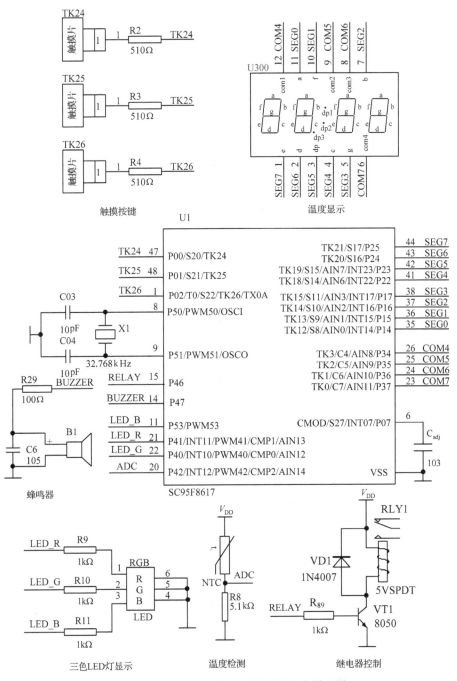

图 10-6　温度检测和控制系统硬件电路原理图

　　直接使用固件库函数的方法进行软件设计。用到的固件库包括 LCD/LED 显示驱动固件库、ADC 固件库、定时器固件库。按照【例 8-5】的方法新建一个工程，在工程中加入 GPIO 固件库源文件 sc95f861x_gpio.c、LCD/LED 显示驱动固件库源文件 sc95f861x_ddic.c、T0 固件库源文件 sc95f861x_timer0.c 和 A/D 转换器固件库函数 sc95f861x_adc.c。加入固件库文件后的工程视图如图 10-7 所示。

图 10-7　加入固件库文件后的工程视图

在用户程序文件 main.c 中，使用#include 语句包含相关固件库的头文件，声明相关变量和
函数。在主函数 main()中，先进行初始化，包括系统时钟的初始化、IO 口线的初始化、LCD/LED
显示的初始化、A/D 转换器初始化、T0 的初始化、开中断、设置系统初始状态为上限值状态、
触摸按键的初始化。初始化完成后，进入系统扫描工作。系统扫描程序的流程图如图 10-8 所示。

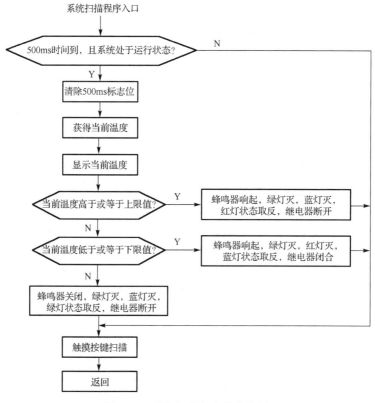

图 10-8　系统扫描程序的流程图

　　系统扫描程序运行时，首先判断 500ms 定时时间是否到，且系统处于运行状态。若达到，则将 500ms 标志位清零，获取并显示当前温度。若当前温度高于或等于上限值，则蜂鸣器响起，蓝灯和绿灯均熄灭，红灯状态取反（达到闪烁的目的），继电器断开（停止加热）；若当前温度低于或等于下限值，则蜂鸣器响起，红灯和绿灯均熄灭，蓝灯状态取反（达到闪烁的目的），继电器闭合（开始加热）；若当前温度在上限值和下限值之间，则说明温度正常，蜂鸣器关闭，红灯和蓝灯均熄灭，绿灯状态取反（达到闪烁的目的），继电器断开。最后进入触摸按键扫描程序，其程序代码如下。

```c
void Sys_Scan(void)
{
    if(T0Flag500ms && Sys_Status==Running)
    {
        T0Flag500ms = 0;
        Cur_TEMP=GetTemperature();//通过数组 ADCValueToTemp[]求得温度值
        DispTEMP(Cur_TEMP);                //显示当前温度
        if(Cur_TEMP>=Set_TEMP_UP+15)      //当前温度高于上限值时
        {
            BUZZER=1;
            LED_G=0;
            LED_B=0;
            LED_R=~LED_R;
            RELAY=0;
        }
        else if(Cur_TEMP<=Set_TEMP_DOWN+15)      //当前温度低于下限值时
        {
            BUZZER=1;
            LED_G=0;
            LED_B=~LED_B;
            LED_R=0;
            RELAY=1;
        }
        else
        {
            BUZZER=0;
            LED_G=~LED_G;
            LED_B=0;
            LED_R=0;
            RELAY=0;
        }
    }
    if(TKScanflag == 1)
    {
        if(SOCAPI_TouchKeyStatus&0x80)          //触摸按键扫描是否完成
        {
            SOCAPI_TouchKeyStatus &=0x7f;   //清除触摸按键扫描完成标志位
            exKeyValueFlag = TouchKeyScan();     //触摸按键扫描
            GetTouchKeyvalue();        //获得触摸按键键值并对其进行相应处理
            TKScanflag=0;                      //设置扫描为第一轮扫描
```

```
              return;
        }
    }
    if(TKScanflag==0)
    {
        SOCAPI_TouchKeyStatus &=0x7f;    //清除触摸按键扫描完成标志位
        TouchKeyRestart();               //启动下一轮扫描
        TKScanflag=1;                    //设置扫描为第二轮扫描
    }
}
```

触摸按键扫描的过程与 10.1 节描述的该过程相同。触摸按键键值处理的程序流程图如图 10-9 所示。

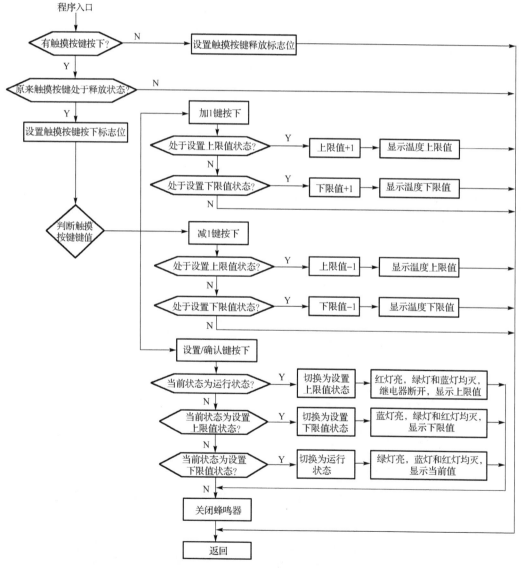

图 10-9　触摸按键键值处理的程序流程图

进入触摸按键键值处理的程序后，首先判断是否有触摸按键按下，若没有，则设置触摸按键释放标志位后返回；若有，则判断触摸按键原来的状态是否为释放状态。若不是释放状态，则认为是同一次按下触摸按键，直接返回；否则，说明是新一次按下触摸按键，设置触摸按键按下标志，并对键值进行判断。

当加 1 键按下时，判断此时系统状态的设置状态，若处于设置上限值状态，则将上限值加 1，显示温度上限值后返回；若处于设置下限值状态，则将下限值加 1，显示温度下限值后返回。

相应地，当减 1 键按下时，判断此时系统状态的设置状态，若处于设置上限值状态，则将上限值减 1，显示温度上限值后返回；若处于设置下限值状态，则将下限值减 1，显示温度下限值后返回。

由于设置按键和启动按键为一键转换，因此设置/启动按键按下后，首先进行当前状态的判断。若当前状态为运行态，则切换为设置上限值状态，点亮红灯以指示正在设置上限值，熄灭蓝灯和绿灯，继电器断开，显示上限值，关闭蜂鸣器后返回。若处于设置上限值状态，则切换为设置下限值状态，点亮蓝灯以指示正在设置下限值，熄灭红灯和绿灯，显示下限值，关闭蜂鸣器后返回。若处于设置下限值状态，则切换为运行状态，点亮绿灯，熄灭红灯和蓝灯，显示当前温度，关闭蜂鸣器后返回。

获得触摸按键键值并进行相应触摸按键处理的程序代码如下。

```c
void GetTouchKeyvalue(void)
{
    if(exKeyValueFlag != 0x00000000)      //有触摸按键按下
    {
        if(!FreeKey)                      //触摸按键释放标志位
        {
            FreeKey = 1;
            switch(exKeyValueFlag)
            {
                case 0x01000000:        //TK24，加1键
                    if(Sys_Status==SET_UpperLimit)
                    {
                        Set_TEMP_UP++;
                        DispTEMP(Set_TEMP_UP+15);
                    }
                    else if(Sys_Status==SET_LowerLimit)
                    {
                        Set_TEMP_DOWN++;
                        DispTEMP(Set_TEMP_DOWN+15);
                    }
                    break;
                case 0x02000000:        //TK25，减1键
                    if(Sys_Status==SET_UpperLimit)
                    {
                        Set_TEMP_UP--;
```

```
                    DispTEMP(Set_TEMP_UP+15);
                }
                else if(Sys_Status==SET_LowerLimit)
                {
                    Set_TEMP_DOWN--;
                    DispTEMP(Set_TEMP_DOWN+15);
                }
                break;
        case 0x04000000:                            //TK26，设置/确认按键
            if(Sys_Status==Running)         //当前状态为运行状态
            {
                 //切换当前状态为设置上限
                Sys_Status=SET_UpperLimit;
                LED_R=1;
                LED_G=0;
                LED_B=0;
                RELAY=0;
                DispTEMP(Set_TEMP_UP+15);        //显示上限值
            }
            else if(Sys_Status==SET_UpperLimit)
            //当前状态为设置上限值
            {
                //切换当前状态为设置下限值
                Sys_Status=SET_LowerLimit;
                LED_R=0;
                LED_G=0;
                LED_B=1;
                DispTEMP(Set_TEMP_DOWN+15);      //显示下限值
            }
            else if(Sys_Status==SET_LowerLimit)
            //当前状态为设置下限值
            {
                 //切换当前状态为运行状态
                Sys_Status=Running;
                LED_R=0;
                LED_G=1;
                LED_B=0;
                DispTEMP(Cur_TEMP);              //显示当前温度
            }
            BUZZER=0;
            break;
        default:
            exKeyValueFlag = 0x00000000;
    }
  }
}
```

```
        else                                        //释放触摸按键
        {
            FreeKey = 0;
        }
    }
```

获取当前温度是通过 A/D 转换器模块进行的，方法是连续测量 10 次 A/D 转换的值，去除最大值和最小值，然后求平均值，其流程图如图 10-10 所示。

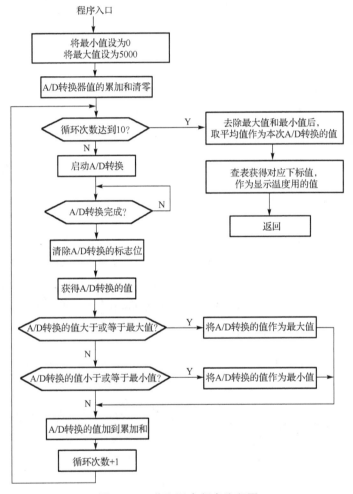

图 10-10　获取温度程序流程图

程序代码如下。

```
    uint16_t GetTemperature(void)
    {
        uint8_t i,j;
        uint16_t  value_max = 0,value_min = 5000;
        uint16_t ADC_Value, ADC_ValueSum;   //A/D 转换的值，A/D 转换值的和
```

```
        ADC_ValueSum = 0;                      //读取 10 次 A/D 转换的值,去除最大值和最小值
        for(i=0;i<10;i++)
        {
            ADC_StartConversion();                         //开始一次 A/D 转换
            while(!ADC_GetFlagStatus());                   //转换完成,等待标志位置 1
            ADC_ClearFlag();
            ADC_Value = ADC_GetConversionValue();   //得到 A/D 转换的值
            if(ADC_Value >= value_max)  value_max = ADC_Value;
            if(ADC_Value <= value_min)  value_min = ADC_Value;
            ADC_ValueSum = ADC_ValueSum + ADC_Value;
        }
        ADC_Value = (ADC_ValueSum-value_max-value_min)/8;
        //将 A/D 转换的值取平均值
        //根据 A/D 转换的值查表得到温度对应的数组下标值
        //将温度对应的下标值转化为温度值
        for(j=0;j<100;j++)
        {
        if((ADC_Value>=ADCValueToTemp[j])&&(ADC_Value<ADCValueToTemp[j+1]))
            {
                break;
            }
        }
        return j;
    }
```

利用单片机集成的 LED 驱动模块进行温度显示,主要工作是根据数据填充显示 RAM 区域。由于温度数据表格中的温度范围是–15℃～84℃,因此当下标值小于 15 时,温度为负值,显示温度值为 15 减下标值;当下标值大于 15 时,显示的温度值为下标值减 15。显示代码如下。

```
    void DispTEMP(int disp_TEMP)               //显示温度
    {
        uint8_t i;
        for(i=0;i<8;i++)
        {
            LedTemp[i] = 0;
        }
        if(disp_TEMP < 15)
        {
            LedDataTab[0] = 18;                 //温度小于零显示 "-"
            disp_TEMP = 15 - disp_TEMP;         //温度值
        }
        else
        {
            LedDataTab[0]= 16;                  //温度大于零不显示 "+"
            disp_TEMP = disp_TEMP - 15;
        }
        LedDataTab[1]= disp_TEMP / 10;          //温度值的十位
```

```
LedDataTab[2]= disp_TEMP % 10;          //温度值的个位
for(i=0;i<4;i++)
{
    LedSegData(LedCodeTab[LedDataTab[i]],LEDCOM4+i);
}
LedRAM[8]  = LedTemp[0];
LedRAM[9]  = LedTemp[1];
LedRAM[10] = LedTemp[2];
LedRAM[11] = LedTemp[3];
LedRAM[14] = LedTemp[4];
LedRAM[15] = LedTemp[5];
LedRAM[16] = LedTemp[6];
LedRAM[17] = LedTemp[7];
}
```

函数 LedSegData()用于 LED 显示数据的转换，其函数原型如下：

void LedSegData(UINT8 LedData,LedSelCOM COMx)。

其中，LedData 为 LED 显示数据；COMx 为 COM 口选择（取值范围：LEDCOM0～7）。实现代码如下：

```
void LedSegData(uint8_t LedData,LedSelCOM COMx)
{
    LedTemp[0]  |=  ((LedData>>0)&0x01)<<COMx;
    LedTemp[1]  |=  ((LedData>>1)&0x01)<<COMx;
    LedTemp[2]  |=  ((LedData>>2)&0x01)<<COMx;
    LedTemp[3]  |=  ((LedData>>3)&0x01)<<COMx;
    LedTemp[4]  |=  ((LedData>>4)&0x01)<<COMx;
    LedTemp[5]  |=  ((LedData>>5)&0x01)<<COMx;
    LedTemp[6]  |=  ((LedData>>6)&0x01)<<COMx;
    LedTemp[7]  |=  ((LedData>>7)&0x01)<<COMx;
}
```

## 10.3　无人驾驶控制系统设计

无人驾驶系统在工业和生活中获得了广泛的应用，如工厂无人货物搬运车、家庭中的扫地机器人、智能交通中的无人驾驶汽车、无人驾驶地铁等。

为了提高大学生的创新能力和解决问题的综合能力，受教育部高等教育司委托，教育部高等学校自动化类专业教学指导委员会自 2006 年起，主办了全国大学生智能汽车竞赛。竞赛以"立足培养、重在参与、鼓励探索、追求卓越"为指导思想，以迅猛发展的汽车电子为背景，以智能汽车为平台，涵盖了控制、模式识别、传感、电气、电子、计算机和机械等多各学科交叉。竞赛对深化高等工程教育改革，培养大学生获取知识的能力及创新意识，以及提高大学生从事科学技术研究能力和技术创新能力具有重要意义。基于智能汽车竞赛中的相关技术，可以实现上述无人驾驶相关的工程或产品的设计。在本节中，以汽车模型为载体，以电磁信号引导寻迹组别为例，介绍 SC95F8617 单片机在无人驾驶控制系统中的应用。

### 1．设计要求

设计自主寻迹智能车控制器，具体要求为：在赛道的中央铺设电磁引导线，引导线为一条铺设在赛道中心线上、直径为 0.1～1.0mm 的漆包线，其中通有 20kHz、100mA 的交变电流，其频率范围(20±1)kHz，电流范围 (100±20)mA。

在汽车模型上设计安装可以检测电磁引导线的传感器，沿着电磁引导线跑完全程。汽车模型的整体结构如图 10-11 所示。

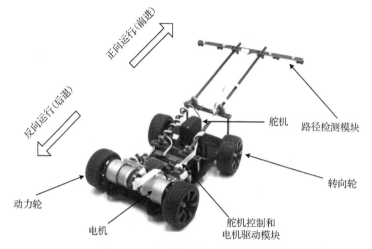

图 10-11　汽车模型的整体结构图

整个汽车模型包括路径检测、速度测量、舵机控制、电机驱动等模块。测量汽车模型的实时速度用于反馈，实现速度闭环控制。舵机用于根据路径情况控制前轮转向幅度。电机用于驱动后轮转动，为汽车模型提供前进动力。

汽车模型的检测和控制系统结构图如图 10-12 所示。注意：本例中暂不设计速度检测模块。

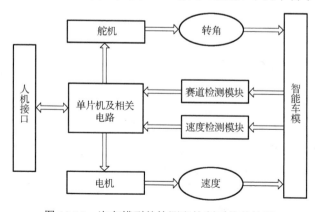

图 10-12　汽车模型的检测和控制系统结构图

**2．硬件电路设计**

（1）电磁检测电路设计

当导线通有 20kHz、100mA 的交变电流时，根据麦克斯韦电磁场理论，交变电流会在导线周围产生交变的电磁场，如图 10-13 所示。

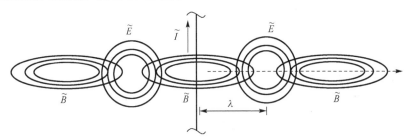

图 10-13　交变电流周围的电磁场

电磁波的波长为

$$c=\lambda f \tag{10-1}$$

其中，$c$ 为光速，约等于 $3\times10^{8}$m/s；$f$ 为频率，单位为 Hz；$\lambda$ 为波长，单位为 m。

可以使用 RLC 并联谐振电路检测磁场变化。RLC 并联谐振电路如图 10-14 所示。当电流经过磁场周围时，将在 $V_O$ 端输出随磁场变化的电压信号。对 $V_O$ 端的信号进行放大，然后送入单片机的 A/D 转换器对该信号进行采样，即可得到赛道的信息。

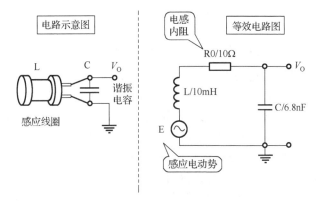

图 10-14　RLC 并联谐振电路

信号放大电路采用具有 4 路运放的 TLV2464 集成运算放大器，其电路原理图如图 10-15 所示。

图 10-15 中，SIGNAL1～SIGNAL4 分别来自由“工”字电感和电容构成的 RLC 电路，经过 TLV2464C 放大后，送入单片机的 A/D 转换通道 AD_IN1～AD_IN4。由单片机的 A/D 转换器进行 A/D 转换后，再进行信号处理。

（2）电机驱动电路设计

电机驱动电路采用 H 桥式驱动电路，H 桥式驱动电路也称为全桥式驱动电路，其电路示意图如图 10-16 所示。

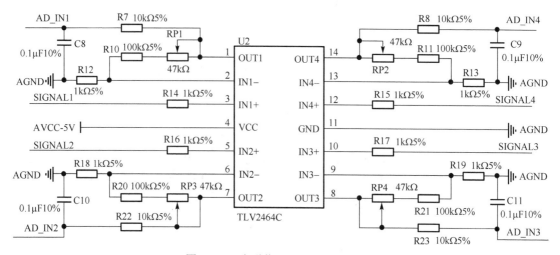

图 10-15　电磁信号处理电路原理图

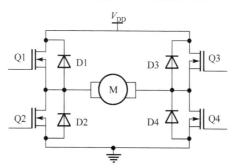

图 10-16　H 桥式驱动电路示意图

之所以称图 10-16 所示的电路为 H 桥式驱动电路，是因为它的形状酷似字母 H。4 个功率晶体管组成 H 的 4 条垂直腿，而电机就是 H 中的横杠。4 个功率晶体管相当于 4 个电子开关。

通常使用双极性功率三极管或者场效应（FET）晶体管作为功率电子开关（Q1、Q2、Q3、Q4）。在特殊高压场合中，可以使用绝缘栅双极性晶体管（IGBT）。4 个并联二极管（D1、D2、D3、D4）被称为钳位二极管（Catch Diode），通常使用肖特基二极管。很多功率 MOS 管内部也都集成有内部反向导通二极管。H 桥式驱动电路的上下分别连接电源的正负极。

若要使电机运转，则必须导通 H 桥式驱动电路对角线上的一对功率晶体管。根据不同功率晶体管对的导通情况，电流可能会从左至右或从右至左流过电机，从而控制电机的转向。

当 4 个功率晶体管都断开时，电机负载相当于两端悬空。若电机此时在转动，则其转子的动能就会在摩擦力的作用下逐步减小，电机慢慢停止。

当 H 桥式驱动电路的上半部（或者下半部）的两个功率晶体管闭合时，对应的另外两个功率晶体管断开。此时电机两端实际上是被桥电路短接在一起的，且电机两端的电压为 0。如果此时电机在转动，那么其转子的动能会通过所产生的反向电动势（EMF）在外部短路 H 桥式驱动电路回路中形成制动电流，电机会快速制动。

在驱动电机时，H 桥式驱动电路上同侧的两个功率晶体管不能同时导通。如果同侧的两个功率晶体管同时导通，那么电流就会从正极穿过两个功率晶体管直接回到负极。此时，电路中除功率晶体管外没有其他任何负载，因此电路上的电流就可能达到最大值（该电流仅受电源性能的限制），甚至烧坏功率晶体管。

基于上述原因，在实际驱动电路中通常要用硬件电路方便地控制功率晶体管的开关。改进的电路示意图如图 10-17 所示。在基本 H 桥式驱动电路的基础上增加了 4 个与门和 2 个非门。4 个与门和一个"使能"导通信号相接，用这个信号就能控制整个电路的开关。而 2 个非门通过提供一种方向控制输入，可以保证任意时刻在 H 桥的同侧腿上都只能有一个功率晶体管导通。

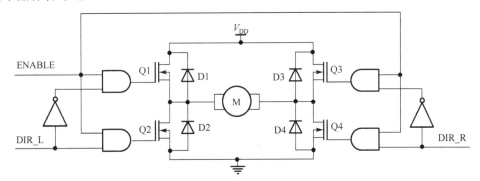

图 10-17　具有使能和方向控制的 H 桥式驱动电路

采用上述电路后，电机的运转需要用三个信号控制：两个方向信号和一个使能信号。如果 DIR_L 信号为 0，DIR_R 信号为 1，并且使能信号 ENABLE 为 1，那么功率晶体管 Q1 和 Q4 导通，电流从左至右流经电机；如果 DIR_L 信号变为 1，而 DIR_R 信号变为 0，那么 Q2 和 Q3 将导通，电流则反向流过电机。

电机负载可以使用电阻 $R_m$、电感 $L_m$ 及感应电动势 $V_g$ 的串联来描述，如图 10-18 所示。电机转动所需要的转动力矩由流过串联电路的电枢电流产生，而电枢电流则由施加在串联电路上的电压产生。

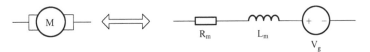

图 10-18　电机负载的等效电路

由于电机本身带有储能惯性环节（包括有电储能器件 $L_m$ 及机械储能部件转子的惯性），因此当使用高频的脉冲电压（PWM）作用在电机两端时，产生转矩的效果实际上由脉冲电压的平均值决定。

在本设计中，电机驱动部分由 A4950 驱动。A4950 是全桥式 DMOS PWM 电动机驱动器，其内置了一个全桥电路及控制电路。A4950 用于直流电机的脉冲宽度调制（PWM）控制，它能够承受的输出峰值电流为 ±3.5A，工作电压最大为 40V，其内部结构图如图 10-19 所示。

通过从外部施加 PWM 控制信号来控制直流电机的速度与方向。内置同步整流控制电路用来减小 PWM 操作时的功率耗散。内部电路保护包括过流保护、电机引出线与接地或电源短接、有滞后的热关断、VBB 欠压监控及交叉电流保护。

双电机驱动的实际电路原理图如图 10-20 所示。其中，U5 和 U4 分别为驱动电机 A 和驱动电机 B 的核心电路 A4950。图 10-20 的上半部分是对应的电机控制输入和控制逻辑。

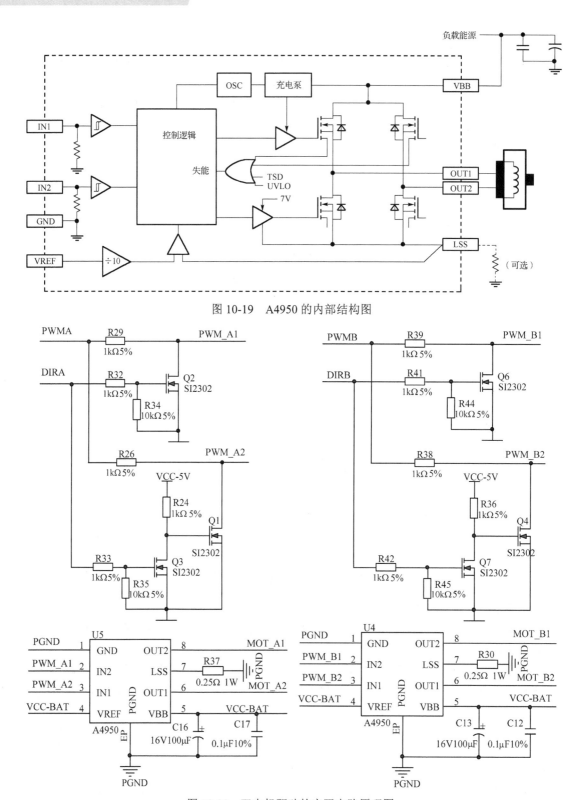

图 10-19　A4950 的内部结构图

图 10-20　双电机驱动的实际电路原理图

下面以电机 A 的驱动和控制为例说明电机的控制过程，由 Q1、Q2 和 Q3 构成逻辑控制部分。当 DIRA=1 时，Q2、Q3 导通，Q1 截止，PWMA 信号通过 R26 施加到 U5 的输入端 IN1，而输入端 IN2 则为 0。当 DIRA=0 时，Q2、Q3 截止，Q1 导通，PWMA 信号通过 R29 施加到 U5 的输入端 IN2，而输入端 IN1 则为 0。从而实现对电机 A 的方向控制。电机 B 的控制方式与电机 A 的控制方式类似，请读者自行分析。

PWMA 是输入到电机 A 驱动芯片 U5（A4950）的 PWM 信号，由 SC95F8617 单片机的 PWM40 输出口提供，电机 A 的方向控制信号 DIRA 由 SC95F8617 单片机的 P3.0 引脚控制。

PWMB 是输入到电机 B 驱动芯片 U4（A4950）的 PWM 信号，由 SC95F8617 单片机的 PWM41 输出口提供，电机 B 的方向控制信号 DIRB 由 SC95F8617 单片机的 P3.1 引脚控制。舵机由 P0.6 引脚控制。

（3）电源电路设计

汽车模型使用 7.2V 的锂电池进行供电，而单片机及相应外设需要 5V 的电压，因此需要对 7.2V 的电池电压进行转换。在电路设计中，采用 PS7350 进行电压转换，其电路原理图如图 10-21 所示。其中，TPS7350 是微功耗低压差线性电源芯片，具有完善的保护电路，包括过流、过压、电压反接保护。使用这个芯片只需要极少的外围元件就能构成高效稳压的电路。与 LM2940 及 AS1117 稳压器件相比，TPS7350 具有更低的工作压降和更小的静态工作电流，可以使电池获得相对更长的使用时间。C1、C5、C6 和 C7 构成滤波稳压电路。VCC-BAT 为电池供电电压，VCC-5V 是转换后生成的为单片机和其他器件供电的电压。

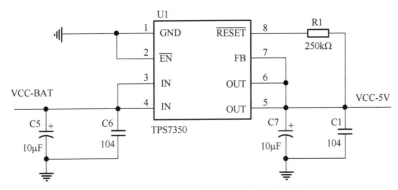

图 10-21　电源电压转换的电路原理图

### 3. 软件设计

软件设计分成几个模块，包括主程序模块、定时器模块、ADC 采样模块、控制模块等。利用定时器定时功能，实现对舵机的控制。主函数的流程图如图 10-22 所示。

在 I/O 口的初始化模块中，将用于舵机控制的 P0.6 引脚、电机运行方向控制的 P3.0 引脚和 P3.1 引脚均设置为强推挽输出工作模式，相关代码如下。

```
void IOInit(void)
{
    GPIO_Init(GPIO0, GPIO_PIN_6, GPIO_MODE_OUT_PP);//舵机控制（P0.6）
    GPIO_Init(GPIO3, GPIO_PIN_0, GPIO_MODE_OUT_PP);//电机方向 DIRA(P3.0)
    GPIO_Init(GPIO3, GPIO_PIN_1, GPIO_MODE_OUT_PP);//电机方向 DIRB（P3.1）
}
```

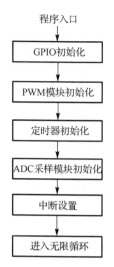

图 10-22　主函数的流程图

PWM 模块初始化完成控制电机转速的 PWM40 和 PWM41 模块的初始化，代码如下。

```
void PWM_INIT(void)
{
    PWM_DeInit();
    PWM_Init(PWM_PRESSEL_FHRC_D8,1999);
    //PWM 时钟源 8 分频，周期为（1999+1）/FOSC
    PWM_OutputStateConfig(PWM40, PWM_OUTPUTSTATE_ENABLE);//使能 PWM40
    PWM_OutputStateConfig(PWM41, PWM_OUTPUTSTATE_ENABLE);//使能 PWM41
    PWM_IndependentModeConfig(PWM40, 0);       //将 PWM40 占空比设置为 0
    PWM_IndependentModeConfig(PWM41, 0);       //将 PWM41 占空比设置为 0
    PWM_Cmd(ENABLE);                        //打开 PWM 总开关
}
```

采用 T3 实现定时功能，每隔 10μs 中断一次。初始化代码如下。

```
void Timer3Init(void)
{
    TXINX = 0x03;     //选择定时器 T3
    TXMOD = 0x80;
    TXCON = 0x00;     //设置为 16 位重载寄存器
    RCAPXH = (65536-320)/256;//溢出时间：时钟为 fSYS，则 320×(1/fSYS)=10μs
    RCAPXL = (65536-320)%256;
    TRX = 0;
    IE1 |= 0x40;      //T3 允许中断
    IP1 |= 0x40;
    TRX = 1;      //打开定时器 3
}
```

在定时器的中断服务函数中实现对舵机的控制相关代码如下。

```
void Timer3_ISR (void) interrupt 13
{
    TXINX = 0x03;                   //选择 T3
    TFX = 0;                        //溢出清零
    T3CNT++;
    if(T3CNT == Turning)            // Turning 为转向标志
    {
        GPIO_WriteLow(GPIO0,GPIO_PIN_6);
    }
    if(T3CNT == 2012)
    {
        T3CNT = 0;
        GPIO_WriteHigh(GPIO0,GPIO_PIN_6);
    }
}
```

其中，Turning 为转向标志，可以取三个方向，对应高电平的时间计数值，其定义如下。

```
#define Turn_Left 120
#define Turn_Front 150
#define Turn_Right 180
```

ADC 采样模块初始化的代码如下。

```
void ADCInit(void)
{
    ADC_Init(ADC_Cycle_32Cycle);//ADC 采样时间为 32 个系统时钟(约 1μs)
    ADC_ChannelConfig(ADC_CHANNEL_0, ENABLE);         //使能 ADC 通道 0
    ADC_ChannelConfig(ADC_CHANNEL_1, ENABLE);         //使能 ADC 通道 1
    ADC_ChannelConfig(ADC_CHANNEL_2, ENABLE);         //使能 ADC 通道 2
    ADC_ChannelConfig(ADC_CHANNEL_3, ENABLE);         //使能 ADC 通道 3
    ADC_Cmd(ENABLE);
    ADC_VrefConfig(ADC_VREF_2_048V);                  //选择内部参考电压 2.048V
}
```

在无限循环程序代码中，反复读取传感器的值，并对数值进行判断，若超出所设定的阈值，则启动控制过程，相关代码如下。

```
while(1)
{
    Get_SensorValue();
    if(SensorValue[1]>450 && SensorValue[2]>450)
    {
        Control_Start();
    }
}
```

获取传感器数据的函数代码如下。

```c
void Get_SensorValue(void)
{
    u8 i=0;
    for(i=0;i<4;i++)
    {
        SensorLast[i] = SensorValue[i];        //保存上一次数据
    }
    for(i=0;i<4;i++)
    {
        ADC_ChannelConfig(i, ENABLE);          //切换 ADC 通道
        ADC_StartConversion();                 //开始一次 A/D 转换
        while(!ADC_GetFlagStatus());           //转换完成，等待标志位置 1
        ADC_ClearFlag();
        SensorValue[i] = ADC_GetConversionValue(); //得到 A/D 转换的值
        if(i==2) SensorValue[i]+=80;                  //矫正传感器 3
    }
}
```

启动控制函数 Control_Start()，对汽车模型进行控制，相关代码如下。

```c
void Control_Start(void)
{
    u16 CurrSpeed;
    Speed_Change(500,900);           //加速启动
    CurrSpeed = 1280;                //更改此值可调节速度
    while(SensorValue[0]>200||SensorValue[1]>200||SensorValue[2]>20
0||SensorValue[3]>200)
    {
        Get_SensorValue();
        Get_ErrorValue();
        if(Error_L<=1200 && Error_R<=1200)      //急转弯减速
        {
            PWM_IndependentModeConfig(PWM40, CurrSpeed);
            PWM_IndependentModeConfig(PWM41, CurrSpeed);
        }
        if(Error_L<=200 && Error_L<=200)
        {
            Turning = Turn_Front;
        }
        if(Error_L>1200 || Error_R>1200)        //急转弯减速
        {
            PWM_IndependentModeConfig(PWM40, 850);
            PWM_IndependentModeConfig(PWM41, 850);
        }
        if(Error_L>200)
```

```
            {
                Turning = Turn_Front + Error_L*(Turn_Right-Turn_Front)/
Error_Max;
            }
            if(Error_R>200)
            {
                Turning = Turn_Front - Error_R*(Turn_Front-Turn_Left)/
Error_Max;
            }
        }
        Speed_Change(CurrSpeed,680);    //减速停止
        PWM_IndependentModeConfig(PWM40, 0);
        PWM_IndependentModeConfig(PWM41, 0);
    }
```

函数 Speed_Change()用于改变电机的转速，其代码如下。

```
    void Speed_Change(u16 Start_speed,u16 End_speed)
    {
        u16 Curr_speed;

        GPIO_WriteLow(GPIO3,GPIO_PIN_0);          //电机正转
        GPIO_WriteLow(GPIO3,GPIO_PIN_1);
        delay_ms(500);
        if(End_speed>Start_speed)                 //目标速度大于当前速度
        {
        for(Curr_speed=Start_speed;Curr_speed<=End_speed;Curr_speed+=5)
            {
                PWM_IndependentModeConfig(PWM40, Curr_speed);
                delay_us(150);
                PWM_IndependentModeConfig(PWM41, Curr_speed);
                delay_us(150);
            }
        }
        else
    {
            for(Curr_speed=Start_speed;Curr_speed>=End_speed;
    Curr_speed-=5)//减速
            {
                PWM_IndependentModeConfig(PWM40, Curr_speed);
                delay_us(150);
                PWM_IndependentModeConfig(PWM41, Curr_speed);
                delay_us(150);
            }
        }
    }
```

函数 Get_ErrorValue()用于计算汽车模型的左右偏差，其代码如下。

```c
void Get_ErrorValue(void)
{
    //计算左偏差
    if(SensorValue[1]>=SensorValue[3])
    {
        Error_L1 = SensorValue[1]-SensorValue[3];
        if(Error_L1>=500)
            Error_L = 0;
        if(Error_L1<500)
            Error_L = 500-Error_L1;
    }
    if(SensorValue[1]<SensorValue[3])
    {
        Error_L = SensorValue[3]-SensorValue[1]+500;
    }
    //计算右偏差
    if(SensorValue[2]>=SensorValue[0])
    {
        Error_R1 = SensorValue[2]-SensorValue[0];
        if(Error_R1>=500)
            Error_R = 0;
        if(Error_R1<500)
            Error_R = 500-Error_R1;
    }
    if(SensorValue[2]<SensorValue[0])
    {
        Error_R = SensorValue[0]-SensorValue[2]+500;
    }
    if(Error_L>=Error_R){
        Error_L = Error_L-Error_R;
        Error_R = 0;
    }
    if(Error_L<Error_R){
        Error_R = Error_R-Error_L;
        Error_L = 0;
    }
    if(Error_L>Error_Max)
        Error_L=Error_Max;
    if(Error_R>Error_Max)
        Error_R=Error_Max;          //限幅
}
```

在系统调试中，需要注意电池的电量。当电池电量不足时，汽车模型将无法运行。在系统设计中，可以设计适当的人机接口，以方便汽车模型的参数调整。另外，在本设计中，暂时没有速度反馈控制，请读者自行设计。

## 10.4　习题 10

1．如何提高 10.1 节中倒计时时钟的精度？请详细设计。

2．设计硬件电路，将 10.2 节中的设置参数保存到 Flash 中。

3．在 10.3 节的设计实例中，尝试在汽车模型的速度控制中加入 PID 调节功能。

```
/*-----------------------------------------------------------------
SC95.H
C Header file for SC95F861x microcontroller.
Copyright (c) 2019 Shenzhen SinOne Microelectronics Co., Ltd.
All rights reserved.
-----------------------------------------------------------------*/

#ifndef _SC95F861x_H_
#define _SC95F861x_H_
/* -------------------- 字节寄存器-------------------- */
///*CPU*/
sfr   ACC  = 0xE0;      //累加器 A
sfr   B    = 0xF0;      //通用寄存器 B
sfr   PSW  = 0xD0;      //程序状态字
sfr   DPS  = 0x86;      //数据指针寄存器
sfr   DPH1 = 0x85;      //DPH1 数据指针高 8 位
sfr   DPL1 = 0x84;      //DPL1 数据指针低 8 位
sfr   DPH  = 0x83;      //DPH 数据指针高 8 位
sfr   DPL  = 0x82;      //DPL 数据指针低 8 位
sfr   SP   = 0x81;      //堆栈指针
/*system*/
sfr   PCON = 0x87;      //电源管理控制寄存器
/*interrupt*/
sfr   IP2  = 0xBA;      //中断优先级控制寄存器 2
sfr   IP1  = 0xB9;      //中断优先级控制寄存器 1
sfr   IP   = 0xB8;      //中断优先权控制寄存器
sfr   IE   = 0xA8;      //中断控制寄存器
sfr   IE1  = 0xA9;      //中断控制寄存器 1
sfr   IE2  = 0xAA;      //中断控制寄存器 2
/*PORT*/
sfr   P5PH  = 0xDA;     //P5 口模式控制寄存器
sfr   P5CON = 0xD9;     //P5 口模式控制寄存器
sfr   P5    = 0xD8;     //P5 口数据寄存器
sfr   P4PH  = 0xC2;     //P4 口模式控制寄存器
sfr   P4CON = 0xC1;     //P4 口模式控制寄存器
sfr   P4    = 0xC0;     //P4 口数据寄存器
sfr   P3PH  = 0xB2;     //P3 口模式控制寄存器
sfr   P3CON = 0xB1;     //P3 口模式控制寄存器
sfr   P3    = 0xB0;     //P3 口数据寄存器
```

```
sfr   P2PH    = 0xA2;       //P2 口模式控制寄存器
sfr   P2CON   = 0xA1;       //P2 口模式控制寄存器
sfr   P2      = 0xA0;       //P2 口数据寄存器
sfr   P1PH    = 0x92;       //P1 口模式控制寄存器
sfr   P1CON   = 0x91;       //P1 口模式控制寄存器
sfr   P1      = 0x90;       //P1 口数据寄存器
sfr   P0PH    = 0x9B;       //P0 口模式控制寄存器
sfr   P0CON   = 0x9A;       //P0 口模式控制寄存器
sfr   P0      = 0x80;       //P0 口数据寄存器
sfr   IOHCON0 = 0x96;       //IOH0 设置寄存器
sfr   IOHCON1 = 0x97;       //IOH1 设置寄存器
/*TIMER*/
sfr   TMCON = 0x8E;         //定时器频率控制寄存器
sfr   TH1     = 0x8D;       //T1 高 8 位
sfr   TH0     = 0x8C;       //T0 高 8 位
sfr   TL1     = 0x8B;       //T1 低 8 位
sfr   TL0     = 0x8A;       //T0 低 8 位
sfr   TMOD    = 0x89;       //定时器工作模式寄存器
sfr   TCON    = 0x88;       //定时器控制寄存器
sfr   TXCON  = 0xC8;        //T2、T3、T4 控制寄存器
sfr   TXMOD  = 0xC9;        //T2、T3、T4 工作模式寄存器
sfr   RCAPXL = 0xCA;        //T2、T3、T4 重载/捕捉低 8 位
sfr   RCAPXH = 0xCB;        //T2、T3、T4 重载/捕捉高 8 位
sfr   TLX    = 0xCC;        //T2、T3、T4 低 8 位
sfr   THX    = 0xCD;        //T2、T3、T4 高 8 位
sfr   TXINX   = 0xCE;       //定时器控制寄存器指针
/*ADC*/
sfr   ADCCFG0 = 0xAB;       //ADC 功能配置寄存器 0
sfr   ADCCFG1 = 0xAC;       //ADC 功能配置寄存器 1
sfr   ADCCFG2 = 0xB5;       //ADC 功能配置寄存器 2
sfr   ADCCON  = 0xAD;       //ADC 控制寄存器
sfr   ADCVL    = 0xAE;      //ADC 结果寄存器
sfr   ADCVH = 0xAF;         //ADC 结果寄存器
/*PWM*/
sfr   PWMMOD  = 0xD7;       //PWM 模式设置寄存器
sfr   PWMFLT  = 0xD6;       //PWM 故障检测设置寄存器
sfr   PWMDFR  = 0xD5;       //PWM 死区设置寄存器
sfr   PWMCFG  = 0xD4;       //PWM 设置寄存器
sfr   PWMCON  = 0xD3;       //PWM 控制寄存器
///*WatchDog*/
sfr   BTMCON  = 0xFB;       //低频定时器控制寄存器
sfr   WDTCON  = 0xCF;       //WDT 控制寄存器
/*LCD*/
sfr   OTCON  = 0x8F;        //LCD 电压输出控制寄存器
sfr   P0VO    = 0x9C;       //P0 显示驱动输出寄存器
sfr   P1VO    = 0x94;       //P1 显示驱动输出寄存器
```

```
sfr   P2VO   = 0xA3;        //P2 显示驱动输出寄存器
sfr   P3VO   = 0xB3;        //P3 显示驱动输出寄存器
sfr   DDRCON = 0x93;        //显示驱动设置寄存器
/*INT*/
sfr   INT0F  = 0xB4;        //INT0 下降沿中断控制寄存器
sfr   INT0R  = 0xBB;        //INT0 上降沿中断控制寄存器
sfr   INT1F  = 0xBC;        //INT1 下降沿中断控制寄存器
sfr   INT1R  = 0xBD;        //INT1 上降沿中断控制寄存器
sfr   INT2F  = 0xBE;        //INT2 下降沿中断控制寄存器
sfr   INT2R  = 0xBF;        //INT2 上降沿中断控制寄存器
/*IAP */
sfr   IAPCTL = 0xF6;        //IAP 控制寄存器
sfr   IAPDAT = 0xF5;        //IAP 数据寄存器
sfr   IAPADE = 0xF4;        //IAP 扩展地址寄存器
sfr   IAPADH = 0xF3;        //IAP 写入地址高 8 位寄存器
sfr   IAPADL = 0xF2;        //IAP 写入地址低 8 位寄存器
sfr   IAPKEY = 0xF1;        //IAP 保护寄存器
/*UART*/
sfr   SCON   = 0x98;        //串口控制寄存器
sfr   SBUF   = 0x99;        //串口数据缓存寄存器
/*USCI0*/
sfr   US0CON0 = 0x95;       //USCI0 控制寄存器 0
sfr   US0CON1 = 0x9D;       //USCI0 控制寄存器 1
sfr   US0CON2 = 0x9E;       //USCI0 控制寄存器 2
sfr   US0CON3 = 0x9F;       //USCI0 控制寄存器 3
/*USCI1*/
sfr   US1CON0 = 0xA4;       //USCI1 控制寄存器 0
sfr   US1CON1 = 0xA5;       //USCI1 控制寄存器 1
sfr   US1CON2 = 0xA6;       //USCI1 控制寄存器 2
sfr   US1CON3 = 0xA7;       //USCI1 控制寄存器 3
/*USCI2*/
sfr   US2CON0 = 0xC4;       //USCI2 控制寄存器 0
sfr   US2CON1 = 0xC5;       //USCI2 控制寄存器 1
sfr   US2CON2 = 0xC6;       //USCI2 控制寄存器 2
sfr   US2CON3 = 0xC7;       //USCI2 控制寄存器 3
sfr   OPINX  = 0xFE;
sfr   OPREG  = 0xFF;
sfr   EXADH  = 0xF7;
/*模拟比较器*/
sfr   CMPCFG = 0xB6;        //模拟比较器设置寄存器
sfr   CMPCON = 0xB7;        //模拟比较器控制寄存器
/*乘/除法器*/
sfr   EXA0   = 0xE9;        //扩展累加器 0
sfr   EXA1   = 0xEA;        //扩展累加器 1
sfr   EXA2   = 0xEB;        //扩展累加器 2
sfr   EXA3   = 0xEC;        //扩展累加器 3
```

```
sfr  EXBL    = 0xED;    //扩展 B 寄存器 0
sfr  EXBH    = 0xEE;    //扩展 B 寄存器 1
sfr  OPERCON = 0xEF;    //运算控制寄存器
/* CRC 校验 */
sfr  CRCINX  = 0xFC;
sfr  CRCREG  = 0xFD;
/* -------------------- 位寄存器-------------------- */
/*PSW*/
sbit CY  = PSW^7;  //进位标志位
sbit AC  = PSW^6;  //辅助进位标志位
sbit F0  = PSW^5;  //用户标志位
sbit RS1 = PSW^4;  //工作寄存器组选择位
sbit RS0 = PSW^3;  //工作寄存器组选择位
sbit OV  = PSW^2;  //溢出标志位
sbit F1  = PSW^1;  //F1 标志位
sbit P   = PSW^0;  //奇偶标志位
/*TXCON*/
sbit TFX    = TXCON^7;
sbit EXFX   = TXCON^6;
sbit RCLKX  = TXCON^5;
sbit TCLKX  = TXCON^4;
sbit EXENX  = TXCON^3;
sbit TRX    = TXCON^2;
sbit TX     = TXCON^1;
sbit CP     = TXCON^0;
/*IP*/
sbit IPADC  = IP^6;    //ADC 中断优先控制位
sbit IPT2   = IP^5;    //T2 中断优先控制位
sbit IPUART = IP^4;    //UART 中断优先控制位
sbit IPT1   = IP^3;    //T1 中断优先控制位
sbit IPINT1 = IP^2;    //INT1 中断优先控制位
sbit IPT0   = IP^1;    //T0 中断优先控制位
sbit IPINT0 = IP^0;    //INT0 中断优先控制位
/*IE*/
sbit EA    = IE^7;  //中断使能的总控制
sbit EADC  = IE^6;  //ADC 中断使能控制
sbit ET2   = IE^5;  //T2 中断使能控制
sbit EUART = IE^4;  //UART 中断使能控制
sbit ET1   = IE^3;  //T1 中断使能控制
sbit EINT1 = IE^2;  //INT1 中断使能控制
sbit ET0   = IE^1;  //T0 中断使能控制
sbit EINT0 = IE^0;  //INT0 中断使能控制
/*TCON*/
sbit TF1   = TCON^7;   //T1 溢出中断请求标志位
sbit TR1   = TCON^6;   //T1 的运行控制位
sbit TF0   = TCON^5;   //T0 溢出中断请求标志位
```

```
sbit  TR0  = TCON^4;    //T0 的运行控制位
/*SCON*/
sbit  SM0  = SCON^7;
sbit  SM1  = SCON^6;
sbit  SM2  = SCON^5;
sbit  REN  = SCON^4;
sbit  TB8  = SCON^3;
sbit  RB8  = SCON^2;
sbit  TI   = SCON^1;
sbit  RI   = SCON^0;
/****************** P0 ******************/
sbit   P07 = P0^7;
sbit   P06 = P0^6;
sbit   P05 = P0^5;
sbit   P04 = P0^4;
sbit   P03 = P0^3;
sbit   P02 = P0^2;
sbit   P01 = P0^1;
sbit   P00 = P0^0;
/****************** P1 ******************/
sbit   P17 = P1^7;
sbit   P16 = P1^6;
sbit   P15 = P1^5;
sbit   P14 = P1^4;
sbit   P13 = P1^3;
sbit   P12 = P1^2;
sbit   P11 = P1^1;
sbit   P10 = P1^0;
/****************** P2 ******************/
sbit   P27 = P2^7;
sbit   P26 = P2^6;
sbit   P25 = P2^5;
sbit   P24 = P2^4;
sbit   P23 = P2^3;
sbit   P22 = P2^2;
sbit   P21 = P2^1;
sbit   P20 = P2^0;
/****************** P3 ******************/
sbit   P37 = P3^7;
sbit   P36 = P3^6;
sbit   P35 = P3^5;
sbit   P34 = P3^4;
sbit   P33 = P3^3;
sbit   P32 = P3^2;
sbit   P31 = P3^1;
sbit   P30 = P3^0;
```

```
/***************** P4 *****************/
sbit    P47 = P4^7;
sbit    P46 = P4^6;
sbit    P45 = P4^5;
sbit    P44 = P4^4;
sbit    P43 = P4^3;
sbit    P42 = P4^2;
sbit    P41 = P4^1;
sbit    P40 = P4^0;
/***************** P5 *****************/
sbit    P55 = P5^5;
sbit    P54 = P5^4;
sbit    P53 = P5^3;
sbit    P52 = P5^2;
sbit    P51 = P5^1;
sbit    P50 = P5^0;
/*************************************************************
*注意：封装未引出的引脚，需将其设置为强推挽输出模式
*IC 选型：请根据所使用的 IC 型号，在初始化 I/O 口后，调用相对应的未引出引脚的 I/O
口配置
*若选 SC95F8617 单片机，则不用调用宏定义
*************************************************************/
#define SC95F8616_NIO_Init() {P4CON|=0xC0,P5CON|=0x30;}
//SC95F8616 单片机的未引出来的 I/O 口配置
#define
SC95F8615_NIO_Init(){P0CON|=0x0F,P1CON|=0xF0,P3CON|=0xF0,P4CON|=0xC0,P5CON|
=0xF0;}          //SC95F8615 单片机的未引出的 I/O 口配置
#define
SC95F8613_NIO_Init(){P0CON|=0x0F,P1CON|=0xF0,P3CON|=0xF0,P4CON|=0xC0,P5CON|
=0xFF;}          //SC95F8613 单片机的未引出的 I/O 口配置


unsigned int xdata PWMRD_40 _at_  0x1040;
unsigned int xdata PWMRD_41 _at_  0x1042;
unsigned int xdata PWMRD_42 _at_  0x1044;
unsigned int xdata PWMRD_43 _at_  0x1046;
unsigned int xdata PWMRD_50 _at_  0x1048;
unsigned int xdata PWMRD_51 _at_  0x104A;
unsigned int xdata PWMRD_52 _at_  0x104C;
unsigned int xdata PWMRD_53 _at_  0x104E;


/*中断号（中断向量）的定义*/
#define INT0_vector     0          //外部中断 INT0 中断号
#define T0_vector       1          //定时器 T0 中断号
#define INT1_vector     2          //外部中断 INT1 中断号
#define T1_vector       3          //定时器 T1 中断号
#define UART0_vector    4          //UART0 中断号
```

```
#define T2_vector          5          //定时器 T2 中断号
#define ADC_vector         6          //ADC 中断号
#define USCI0_vector       7          //三选一串口 0 中断号
#define PWM_vector         8          //PWM 中断号
#define BTM_vector         9          //基本定时器中断号
#define INT2_vector        10         //外部中断 INT2 中断号
#define TK_vector          11         //触摸按键中断号
#define CMP_vector         12         //比较器中断号
#define T3_vector          13         //定时器 T3 中断号
#define T4_vector          14         //定时器 T4 中断号
#define USCI1_vector       15         //三选一串口 1 中断号
#define USCI2_vector       16         //三选一串口 2 中断号

#endif
```

# 附录 B

# Keil C51 库函数

## 1．本征库函数

本征库函数是指在编译时直接将固定的代码插入到当前行，而不是用汇编语言中的 ACALL 和 LCALL 指令实现调用的，从而大大提高函数的访问效率。非本征库函数则必须由 ACALL 和 LCALL 指令实现调用。Keil C51 提供了 9 个本征库函数，如表 B-1 所示。使用本征库函数时，必须在源程序中包含预处理命令#include < INTRINS.H>。

表 B-1　Keil C51 编译器提供的 9 个本征库函数

| 函数名及定义 | 功能说明 |
| --- | --- |
| unsigned char _crol_(unsigned char val, unsigned char n) | 将字符型数据 val 循环左移 n 位 |
| unsigned int _irol_(unsigned int val, unsigned char n) | 将整型数据 val 循环左移 n 位 |
| unsigned long _lrol_(unsigned long val, unsigned char n) | 将长整型数据 val 循环左移 n 位 |
| unsigned char _cror_(unsigned char val, unsigned char n) | 将字符型数据 val 循环右移 n 位 |
| unsigned int _iror_(unsigned int val, unsigned char n) | 将整型数据 val 循环右移 n 位 |
| unsigned long _lror_(unsigned long val, unsigned char n) | 将长整型数据 val 循环右移 n 位 |
| bit _testbit_(bit x) | 相当于 JBC bit 指令 |
| unsigned char _chkfloat_(float val) | 测试并返回浮点数状态 |
| void _nop_(void) | 产生一个 NOP 指令 |

## 2．字符判断转换库函数

字符判断转换库函数的原型声明在头文件 CTYPE.H 中。字符判断转换库函数及功能说明如表 B-2 所示。

表 B-2　字符判断转换库函数及功能说明

| 函数名及定义 | 功能说明 |
| --- | --- |
| bit isalpha(char c) | 检查参数字符是否为英文字母，若是则返回 1；否则返回 0 |
| bit isalnum(char c) | 检查参数字符是否为英文字母或数字字符，若是则返回 1；否则返回 0 |
| bit iscntrl(char c) | 检查参数值是否为控制字符（值在 0x00～0x1f 之间或等于 0x7f），若是，则返回 1；否则返回 0 |
| bit isdigit(char c) | 检查参数的值是否为十进制数 0～9，若是，则返回 1；否则返回 0 |
| bit isgraph(char c) | 检查参数是否为可打印字符（不包括空格），可打印字符值的范围是 0x21～0x7e，若是，则返回 1；否则返回 0 |
| bit isprint(char c) | 除与 isgraph 相同外，还接收空格符（0x20） |
| bit ispunct(char c) | 检查字符参数是否为标点、空格符或格式字符。检查若是 ASCII 码字符集中的空格或是 32 个标点和格式字符之一，若是，则返回 1；否则返回 0 |
| bit islower(char c) | 检查参数字符的值是否为小写英文字母，若是，则返回 1；否则返回 0 |

| 函数名及定义 | 功 能 说 明 |
|---|---|
| bit isupper(char c) | 检查参数字符的值是否为大写英文字母，若是，则返回 1；否则返回 0 |
| bit isspace(char c) | 检查参数字符是否为下列之一：空格符、制表符、回车符、换行符、垂直制表符和送纸（值为 0x09～0x0d，或为 0x20），若是，则返回 1；否则返回 0 |
| bit isxdigit(char c) | 检查参数字符是否为 16 进制数，若是，则返回 1；否则返回 0 |
| char toint(char c) | 将 ASCII 字符的 0～9、a～f（大小写无关）转换为十六进制数，对于 ASCII 字符的 0～9，返回值为 0H～9H，对于 ASCII 字符的 a～f（大小写无关），返回值为 0AH～0FH |
| char tolower(char c) | 将大写英文字母转换为小写英文字母，若字符参数不在'A'～'Z'范围内，则该函数不起作用 |
| char _tolower(char c) | 将字符参数 c 与常数 0x20 逐位相减，从而将大写英文字母转换为小写英文字母 |
| Char toupper(char c) | 将小写英文字母转换为大写英文字母，若字符参数不在'a'～'z'范围内，则该函数不起作用 |
| Char _toupper(char c) | 将字符参数 c 与常数 0xdf 逐位相与，从而将小写英文字母转换为大写英文字母 |
| char toascii(char c) | 该宏将任何字符型参数值缩小到有效的 ASCII 码范围之内，即将参数值和 0x7f 相与从而去掉第 7 位以上的所有数位 |

### 3. 输入/输出库函数

输入/输出库函数的原型声明在头文件 stdio.中，通过 8051 内核单片机的串行口工作，若希望支持其他 I/O 接口，则只需要改动函数_getkey()和 putchar()，库中所有其他 I/O 支持函数都依赖于这两个函数模块，在使用 8051 内核单片机的串行口之前，应先对其进行初始化。

输入/输出库函数及功能说明如表 B-3 所示。

表 B-3　输入/输出库函数及功能说明

| 函数名及定义 | 功 能 说 明 |
|---|---|
| char _getkey (void) | 等待从单片机串口读入一个字符并返回读入的字符，这个函数是在改变整个输入端口机制时，应做修改的唯一一个函数 |
| char getchar (void) | 使用_getkey 从串口读入字符，并将读入的字符立刻传给 putchar 函数输出，其他功能与_getkey 函数相同 |
| char* gets (char*s,int n) | 该函数通过 getchar 从串口读入一个长度为 n 的字符串并存入由 s 指向的数组中。输入时一旦检测到换行符就结束字符的输入。若输入成功，则返回传入的参数指针；若输入失败，则返回 NULL |
| char ungetchar (char c) | 将输入字符回送输入缓冲区，因此下次 gets 或 getchar 可用该字符。若成功，则返回 char 型值。若失败，则返回 EOF。不能用 ungetchar 处理多个字符 |
| char putchar (char c) | 通过单片机串口输出字符，与函数_getkey 一样，这是改变整个输出机制所需修改的唯一一个函数 |
| int printf (const char* fmstr [,argument]…) | 以第一个参数指向字符串指定的格式通过单片机串口输出数值和字符串，返回值为实际输出的字符数 |
| int sprint (char*s,const char *fmstr [,argument]…) | 与 printf 的功能相似，但数据不是输出到串口，而是通过一个指针 s，送入内存缓冲区，并以 ASCII 码的形式储存。参数 fmstr 与函数 printf 的参数一致 |
| int puts (const char* s) | 利用 putchar 函数将字符串和换行符写入串口，若错误，则返回 EOF；否则返回字符串的长度 |
| int scanf (const char* fmstr [,arguement]…) | 在格式控制串的控制下，利用 getchar 函数从串口读入数据，每遇到一个符合格式控制串 fmstr 规定的值，就将它按顺序存入由参数指针 argument 指向的存储单元。注意，每个参数都必须是指针。scanf 返回它所发现并转换的输入个数，若遇到错误，则返回 EOF |
| int sscanf (char*s,const char *fmstr [,arguement]…) | 与 scanf 的输入方式相似，但字符串的输入不是通过串口，而是通过指针 s 指向数据缓冲区的 |
| void vprintf (const char *s, char* fmstr,char* argptr) | 将格式化字符串和数据值以 ASCII 码的形式输出到串口，该函数类似于 printf() |
| void vsprintf (const char *s, char* fmstr,char* argptr) | 将格式化字符串和数据值以 ASCII 码的形式输出到由指针 s 指向的内存缓冲区中，该函数类似于 sprintf() |

最常用的输出库函数为 printf()，该函数以一定的格式，通过单片机的串口输出数值和字符串，返回值为实际输出的字符数。

printf()的第一个参数 fmstr 是格式控制字符串，参数 argument 可以是字符串指针、字符或数值，允许作为 printf 参数的总字节数受 C51 库限制，由于 8051 内核单片机结构上存储空间有限，在 small 和 compact 编译模式下，最大可传递 15 字节的参数（5 个指针，或 1 个指针和 3 个长字），在 large 编译模式下，最多可传递 40 字节的参数。

格式控制字符串 fmstr 具有如下形式（方括号内是可选项）：

```
%[flags][width][.precision][{b|B|l|L}]type
```

其中，可选项 flags 称为标志字符，用于控制输出位置、符号、小数点及八进制数和十六进制数的前缀等。flags 选项及其意义如表 B-4 所示。

表 B-4　flags 选项及其意义

| flags 选项 | 意　义 |
|---|---|
| — | 输出左对齐 |
| + | 输出若是有符号的数值，则在前面加上+/−号 |
| 空格 | 输出值若为正，则左边补以空格；否则不显示空格 |
| # | 若它与 0、x 或 X 连用，则在非 0 输出值前面加上 0、0x 或 0X。当它与值类型字符 g、G、f、e、E 连用时，使输出值中产生一个十进制数的小数点 |
| * | 忽略指定格式 |

可选项 width 用来定义欲显示的字符数，它必须是一个正的十进制数，若实际显示的字符数小于 width，则在输出左端补以空格；若 width 以 0 开始，则在左端补 0。

可选项.precision 用来表示输出精度，由 "." 加上一个非负的十进制整数构成。指定精度时，可能会导致输出值被截断，或在输出浮点数时，引起输出值的四舍五入。可以用精度来控制输出字符的数目、整数值的位数或浮点数的有效位数。也就是说，对于不同的输出格式，精度具有不同的意义。

可选字符 b 或 B 和 l 或 L 通常与格式转换字符同时使用，具体意义如表 B-5 所示。

表 B-5　可选字符 b、B、l、L 的意义

| 可选字符 | 意　义 |
|---|---|
| b、B | 与格式类型字符 d、o、u、x 或 X 连用时，使参数类型被接收为[unsigned]char，如%bu、%bx 等 |
| l、L | 与格式类型字符 d、o、u、x 或 X 连用时，使参数类型被接收为[unsigned]long，如%ld、%lx 等 |

type 称为输出格式转换字符，其内容及其意义如表 B-6 所示。

表 B-6　type 内容及其意义

| 格式转换字符 | 类　型 | 输　出　格　式 |
|---|---|---|
| d | int | 有符号十进制数（16 位） |
| u | unsigned int | 无符号十进制数 |
| o | unsigned int | 无符号八进制数 |
| x,X | unsigned int | 无符号十六进制数 |
| f | float | [-]dddd.dddd 形式的浮点数 |
| e, E | float | [-]d.ddddE[sign]dd 形式的浮点数 |
| g, G | Float | 选择 e 或 f 形式中更紧凑的一种输出格式 |
| c | char | 单个字符 |
| s | 一般指针 | 结束符为\0 的字符串 |
| p | 一般指针 | 带存储器类型标志和偏移的指针 M:aaaa。其中，M 可选为：C(ode)、D(ata)、I(data)、P(data)，aaaa 为指针偏移值 |

最常用的输入库函数为 scanf()，该函数以一定的格式，通过单片机的串口输入数值和字符串，返回它所发现并转换的输入项数，若遇到错误，则返回 EOF。

函数 scanf() 的第一个参数 fmstr 是格式控制字符串，从串口输入数据时，每遇到一个符合格式控制串 fmstr 规定的值，就将它按顺序存入由参数指针 argument 指向的存储单元。注意，每个参数都必须是指针。格式控制串 fmstr 具有如下形式（方括号内为可选项）：

```
%[*][width][b|h|l]type
```

其中，可选项 width 是一个十进制正整数，用来控制输入数据的最大宽度或字符数目。不超过规定宽度的字符从输入流中读出，并被转换到相应的变量中，但是若先遇到一个空格符或无法辨识的字符，则读入的字符数可能会小于宽度值。

可选字符 b、h、l 可以直接位于输入格式转换字符前，其意义如表 B-7 所示。

表 B-7　可选字符 b、B、l、L 的意义

| 可选字符 | 意　义 |
|---|---|
| b、h | 用于格式类型 d, o, u 和 x 的前缀，用这个前缀可将参数定义为字符指针，指示输入整型数，如%bu, %bx |
| l | 用于作格式类型 d, o, u 和 x 的前缀，用这个前缀可将参数定义成长指针，指示输入长整数，如%lu, %lx |

type 称为输入格式转换字符，其内容及其意义如表 B-8 所示。

表 B-8　type 内容及其意义

| 格式转换字符 | 类　型 | 输　出　格　式 |
|---|---|---|
| d | int * | 有符号的十进制数 |
| i | int * | 有符号的十进制数、十六进制数、八进制数 |
| u | unsigned int * | 无符号十进制数 |
| o | unsigned int * | 无符号八进制数 |
| x | unsigned int * | 无符号十六进制数 |
| f,e,g | float * | 浮点数 |
| c | char * | 一个字符 |
| s | char * | 一个字符串 |

### 4. 字符串处理库函数

字符串处理库函数的原型声明包含在头文件 string.h 中，字符串函数通常接收指针串作为输入值。一个字符串应包括两个或多个字符，字符串以空字符结尾。在函数 memcmp()、memcpy()、memchr()、memccpy()、memset() 和 memmove() 中，字符串长度由调用者明确规定。这些函数可工作在任何模式下。表 B-9 列出了字符串处理库函数的功能说明。

表 B-9　字符串处理库函数的功能说明

| 函数名及定义 | 功　能　说　明 |
|---|---|
| viod memchr(void *s1,char val,int len) | 顺序搜索字符串 s1 的前 len 个字符以找出字符 val，若查找成功，则返回 s1 中指向 val 的指针；若查找失败，则返回 NULL |
| char memcmp(void *s1,void *s2,int len) | 逐个字符比较字符串 s1 和 s2 的前 len 个字符，若比较成功（相等），则返回 0；若字符串 s1 大于或小于 s2，则相应的返回一个正数或一个负数 |
| void *memcpy(void *dest, void *src,int len) | 从 src 所指向的内存中复制 len 个字符到 dest 中，返回指向 dest 中最后一个字符的指针。若 src 与 dest 发生交叠，则结果是不可预测的 |
| void *memccpy(void *dest, void *src,char val,int len) | 复制 src 中 len 个元素到 dest 中，若实际复制了 len 个字符，则返回 NULL。复制过程在复制完字符 val 后停止，此时返回指向 dest 中下一个元素的指针 |

| 函数名及定义 | 功 能 说 明 |
|---|---|
| void memmove (void *dest , void *src, int len) | 工作方式与 memcpy 的工作方式相同，但复制的区域可以交叠 |
| void memset (void *s ,char val, int len) | 用 val 来填充指针 s 中 len 个单元 |
| void *strcat (char *s1,char *s2) | 将 s2 复制到 s1 的尾部。strcat 假定 s1 所定义的地址区域足以接收两个字符串，返回指向 s1 中第一个字符的指针 |
| char *strncat(char *s1,char *s2,int n) | 复制 s2 中 n 个字符的串 s1 的尾部，若 s2 比 n 小，则只复制 s2（包括串结束符） |
| char strcmp (char* s1,char *s2) | 比较 s1 和 s2，若相等，则返回 0；若 s1<s2，则返回一个负数；若 s1>s2，则返回一个正数 |
| char strncmp (char *s1,char *s2,int n) | 比较 s1 和 s2 中的前 n 个字符，返回值与 strcmp 的相同 |
| char *strcpy (char *s1,char *s2) | 将 s2（包括结束符）复制到 s1 中，返回指向 s1 中第一个字符的指针 |
| char *strncpy (char *s1,char *s2,int n) | 与 strcpy 相似，但它只复制 n 个字符。若 s2 的长度小于 n，则 s1 串以 0 补齐到长度 n |
| int strlen (char *s1) | 返回 s1 中的字符个数，不包括结尾的空字符 |
| char *strstr (const char *s1,char *s2) | 搜索 s2 第一次出现在 s1 中的位置，并返回一个指向第一次出现位置开始处的指针。若 s1 中不包括 s2，则返回一个空指针 |
| char *strchr (char *s1,char c) | 搜索 s1 中第一个出现字符 c，若成功，则返回指向该字符的指针；否则返回 NULL。被搜索的字符可以是结束符，此时返回值是指向串结束符的指针 |
| int strops (char *s1,char c) | 与 strchr 类似，但返回的是字符 c 在 s1 中第一次出现的位置值，若没有找到，则返回–1，s1 串首字符的位置值是 0 |
| char * strchr (char *s1,char c) | 搜索 s1 中最后一个出现的字符 c，若成功，则返回指向该字符的指针；否则返回 NULL。被搜索的字符可以是串结束符 |
| int strrpos (char *s1,char c) | 与 strchr 相似，但返回值是字符 c 在 s1 中最后一次出现的位置值，若没有找到，则返回–1 |
| int strspn (char *s1,char *set) | 搜索 s1 中第一个不包括在 set 中的字符，返回值是 s1 中包括在 set 中字符的个数。若 s1 中所有的字符都包括在 set 内，则返回 s1 的长度（不包括结束符），若 set 是空字符串，则返回 0 |
| int strcspn (char *s1,char *set) | 与 strspn 相似，但它搜索的是 s1 中第一个包含在 set 内的字符 |
| char *strpbrk(char *s1,char *set) | 与 strspn 相似，但它返回指向搜索到的字符的指针，而不是个数，若未找到，则返回 NULL |
| char *strrpbrk(char *s1,char *set) | 与 strpbrk 相似，但它返回 s1 中指向找到的 set 字符集中最后一个字符的指针 |

## 5. 类型转换及内存分配库函数

类型转换及内存分配库函数的原型声明包含在头文件 stdlib.h 中，主要完成数据类型转换及存储器分配的操作。表 B-10 列出了类型转换及内存分配库函数的功能说明。

表 B-10  类型转换及内存分配库函数的功能说明

| 函数名及定义 | 功 能 说 明 |
|---|---|
| float atof (char *s1) | 将 s1 转换成浮点数值并返回它，输入字符串中必须包含与浮点值规定相符的数。当该函数在遇到第一个不能构成数字的字符时，停止对输入字符串的读操作 |
| long atoll(char *s1) | 将 s1 转换成一个长整型数值并返回它，输入字符串中必须包含与长整型数格式相符的字符串。该函数在遇到第一个不能构成数字的字符时，停止对输入字符串的读操作 |
| int atoi (char *s1) | 将 s1 转换成整型数并返回它。输入字符串中必须包含与整型数格式相符的字符串。该函数在遇到第一个不能构成数字的字符时，停止对输入字符串的读操作 |
| void *calloc (unsigned int n,unsigned int size) | 为 n 个元素的数组分配内存空间，数组中每个元素的大小均为 size，所分配的内存区域用 0 进行初始化。返回值为已分配的内存单元起始地址，若不成功，则返回 0 |
| void free (void xdata *p) | 释放指针 p 所指向的存储区域，若 p 为 NULL，则该函数无效，p 必须是以前用 calloc、malloc 或 realloc 函数分配的存储器区域。调用 free 函数后，被释放的存储器区域就可以参加以后的分配了 |

续表

| 函数名及定义 | 功 能 说 明 |
|---|---|
| void init_mempool (void xdata *p,unsigned int size) | 对可被函数 calloc、free、malloc 和 realloc 管理的存储器区域进行初始化，指针 p 表示存储区的首地址，size 表示存储区的大小 |
| void *malloc (unsigned int size) | 在内存中分配一个 size 字节大小的存储器空间,返回值为一个 size 大小对象分配的内存指针。若返回 NULL，则无足够的内存空间可用 |
| void *realloc (void xdata *p,unsigned int size) | 用于调整先前分配的存储器区域大小。参数 p 指示该存储区域的起始地址，参数 size 表示新分配存储器区域的大小。原存储器区域的内容被复制到新存储器区域中。若新区域较大，则多余的区域将不进行初始化。realloc 返回指向新存储区域的指针，若返回 NULL，则无足够大的内存可用，将保持原存储区不变 |
| int rand() | 返回一个 0～32767 之间的伪随机数，对它的相继调用将产生相同序列的随机数 |
| void srand (int n) | 用来将随机数发生器初始化成一个已知（或期望）值 |
| unsigned long strtod(const char *s,char **ptr) | 将 s 转换为一个浮点型数据并返回它，字符串前面的空格、/、tab 符可被忽略 |
| long strtol (const char *s,char **ptr,unsigned char base) | 将 s 转换为一个 long 型数据并返回它，字符串前面的空格、/、tab 符可被忽略 |
| long strtoul (const char *s,char **ptr,unsigned char base) | 将字符串 s 转换为一个 unsigned long 型数据并返回它，溢出时则返回 ULONG_MAX。字符串前面的空格、/、tab 符被忽略 |

## 6．数学计算库函数

数学计算库函数的原型声明包含在头文件 math.h 中。表 B-11 列出了数学计算库函数的功能说明。

表 B-11　数学计算库函数的功能说明

| 函数名及定义 | 功 能 说 明 |
|---|---|
| int abs(int val)<br>char cabs(char val)<br>float fabs(float val)<br>long labs(long val) | abs 计算并返回 val 的绝对值，若 val 为正，则不改变就返回；若为负，则返回相反数。其余三个函数除变量和返回值类型不同外，其他功能完全相同 |
| float exp(float x)<br>float log(float x)<br>float log10(float x) | exp 计算并返回浮点数 x 的指数函数<br>log 计算并返回浮点数 x 的自然对数（自然对数以 e 为底，e=2.718282）<br>log10 计算并返回浮点数 x，以 10 为底 x 的对数 |
| float sqrt(float x) | 计算并返回 x 的正平方根 |
| float cos(float x)<br>float sin(float x)<br>float tan(float x) | cos 计算并返回 x 的余弦值<br>sin 计算并返回 x 的正弦值<br>tan 计算并返回 x 的正切值，所有函数的变量范围都是 $-\pi/2$～$+\pi/2$，变量的值必须在 $\pm65535$ 之间，否则会产生一个 NaN 错误 |
| float acos(float x)<br>float asin(float x)<br>float atan(float x)<br>float atan2(float y,float x) | acos 计算并返回 x 的反余弦值<br>asin 计算并返回 x 的反正弦值<br>atan 计算并返回 x 的反正切值，所有函数的值域为 $-\pi/2$～$+\pi/2$。atan2 计算并返回 y/x 的反正切值，其值域为 $-\pi$～$+\pi$ |
| float cosh(float x)<br>float sinh(float x)<br>float tanh(float x) | cosh 计算并返回 x 的双曲余弦值<br>sinh 计算并返回 x 的双曲正弦值<br>tanh 计算并返回 x 的双曲正切值 |
| float ceil (float x) | 计算并返回一个不小于 x 的最小整数（作为浮点数） |
| float floor(float x) | 计算并返回一个不大于 x 的最大整数（作为浮点数） |
| float modf(float x,float *ip) | 将浮点数 x 分成整数和小数两部分，两者都含有与 x 相同的符号，整数部分放入 *ip 中，小数部分作为返回值 |
| float pow(float x,float y) | 计算并返回 $x^y$ 的值，若 x 不等于 0 而 y=0，则返回 1；若 x=0 且 $y\leqslant0$ 或 x<0 且 y 不是整数，则返回 NaN |

# 参 考 文 献

[1]   陈桂友. 单片机应用应用技术基础[M]. 北京：机械工业出版社，2015.

[2]   深圳赛元微电子有限公司. SC95F861x MCU 手册[M]. 2020. www.socmcu.com.

[3]   深圳赛元微电子有限公司. SC95F861x 固件库使用手册[M]. 2019. www.socmcu.com.

[4]   陈桂友等，单片微型计算原理及接口技术（第 2 版）[M]. 北京：高等教育出版社，2017.

[5]   戴梅萼等，微型计算机技术及应用（第 3 版）[M]. 北京：清华大学出版社，2004.

[6]   王宜怀，刘晓升. 嵌入式应用技术基础教程[M]. 北京：清华大学出版社，2005.

[7]   Atmel. 8-bit Microcontroller with 8K Bytes In-System Programmable Flash (AT89S52)[M]，2001.

[8]   薛钧义，张彦斌. MCS-51/96 系列单片微型计算机及其应用[M]. 西安：西安交通大学出版社，2000.

[9]   张友德. 单片微型机原理、应用与实验[M]. 上海：复旦大学出版社，2000.

[10]  徐安等. 单片机原理与应用[M]. 北京：北京希望电子出版社，2003.

[11]  Intel. MSC-51 Family of Single chip Microcomputers User's Manual[M]，1990.

[12]  杨振江等. 智能仪器与数据采集系统中的新器件及应用[M]. 西安：西安电子科技大学出版社，2001.

[13]  Intel. 8-Bit Embedded Controller Handbook[M]，1989.

[14]  薛天宗，孟庆昌，华正权. 模数转换器应用技术[M]. 北京：科学出版社，2001.

[15]  赵亮，侯国锐. 单片机 C 语言编程与实例[M]. 北京：人民邮电出版社，2003.

[16]  谢瑞和. 微型计算机原理与接口技术基础教程[M]. 北京：科学出版社，2005.

[17]  李敏，孟臣. 串行接口中文图形点阵液晶显示模块的应用. 单片机与嵌入式系统应用[J]，2003.8.

[18]  胡大可，李培弘，方路平. 基于单片机 8051 的嵌入式开发指南[M]. 北京：电子工业出版社，2003.